大气污染治理技术

高红　陈曦　主编

天津出版传媒集团

天津科学技术出版社

图书在版编目（CIP）数据

大气污染治理技术 / 高红 , 陈曦主编 . 一 天津：

天津科学技术出版社 , 2020.11

ISBN 978-7-5576-8743-4

Ⅰ.①大… Ⅱ.①高… ②陈… Ⅲ.①空气污染控制

－高等职业教育－教材 Ⅳ.① X510.6

中国版本图书馆 CIP 数据核字 (2020) 第 215286 号

大气污染治理技术

DAQI WURAN ZHILI JISHU

责任编辑：陈　雁

责任印制：兰　毅

出　　版： 天津出版传媒集团
　　　　　 天津科学技术出版社

地　　址：天津市西康路 35 号

邮　　编：300051

电　　话：(022)23332390

网　　址：www.tjkjcbs.com.cn

发　　行：新华书店经销

印　　刷：天津市宏博盛达印刷有限公司

开本 787×1092　1/16　印张 17.75　字数 387 000

2020 年 11 月第 1 版第 1 次印刷

定价：68.00 元

编委会

主　编:高　红　陈　曦
副主编:石　琛　孙　波　王丽坤
参　编:房　睿

前　言

大气是人类赖以生存的一种自然资源,保护大气资源、保护大气环境,成为人们关注的热点。《大气污染治理技术》是高职院校环境工程技术专业重要的核心课程之一,旨在培养学生在掌握大气污染治理方法,注重理论与实践有机结合,满足高职高专教育实践性和应用性的特点。

本教材主要分为四篇内容,分别为"大气污染""颗粒污染物的治理技术""气态污染物的治理技术"和"实训项目指导书"。在第一篇"大气污染"中介绍大气污染的相关专业名词;大气污染物的主要来源、形成过程及其主要危害;从污染气象学角度解释污染物在大气中的迁移、扩散规律;介绍大气扩散模式;烟囱设计与厂址选择原则。第二篇"颗粒污染物的治理技术"中介绍颗粒污染物的粒径、性质,在使用除尘设备时需要考虑的颗粒性质特点;着重讲述在大气污染治理工程中应用最广泛的四类除尘器。第三篇"气态污染物的治理技术"包括干、湿法脱硫工艺;烟气中氮氧化物的主要来源及常用的烟气脱硝方法等内容。

教材重点突出高职教学要求的应用性和实用性,在知识点选择上采取力求丰富而着力重点的原则,对传统教材的内容进行适当的取舍或内容比例调整。主要特色包括:(1)注重对基本概念的讲解;(2)理论知识以实际够用和必需为度,力求将学生的认知规律和实践应用相结合;(3)按照高职高专教学要求进行编撰,增加实训项目指导书,内容更贴近高职学生接受能力,并强调实用性。

本书由天津现代职业技术学院教师高红、陈曦任主编,石琛、孙波、王丽坤任副主编,天津市教育委员会职业技术教育中心房睿任参编。其中高红编写第二章、第四章、第五章第二节,陈曦编写第五章第一节、第六章、附录,石琛编写第一章、第三章,孙波编写第五章第四节、第五节、第七章,王丽坤编写第五章第三节、第四篇,房睿参与编写第一章、第三章。在编写过程中得到了兄弟院校同行的关心和帮助,在此一并表示感谢。

本书可供高职院校环保类、化工类专业使用,也可作为相关工程技术人员的参考书及相关企业的培训教材。由于编者水平有限,而且时间仓促,不妥之处在所难免,敬请广大师生、读者批评并给予指正。

编者

2019 年 10 月

目　　录

第一篇　大气污染

第一章　大气污染基础知识

　　大气是人类赖以生存的基本环境要素,大多数生命过程(人类、一切动植物和大多数微生物)都离不开大气。大气给人类创造了一个适宜的生活环境,而且能阻挡过量的紫外线照射到地球表面,有效保护地球上的生物。但随着人类生产活动和社会活动的增加,大气环境质量日趋恶化,自工业革命以来,由于大量燃料燃烧、工业废气和汽车尾气的排放等原因,曾发生多起以大气污染为主要特征的公害事件,已经引起了世界各国的重视。如不对大气污染进行治理与控制,将会给人类带来灾难性的后果。研究一个地区大气污染就要查明污染物的来源;了解污染物在大气中的物理和化学行为;研究大气污染对人群健康和生态环境的影响;研究控制的途径和方法及进行管理的方法。大气污染控制技术就是对大气污染物排放进行控制的实用技术。

第一节　大气污染及危害

一、大气污染与危害

(一)大气污染的概念

　　国际标准化组织(ISO)的定义是:大气污染,通常是指由于人类活动或自然过程引起某些物质进入大气中,呈现出足够的浓度,持续了足够的时间,并因此危害了人体的舒适、健康和福利或危害了环境。

(二)大气污染的原因

　　造成大气污染的原因包括两个方面,自然过程和人类生产、生活活动,而后者是最主要的原因。一方面由于人口的迅速增长,人类在进行生活活动时需要燃烧大量的煤、油、天然气等燃料而排放大量有害的废气;另一方面由于人类在进行工业生产过程中,将含有多种有害物质的大量工业废气未经净化处理或处理得不彻底就排入大气环境中,从而造成大气的污染。无论是排放有害物质的总量、持续时间还是影响范围和程度都远远超过自然排放所造成的大气污染。

(三)大气污染的危害

　　大气污染的危害可以是全球性,也可能是区域性的或局地的。全球性大气污染主要表现在臭氧层损耗加剧和全球气候变暖,直接损害地球生命支持系统。区域性的大气污染主要是酸雨,它不仅损害人体的健康,而且影响生物的生长,并会使建筑物遭到不同程度的破坏。城市范围和局地大气污染主要表现在这些范围内大气的物理特征和化学特征的变化。物理特征主要表现在烟雾日增多、能见度降低以及城市的热岛效应。化学特征的不良变化将危害人体健康,导致癌症、呼吸系统疾病、心血管疾病等发病率上升。

在人类赖以生存的大气环境中,大气污染物的种类很多,其中影响范围广,具有普遍性的污染物有颗粒物、硫氧化物、碳氧化物、碳氢化合物、光化学烟雾、硫酸烟雾等。下面就污染物做一下介绍:

1. 颗粒物

大气中的颗粒物数量大、成分复杂,它本身可以是有毒物质或是其他有害污染物的传输载体。颗粒物主要来自矿石燃料燃烧的煤烟、工业生产粉尘、建筑和交通扬尘以及气态污染物经过物理化学反应形成的盐类颗粒物。它对人体的危害程度主要取决于自身的粒度大小及其化学组成。

颗粒物的粒径大小影响其危害人体健康的程度。在总悬浮颗粒物(TSP)中粒径大于$10\mu m$的物质,几乎都可以被鼻腔和咽喉所捕集,不进入肺泡,滞留在呼吸道中随痰排出体外。对人体危害最大的是$10\mu m$以下的浮游状颗粒物,它的粒度小,质量轻,不易沉降而能长期飘浮于空气中,称为飘尘。由于这部分颗粒物很容易被人吸入体内,侵入肺部组织,因而又称之为可吸入粒子,简写为"PM10"。

PM10是一个科学概念,最早是美国环保局在1978年提出的。当时定义的粒径范围小于等于$15\mu m$,采用的是Miller等人所定的可进入呼吸道的粒径范围。后来随着研究工作的不断深入,国际标准化组织建议修改为日前的标准,已经被我国科学工作者接受。PM5是后来的一个概念,因为在PM10中,粒径在$5\ \mu m$以上的颗粒物通过人的鼻毛可以阻挡一部分,不会进入肺泡,但$5\ \mu m$以下的颗粒物(简写为PM5),很容易通过鼻毛的阻挡,深入肺部,引起各种尘肺病。但这在全世界也不成为通用标准。最近美国率先测试空气里面小于$2.5\mu m$的颗粒物(简写为PM2.5),这个范围的颗粒物进入肺部组织以后直接通过肺的毛细血管进入血液,通过血液循环流通全身,对人体健康危害更大,所以世界环境组织认为PM2.5的危害可能更能反映大气污染的程度。目前,美国大气污染测试已经把粉尘颗粒物的指标全部更换成PM2.5,所有的监测站、监测点、监测网络的监测指标也都换成了PM2.5,换成PM2.5以后数量就降低了很多,PM10和PM2.5都以$\mu g/m^3$来计算,从数值上来讲PM2.5比PM10要少很多倍。

颗粒物的化学组成和性质是危害人体健康的主要因素。有毒的粉尘进入人体后,会引起中毒甚至导致死亡。例如,含铬粉尘颗粒物吸入人体,能引起鼻中隔穿孔、肠胃疾患、白细胞下降、类似哮喘的肺部病变,接触到皮肤,可引起愈合极慢的"铬疮";吸入含砷的粉尘,能引起咽喉、食道及胃肠烧灼疼痛,腹泻、腹痛、头痛、恶心、呕吐、血压迅速降低,严重时猝死。无毒的粉尘进入人体后也会对人体健康产生危害,一般是在肺部沉移,引起肺组织破化,严重影响正常呼吸。另外,颗粒物还是降低能见度的主要原因,并会损坏建筑物表面。颗粒物还会沉积在绿色植物叶面,干扰植物吸收阳光和二氧化碳和放出氧气和水分的过程,从而影响植物的健康和生长。

2. 硫氧化物

大气中的硫氧化物主要指SO_2,SO_2是无色有刺激性气味的气体,它分布广、数量大,是目前影响和破坏全球范围大气质量的最主要的气态污染物,尤其在燃用高硫煤的地区,其影响更为恶劣。低浓度的 SO_2 会对鼻腔和呼吸道黏膜产生强烈的刺激性,导致呼吸道腔缩小、呼吸加快,并减少呼吸量,浓度较高时,人们不仅有强烈的刺激感,而且还会发生鼻腔出血、呼吸道红肿、呼吸困难等现象,严重的可能引起肺气肿,甚至死亡。SO_2 在大气中极不稳定,尤其在污染的大气中很容易氧化成 SO_3,进而生长硫酸或硫酸盐,因此 SO_2 是大气中最主要的酸性污染物,是形成酸雨或酸沉降的主要前提物质。

含硫化石燃料燃烧、火力发电、有色金属冶炼、石油加工、造纸、硫酸生产及硅酸盐制品熔烧等过程都向大气中排放大量的 SO_2,其中以煤和石油等化石燃料燃烧产生的 SO_2 为最多,约占全球总排放量的 70% 以上。大气中 SO_3 的数量较少,是在相对湿度较大且有催化剂存在的条件下 SO_2 发生催化反应生成的,往往伴随着 SO_2 同时排放。

3. 氮氧化物

大气中氮氧化物种类很多,包括 NO、NO_2、N_2O、N_2O_3、N_2O_4、N_2O_5 等,通常用符号 NO_x 表示这些氮氧化物。其中造成大气污染的 NO_x 主要是 NO 和 NO_2。NO 是无色、无刺激、不活泼的气体,通常在大气环境中的含量很低,对人体健康和生物的毒性不是十分明显。但是在阳光的照射下,能被迅速氧化为 NO_2,因此 NO 是大气中 NO_2 的前提物质,是形成光化学烟雾的活跃成分。NO_2 是一种红棕色有窒息性臭味的活泼气体,对呼吸器官具有强烈的刺激作用,常常导致各种职业病,如急性高浓度 NO_2 中毒引起的肺气肿,慢性中毒引起的慢性支气管炎等。NO_2 还是酸雨的成因之一,所带来的环境效应多种多样,包括:对湿地和陆生植物物种之间竞争与组成变化的影响,大气能见度的降低,地表水的酸化,富营养化(由于水中富含氮、磷等营养物藻类大量繁殖而导致缺氧)以及增加水体中有害于鱼类和其它水生生物的毒素含量。

NO_x 主要来源于各种化石燃料的燃烧,如锅炉、窑炉、燃气轮机装置等各种燃烧设备,以及各种交通工具,特别是以汽油、柴油为燃料的机动车辆排放出的废气中,都含有大量的 NO。目前在汽车稠密的城市,NO 是最主要的大气污染物。

4. 碳氧化物

碳氧化物在大气中主要有两种物质,即 CO 和 CO_2。CO 是无色、无味、易燃、有毒的气体,是含碳物质不完全燃烧的产物,其化学性质稳定,在大气中不易与其他物质发生反应。CO 会与人体血液中的血红蛋白结合,生成羰基血红素,损害其输氧能力而引起缺氧,出现头痛、恶心、疲劳、眼睛发直等症状,严重时会发生生命危险。前些年在我国北方地区时常发生的煤气中毒事件,罪魁祸首就是 CO。全球 CO 每年排放量约为 2.10×10^8 t,是排放量比较大的大气污染物,主要来源于燃料的不完全燃烧过程和汽车尾气。

CO_2 是一种无毒气体,对人体无显著的毒害作用。在大气污染问题中,之所以会引起全世界的共同关注,主要是因为它是一种温室气体,能引起全球性气候环境的演变。

5. 碳氢化合物

碳氢化合物种类繁多,通常是指由碳和氢两元素形成的各种有机化合物的总称,包括烷烃、烯烃和芳香烃等。大气中的碳氢化合物大部分来自于植物的分解,人为来源主要是煤、石油等化石燃料的燃烧和各种机动车辆排出的废气。

甲烷（CH_4）占整个大气中碳氢化合物的80%~85%，在大气污染研究中一般把碳氢化合物分为甲烷和非甲烷碳氢化合物（NMHC）两大类。由于甲烷比较稳定，在大多数化学反应中呈现惰性，是一种无害烃，因此人们关心的往往是NMHC。

NMHC是形成光化学烟雾的主要成分，在活泼的氧化物（如原子氧、臭氧、氢氧基等自由基）的作用下，能诱发一系列链式反应，生成一系列的化合物，如醛、酮、烷、烯以及重要的中间产物-自由基。它们对人体的危害很大，能使眼、鼻和呼吸道受到强烈刺激，并影响到肝、肺、肾和心血管的生理机能，特别是中间产物自由基，能进一步促进NO向NO_2转化，生成光化学烟雾的重要二次污染物-臭氧、醛、过氧乙酰硝酸酯等。

6. 光化学烟雾

光化学烟雾是典型的二次污染物，主要成分是臭氧、醛类、酮类、有机酸类、过氧乙酰硝酸酯（PAN）和过氧苯酰硝酸酯（PBN）。其表现是在城市的上空笼罩着蓝色烟雾（有时带有紫色或黄褐色），严重影响大气的能见度。其危害性要比一次污染物更为严重，它们具有特殊的呛人气味，强烈刺激人的眼睛和喉黏膜，会造成人体呼吸困难，并且对植物产生严重的危害，使得植物生长受阻，叶子变黄甚至枯萎死亡，光化学烟雾形成的机制很复杂，一般来讲是在阳光紫外线照射下，大气中的氮氧化物、碳氢化合物等一次污染物和氧化剂之间发生的一系列光化学反应而生成的。

7. 硫酸烟雾

硫酸烟雾属于二次污染物，是大气中的SO_2等含硫化合物在有水雾、含有重金属的颗粒气溶胶以及氮氧化物存在时，在一定的气象条件下，发生一系列化学或光化学反应而形成的硫酸雾或硫酸盐气溶胶。硫酸烟雾造成的生态环境污染和危害要比单一的气体大得多，它对皮肤、眼结膜、鼻黏膜、咽喉等均有强烈的刺激和损害。

20世纪中期发生在日本四日市的哮喘病事件正是由于硫酸烟雾引起的。自1955年以来，该市相继兴建了多家石油化工厂，终排放石油冶炼和工业燃油产生的含SO_2、金属粉尘的废气，严重污染了城市的空气，使城市上空变得终年黄烟弥漫，1961年呼吸系统疾病开始在这一带发生、蔓延。据报道，在这些患者中，支气管哮喘占30%，慢性支气管炎占25%，肺气肿等占15%。1964年，烟雾持续三天不散，哮喘病患者开始死亡。1967年一些患者不堪忍受面自杀。1970年，患者达500多人。截至1972年，该市共确认哮喘病患者达817人，死亡10多人，日本全国患四日哮喘病患者达6000多人。

据报道，四口市工业粉尘、SO_2的排放量每年达13×10^4t之多。大气中SO_2浓度超过标准5~6倍，烟雾厚达500m以上，其中飘浮者很多种有害气体和金属粉尘，它们相互作用生成的硫酸雾或硫酸盐的气溶胶是造成哮喘病的主要原因。

（四）大气污染的类型

根据大气污染原因和大气污染物的组成，大气污染可分为煤烟型污染、石油型污染、混合型污染和特殊型污染四大类。煤烟型污染是由用煤工业的烟气排放及家庭炉灶等燃煤设备的烟气排放造成的，中国大部分的城市污染属于此类型污染。石油型污染是由于燃烧石油向大气中排放有害物质造成的。混合型污染是由煤炭和石油在燃烧或加工过程中产生的混合物造成的大气污染,是介于煤烟型和石油型污染之间的一种大气污染。特殊型大气污染是由于各类工业企业排放的特殊气体(如氯气、硫化氢、氟化氢、金属蒸气等)引起的大气污染。

根据污染的范围可将大气污染分为局部地区大气污染、区域性大气污染、广域性大气污染和全球性大气污染。

不同类型的大气污染,其危害程度和控制措施均有许多差异。

二、大气污染现状

(一)国外大气污染状况

国外大气污染始于18世纪下半叶。工业革命(1750-1800年)使生产力得以迅速发展,化石燃料逐渐成为主要能源,燃料燃烧等造成的大气污染日趋严重。工业发达国家的大气污染是和其现代化程度同步发生和发展的,大体上经历了三个阶段:

第一阶段:18世纪末到20世纪中期,大气污染状况随着社会化大工业的发展而日益严重。此阶段的大气污染主要是由燃煤引起的"煤烟型"污染,主要污染物是烟尘和SO_2。到了这一阶段后期,人们已开始认识到烟尘的危害,并开始采取消烟除尘等技术措施。但大气污染程度有增无减。

第二阶段:20世纪50年代至60年代。各工业发达国家迫于人们反公害斗争的压力而投入很大精力进行烟尘治理,效果显著,烟尘及二氧化硫排放量大为减少。但由于石油类燃料使用量急剧增长,汽车数量激增,所呈现出的所谓"石油型"大气污染仍在不断恶化。这一阶段的大气污染,已不再局限于城市和工矿区,而是呈现出广域污染的特点。飘尘、重金属、SO_2、NOx、CO和碳氢化合物等污染物已普遍存在,大气污染的危害已不是由某一种污染物所构成,而是多种污染物共同作用的结果,即所谓"复合污染"。如英国"伦敦烟雾"、美国的"多诺拉烟雾"及日本的"四日市气喘病"等污染事件都是大气中的SO_2与飘尘中的重金属等共同作用的结果,即所谓的硫酸烟雾污染;美国的洛杉矶烟雾,则是汽车尾气引起的光化学烟雾污染事件。硫酸烟雾和光化学烟雾均属二次污染物,其危害比一次污染物更大。

第三阶段:20世纪70年代以后至今。环境保护意识已深入人心,一些发达国家尤为重视环境保护,花费大量人力、物力和财力,进行严格控制和综合治理,环境污染基本得到控制,环境质量有所改善。但微粒控制仍不能令人满意,同时由于汽车数量仍在大幅增加,CO、NOx、碳氢化合物和光化学烟雾等仍很严重,且不易解决,大气污染的范围也在不断扩大,出现了全球性的大气环境问题,如酸雨、温室效应及臭氧层破坏等。

(二)近年来我国大气污染状况

1. 大气污染物排放

近年来,虽然我国大气污染防治工作取得了很大的成效,但由于各种原因,我国大气环境面临的形势仍然非常严峻。大气污染物排放总量居高不下。

根据环保部发布的《环境空气质量标准》中规定的居民区$PM_{2.5}$年平均浓度不超过$35\mu g/m^3$来衡量,根据搜狐"在意空气"2016空气质量排行榜环保数据统计,全国385个城市中有 114 个城市空气质量达标,仅占总数 29.6%,达标城市以海南、广东、广西、福建、云南等地的城市为主,包含的主要城市有广州、深圳、厦门、福州、昆明、珠海、海口、三亚等。喀什由于 2016 年频繁出现的沙尘天气的影响,成为全国空气质量最差的城市。河北的辛集市在 2014 年、2015 年都"荣登"了空气质量最差榜的榜首,在 2016 年虽然年均值有 12.83% 的降幅,但仍旧排在空气质量最差的第二名。石家庄市的年均 PM2.5 浓度比 2015 年上升了 13.34%,排在最差榜的第三名。

我国遭大气污染的原因主要有以下几点:

(1)城市大气总悬浮颗粒物浓度普通超标。二氧化硫污染在较高水平,二氧化硫排放现状随着我国经济的快速发展,煤炭消耗量不断增加。据了解,2015 年一至六月份全国二氧化硫年排放量高达 1114.1 万吨,在各类二氧化硫排放源中,电厂和工业锅炉排放量占到 70%,成为排放大户,各类污染源排放二氧化硫的百分比构成如下:民用灶具 12%、工业窑炉 11%、工业锅炉 34%、电站锅炉 35%、其他 8%。

(2)烟尘、粉尘排放。据相关行业统计报告显示,当前我国的粉尘排放总量超过了 1000 万吨,仅电力行业每年的排放量就达 360 万吨,占总排放量 35% 左右。2015 年,我国工业烟气排放量为 47.52 万亿立方米,排放的烟尘粒径基本分布在 PM10 以下,许多颗粒物分布在 PM2.5 以下,在大气中形成相对较为稳定的气溶胶。

(3)机动车尾气污染物排放总量迅速增加。经济增长的推动,我国机动车数量增长迅速。全国汽车保有量年增长率保持在 13%,特别是一些大型和特大型城市如北京、广州、成都、上海等市机动车数量增长速率远远高于全国平均水平。

汽车排放的氮氧化物、一氧化碳和碳氢化合物排放总量逐年上升。

由于城市人口密集,交通运输量相对大,机动车排气污染在城市大气污染中所占比例也不断上升。

2. 城市空气质量

根据 2016 年环保部发布的数据,全国 338 个地级及以上城市中,有 84 个城市空气质量达标,占了 24.9%。优良天数比例是 78.8%,同比提高了 2.1 个百分点。重污染天气比例为 2.6%,同比下降 0.6 个百分点;PM2.5 的浓度为 47μg/m³,同比下降了 6%。,总体上看 2016 年全国空气质量形势向好的。不过,北方地区冬季污染依然严重。从监测数据分析,2016 年 3 至 10 月份空气质量相对较好,重污染天气多数出现在冬季,特别是北方地区进入采暖期以后。2016 年 11 月 15 日至 12 月 31 日供暖期间,京津冀区域 PM2.5 平均浓度为 135μg/m³,是非采暖期 2.4 倍,仅 12 月份就发生了 5 次大范围重污染天气。

根据环境保护部发布的《2016 中国环境状况公报》。公报显示,2016 年,新环境空气质量标准第一阶段实施监测的 74 个城市平均优良天数比例为 74.2%,比 2015 年上升 3 个百分点;细颗粒物(PM2.5)平均浓度比 2015 年下降 9.1%。

全国 338 个地级及以上城市平均优良天数比例为 78.8%,比 2015 年上升 2.1 个百分点;平均超标天数比例为 21.2%。

474 个城市(区、县)开展了降水监测,降水 pH 年均值低于 5.6 的酸雨城市比例为

19.8%,酸雨频率平均为 12.7%,酸雨类型总体仍为硫酸型,酸雨污染主要分布在长江以南—云贵高原以东地区。

公报显示,全国现有森林面积 2.08 亿公顷,森林覆盖率 21.63%;草原面积近 4 亿公顷,约占国土面积的 41.7%。全国共建立各种类型、不同级别的自然保护区 2750 个,其中陆地面积约占全国陆地面积的 14.88%;国家级自然保护区 446 个,约占全国陆地面积的 9.97%。

(三)当今世界面临的主要大气环境问题

发达国家的环境质量 20 世纪 70 年代后期已有所改善。我国的环境质量也没有随国民经济的发展速度而恶化,环境污染得到一定控制。但是,当今世界仍面临人口膨胀、资源枯竭、生态破坏和环境污染等问题。就大气环境污染而言,主要是全球性的温室效应、酸雨和臭氧层空洞等问题。

1. 温室效应

随着大气中某些痕量气体含量的增加,引起地球平均气温升高的现象,称为温室效应。这类痕量气体,称为温室气体,主要有 CO_2、CH_4、O_3 等,其中尤以 CO_2 的温室作用最明显。

CO_2 等产生温室效应的机理,普遍认为与 CO_2 等温室气体的物理性质有关。这些气体对来自太阳的短波辐射具有高度的透过性,但能吸收地面的长波辐射。CO_2 的强吸收带在 $12.5 \sim 17.0\mu m$,其他温室气体的吸收带大多在 $7.0 \sim 13.0\mu m$。由于 CO_2 等温室气体的含量在大气中的增加,使大气层吸收地面的长波辐射能力增强,导致大气层温度升高,气候变暖,形成温室效应。

众所周知,燃料燃烧的主要产物是 CO_2,随着世界人口的增加和经济的迅速发展,排入大气的 CO_2 越来越多。据估算,过去 100 年通过燃烧排入大气的 CO_2 约为 $4.15 \times 10^{11}t$,使大气中 CO_2 含量增加 15%,使全球平均气温上升 0.83℃。该数字与百年来全球气温升高记录接近。据估计,按照目前化石燃料用量的增加速率,大气中的 CO_2 将在 50 年内加倍,使中纬度地面温度升高 2~3℃,极地升高 6~10℃。果真如此,温室效应将给人类的生态环境带来难以预测的后果。尽管温室效应不是气候变化的唯一因素,也有人对温室效应提出种种疑问,但 CO_2 等气体浓度的增加是肯定的,温室效应已引起国际社会的普遍关注。

2. 酸雨

酸雨是 pH 小于 5.6 的雨、雪或其他形式的大气降水(如雾、露、霜),是一种大气污染现象。空气中 CO_2 的平均质量浓度约为 $621mg/m^3$,此时被 CO_2 饱和的雨水 pH 为 5.6,故清洁的雨、雪、雾等降水呈弱酸性。由于人类活动向大气排放大量酸性物质,使降水 pH 降低,当 pH 小于 5.6 时便发生了酸雨。

形成酸雨的主要污染物是 SO_2 和 NO 等。以 SO_2 为例,大量 SO_2 进入大气后,在合适的氧化剂和催化剂存在时,就会发生化学反应生成硫酸。在干燥条件下,SO_2 被氧化成 SO_3 的反应十分缓慢;在潮湿大气中,SO_2 转化成硫酸的过程常与云雾的形成同时进行,SO_2 首先生成亚硫酸(H_2SO_3),而后在铁、锰等金属盐杂质催化下,被迅速氧化为 H_2SO_4。

酸雨的主要危害是破坏森林生态系统和水生态系统,改变土壤性质和结构,腐蚀建筑物,损害人体呼吸道系统和皮肤等。酸雨在世界上分布较广,可以飘越国境影响他国。最早深受酸雨之害的是瑞典和挪威等国家,而后是加拿大和美国东北部,我国华南等地区也出现了酸雨。酸雨是国际社会关注的重要环境问题,我国正积极采取控制措施,规划酸雨控制区,控制 SO_2 排放总量等。

3. 臭氧层空洞

臭氧是大气中的微量气体之一,主要浓集在平流层 20~25km 的高空,该层大气也称臭氧层。臭氧层对保护地球上的生命、调节气候具有极为重要的作用。但是,近几十年来,由于出现在平流层的飞行器逐渐增多,人类生产和使用消耗臭氧的有害物质增多,导致排入大气中的氮氧化物、氯氟烃类物质增多,使臭氧层遭到破坏。以氯氟烃为例,它在对流层内性质稳定,进入平流层后,易与臭氧发生反应消耗臭氧,使臭氧层中臭氧浓度降低。

臭氧层被破坏的危害有以下几点:

(1)臭氧层破坏使大量紫外线辐射到地面,危害人体健康。

有人估计,臭氧层中的臭氧体积分数减少 1%,地面紫外线辐射增加 2%,使皮肤癌发病率增加 2%~5%。

(2)臭氧减少会使白内障发病率增高,并对人体免疫系统功能产生抑制作用。

(3)紫外线辐射增大,也会对动、植物产生影响,危及生态平衡。

臭氧层破坏还将导致地球气候异常,带来灾害。防止臭氧层破坏已成为全世界关注的问题,受到科学界和各国政府的高度重视。《保护臭氧层维也纳公约》《关于消耗臭氧层物质的蒙特利尔议定书》等国际法律文件,都是为保护臭氧层制定的。我国非常重视臭氧层保护工作,已签署了有关文件。

除温室效应、酸雨和臭氧层空洞等全球性的大气污染之外,由于汽车数量的迅速增加,氮氧化物、碳氢化合物、苯并(a)芘和 Pb 等污染也是不可忽视的当今大气污染问题。

第二节　大气污染源与污染物

一、大气污染源

大气污染源是指向大气排放足以对环境产生有害影响物质的生产过程、设备、物体或场所等。它具有两层含义,一层指"污染物的发生源",如火力发电厂排放 SO_2,就称火力发电厂为污染源;另一层是指"污染物来源",如燃料燃烧向大气中排放污染物,表明污染物来自于燃料的燃烧。

由于人类活动是导致大气污染的主要原因,所以在大气污染控制工程中,主要研究对象是人为污染源。人为污染源主要来自以下四个方面:

(一)燃料燃烧

煤、石油、天然气等燃料的燃烧是向大气输送污染物的重要污染源。火力发电厂、钢铁厂、化工厂等工矿企业和各种工业窑炉的燃料燃烧,以及各种民用炉灶、取暖锅炉的燃料燃烧均向大气环境排放大量污染物。

　　燃料燃烧排放的污染物组分与能源消费结构有密切关系。发达国家能源结构以石油为主,大气污染物主要是 CO、SO_2、氮氧化物和有机化合物。我国的能源结构以燃煤为主,大气污染物主要是粉尘、SO_2、氮氧化物和 CO_2 等。随着煤炭消费的不断增长,燃煤排放的 SO_2 也不断增加,已连续多年超过 $2000 \times 10^4 t$,致使我国酸雨和 SO_2 污染日趋严重。在我国,按造成污染严重程度的工业部门来分,由高到低的顺序是火电厂、化工厂和冶炼厂。其中火电厂污染物的排放量占全部工业大气污染物总排放量的 50% 左右,个别地区可能达到 90% 以上。煤直接燃烧所排放的烟尘是我国大气污染的一个重要特征。

(二)工业生产过程

　　石油化工厂、有色金属冶炼厂、钢铁厂、焦化厂、水泥厂等各种类型的工业企业,在原材料制作成品的过程中,都会有大量的污染物质排入大气中。它们有的是原料,有的是产物,有的则是废气,其污染物种类多、数量大,是城市或工业区大气的主要污染源。如水泥企业主要为废气污染,尤以粉尘污染最为严重,此外还有 CO_2、SO_2、氮氧化物等污染。粉尘污染的主要来源包括石灰石的开采和破碎、运输、储存、包装、烘干、原料粉磨、熟料煅烧过程和冷却过程、煤粉制备过程和水泥粉磨过程等环节。近期国家出台的宏观调控政策已将水泥行业列为调控重点,主要限制那些生产工艺和设备落后、生产规模小、能源消耗大、环境污染严重的水泥企业。

　　工业生产过程排放的污染物组分与工业企业的性质有着密切的关系,见表 1.1 给出了各类工业企业向大气排放的主要污染物质。

(三)交通运输

　　汽车、飞机、火车和轮船等现代化交通工具排放的尾气污染物,主要有碳氢化合物、一氧化碳、氮氧化物、含铅化合物、苯并 [a] 芘等,是造成大气污染的重要来源。它们在阳光的照射下,有的还可以发生光化学反应,生成光化学烟雾,严重影响人类健康。

表 1.1　各类工业企业向大气排放的主要污染物质

工业部门	企业	排放的主要污染物质
电力	火力发电厂	烟尘、二氧化硫、氮氧化物、一氧化碳、苯
	核电站	放射性尘埃
冶金	钢铁厂	烟尘、二氧化硫、一氧化碳、氧化铁和氧化钙粉尘、锰尘
	炼焦厂	烟尘、二氧化硫、一氧化碳、硫化氢、苯、酚、萘
	有色金属冶炼厂	烟尘(含各种重金属,如铅、锌、镉等);二氧化硫;汞蒸气

工业部门	企业	排放的主要污染物质
化工	石油化工厂	二氧化硫、硫化氢、氰化物、烃类
	氮肥厂	烟尘、氮氧化物、一氧化碳、氨、硫酸气溶胶
	磷肥厂	烟尘、氟化氢、四氟化硅、硫酸气溶胶
	硫酸厂	二氧化硫、氮氧化物、砷、硫酸气溶胶
	氯碱厂	氯气、氯化氢、汞蒸气
	化学纤维厂	烟尘、硫化氢、二氧化碳、氨、甲醇、丙酮、二氯甲苯
	合成橡胶厂	丁间二烯、苯乙烯、聚乙烯、异戊二烯、丙烯腈
	农药厂	砷、汞、氯、农药
	水晶石厂	氟化氢
	染料厂	二氧化硫、氮氧化物
建材	水泥厂	粉尘、二氧化硫、二氧化碳、氮氧化物
	石棉加工厂	石棉粉尘
	砖瓦窑厂	烟尘、二氧化硫、一氧化碳
机械	机械加工厂	烟尘
轻工	造纸厂	烟尘、硫醇、硫化氢、二氧化硫
	灯泡厂	烟尘、汞

自 20 世纪 80 年代以来,在经济增长的推动下,我国公路交通事业迅速发展,在很多大城市汽车尾气污染已成为主要的大气污染源之一。

(四)农业活动

农业作为人们经济活动的第一产业,对环境必然产生一定的影响。农药及化肥的使用,对提高农业产量起着重大的作用,但也给环境带来了诸多不利影响,致使施用农药和化肥的农业活动成为大气的重要污染源。另外农业活动(如水稻种植、养殖等)中温室气体的排放,浸水水稻田释放大量的甲烷气等,也潜在影响气候变化。

以上是根据污染物产生的类型对人为污染源的划分,主要适用于区域大气环境质量评价,也是目前最普遍的分类方法。此外,人为污染源还可以按以下方法进行分类。

1. 根据污染源存在的形式分为固定污染源和流动污染源

(1)固定污染源:位置固定,燃料燃烧、工业生产都属于固定污染源。

(2)流动污染源:位置可以移动,在移动过程中排放污染物,如交通运输污染源。

2. 根据污染源的位置划分点源、线源和面源

(1)点源:呈点状排放污染物的污染源,如某个烟囱。

(2)线源:呈线状排放污染物的污染源,如移动汽车在一定街道上造成的污染。

(3)面源:在一定区域内多个污染源所造成的污染,可视为面源。

3. 根据污染物的排放高度分为高架源和地面源

4. 根据污染物排放的时间规律分为连续源、间断源和瞬时源

二、大气污染物

大气污染物系指由于人类活动或自然过程排入大气的并对人和环境产生有害影响的那些物质。

大气污染物的种类很多,按其存在状态可概括为两大类:气溶胶状态污染物和气态状态污染物。

(一)气溶胶状态污染物

在大气污染中,气溶胶系指沉降速度可以忽略的小固体粒子、液体粒子或它们在气体介质中的悬浮体系。从大气污染控制的角度,按照气溶胶的来源和物理性质,可将其分为如下几种:

1. 粉尘(dust)

粉尘系指悬浮于气体介质中的小固体颗粒,受重力作用能发生沉降,但在一段时间内能保持悬浮状态。它通常是由于固体物质的破碎、研磨、分级、输送等机械过程,或土壤、岩石的风化等自然过程形成的。颗粒的形状往往是不规则的。颗粒的尺寸范围,一般为1~200 μm左右。属于粉尘类的大气污染物的种类很多,如黏土粉尘、石英粉尘、煤粉、水泥粉尘、各种金属粉尘等。

2. 烟(fume)

烟一般系指由冶金过程形成的固体颗粒的气溶胶。它是由熔融物质挥发后生成的气态物质的冷凝物,在生成过程中总是伴有诸如氧化之类的化学反应。烟颗粒的尺寸很小,一般为0.01~1 μm左右。产生烟是一种较为普遍的现象,如有色金属冶炼过程中产生的氧化铅烟、氧化锌烟,在核燃料后处理厂中的氧化钙等。

3. 飞灰(fly ash)

飞灰系指燃料燃烧产生的烟气排出的分散得较细的灰分。

4. 黑烟(smoke)

黑烟一般系指由燃料燃烧产生的能见气溶胶。在某些情况下,粉尘、烟、飞灰、黑烟等小固体颗粒气溶胶的界限,很难明显区分开,在各种文献特别是工程中,使用得较混乱。根据我国的习惯,一般可将冶金过程和化学过程形成的固体颗粒气溶胶称为烟尘;将燃料燃烧过程产生的飞灰和黑烟,在不需仔细区分时,也称为烟尘。在其他情况下,或泛指小固体颗粒的气溶胶时,则通称粉尘。

5. 雾(fog)

雾是气体中液滴悬浮体的总称。在气象中指造成能见度小于1 km的小水滴悬浮体。

在工程中,雾一般泛指小液体粒子悬浮体,它可能是由于液体蒸气的凝结、液体的雾化及化学反应等过程形成的,如水雾、酸雾、碱雾、油雾等。

在我国的环境空气质量标准中,还根据粉尘颗粒的大小,将其分为总悬浮颗粒物和可吸入颗粒物。

总悬浮颗粒物(TSP):指能悬浮在空气中,空气动力学当量直径≤100μm的颗粒物。

可吸入颗粒物(PM_{10}):指悬浮在空气中,空气动力学当量直径 $\leqslant 10\mu m$ 的颗粒物。

(二)气体状态污染物

气体状态污染物是以分子状态存在的污染物,简称气态污染物。气态污染物的种类很多,总体上可以分为五大类:以二氧化硫为主的含硫化合物,以一氧化氮和二氧化氮为主的含氮化合物、碳氧化物、有机化合物及卤素化合物等,如表 1.2 所示。

表 1.2　气体状态大气污染物的总分类

污染物	一次污染物	二次污染物
含硫化合物	SO_2、H_2S	SO_3、H_2SO_4、MSO_4
含氮化合物	NO、NH_3	NO_2、HNO_3、MNO_3
碳的氧化物	CO、CO_2	无
有机化合物	C_1-C_{10} 化合物	醛、酮、过氧乙酰硝酸酯、O_3
卤素化合物	HF、HCl	无

注:MSO_4、MNO_3 分别为硫酸盐和硝酸盐。

对于气态污染物,又可分为一次污染物和二次污染物。一次污染物是指直接从污染源排到大气中的原始污染物质;二次污染物是指由一次污染物与大气中已有组分或几种一次污染物之间经过一系列化学或光化学反应而生成的与一次污染物性质不同的新污染物质。在大气污染控制中,受到普遍重视的一次污染物主要有硫氧化物(SOx)、碳氧化物(CO、CO_2)及有机化合物(C_1~C_{10} 化合物)等;二次污染物主要有硫酸烟雾和光化学烟雾。

对上述主要气态污染物的特征、来源简单介绍如下:

1. 硫氧化物

硫氧化物主要有 SO_2,它是目前大气污染物中数量较大、影响范围广的一种气态污染物。大气中 SO_2 的来源很广,几乎所有工业企业都可能产生,它主要来自化石燃料的燃烧过程,以及硫化物矿石的焙烧、冶炼等热过程,火力发电厂、有色金属冶炼厂、硫酸厂、炼油厂以及所有烧煤或油的工业炉窑等都排放 SO_2 烟气。

2. 氮氧化物

氮和氧的化合物有 N_2O、NO、NO_2、N_2O_3、N_2O_4 和 N_2O_5,总起来用氮氧化物(NOx)表示。其中污染大气的主要是 NO、NO_2。NO 毒性不太大,但进入大气后可被缓慢地氧化成 NO_2,当大气中有 O_3 等强氧化剂存在时,或在催化剂作用下,其氧化速度会加快。NO_2 的毒性约为 NO 的 5 倍。当 NO_2 参与大气中的光化学反应,形成光化学烟雾后,其毒性更强。人类活动产生 NOx,主要来自各种炉窑、机动车和柴油机的排气,其次是硝酸生产、硝化过程、炸药生产及金属表面处理等过程。其中由燃料燃烧产生的 NOx 约占 83%。

3. 碳氧化物

CO 和 CO_2 是各种大气污染物中发生量最大的一类污染物,主要来自燃料燃烧和机动车排气。CO 是一种窒息性气体,进入大气后,由于大气的扩散稀释作用和氧化作用,一般不会造成危害。但在城市冬季采暖季节或在交通繁忙的十字路口,当气象条件不利于排气扩散稀释时,CO 的浓度有可能达到危害人体健康的水平。

CO_2 是无毒气体,但当其在大气中的浓度过高时,使氧气含量相对减小,对人便会产生不良影响。地球上 CO_2 浓度的增加,能产生"温室效应",迫使各国政府开始实施控制。

4. 有机化合物

有机化合物种类很多,从甲烷到长链聚合物的烃类。大气中的挥发性有机化合物(VOC),一般是 $C_1 \sim C_{10}$ 化合物,它不完全相同于严格意义上的碳氢化合物,因为它除含有碳和氢原子外,还常含有氧、氮和硫的原子。甲烷被认为是一种非活性烃,所以人们总以非甲烷烃类(NMHC)的形式来报道环境中烃的浓度。特别是多环芳烃类(PAN)中的苯并 [a] 芘是强致癌的物质,因而作为大气受 PAH 污染的依据 VOC 是光化学氧化剂臭氧和过氧乙酰硝酸酯(PAN)的主要贡献者,也是温室效应的贡献者之一,所以必须加以控制。VOC 主要来自机动车和燃料燃烧排气,以及石油炼制和有机化工生产等。

5. 硫酸烟雾

硫酸烟雾系大气中的 SO_2 等硫氧化物,在有水雾、含有重金属的悬浮颗粒物或氮氧化物存在时,发生一系列化学或光化学反应而生产的硫酸雾或硫酸盐气溶胶。硫酸烟雾引起的刺激作用和生理反应等危害,要比 SO_2 气体大得多。

6. 光化学烟雾

光化学烟雾是在阳光照射下,大气中的氮氧化物、碳氢化合物和氧化剂之间发生一系列光化学反应而生产的蓝色烟雾(有时带些紫色或黄褐色)。其主要成分有臭氧、过氧乙酰硝酸酯、酮类和醛类等。光化学烟雾的刺激性和危害要比一次污染物强烈得多。

第三节　大气污染的综合防治措施

一、大气污染综合防治的意义

大气污染综合防治,就是把或区域的大气环境看作个整体,统一规划能源消耗、工业发展、交通运输和城市建设等,综合运用各种防治污染的措施,充分利用环境的自净能力,以消除或减轻大气污染。

大气污染综合防治的基本点是防与治的综合。这种综合是立足于环境问题的区域性、系统性和整体性之上的。大气污染作为环境污染问题的一个重要方面,也只有将其纳入区域环境综合防治之中,才能真正获得解决。

所谓大气污染综合防治,实质上就是为了达到区域环境空气质量控制目标,对多种大气污染控制方案的技术可行性、经济合理性、区域适应性和实施可能性等进行最优化选择和评价,从而得出最优的控制技术方案和工程措施。

例如,对于我国大中城市存在的颗粒物和 SO_2 等污染的控制,除了应对工业企业的集中点源进行污染物排放总量控制外,还应同时对分散的居民生活用燃料结构、燃用方式、炉具等进行控制和改革,对机动车排气污染、城市道路扬尘、建筑施工现场环境、城市绿化、城市环境卫生、城市功能区规划等方面,一并纳入城市环境规划与管理,才能取得综合防治的显著效果。

二、大气污染综合防治措施

(一)全面规划、合理布局

城市或工业区的大气污染控制,是一项十分复杂、综合性很强的技术、经济和社会问题。影响环境空气质量的因素很多,从社会、经济发展方面看,涉及城市的发展规模、城市功能区划分、人口增长和分布、经济发展类型、规模和速度、能源结构及改革、交通运输发展和调整等各个方面;从环境保护方面看,涉及污染源的类型、数量和分布及污染物排放的种类、数量、方式和特性等。因此,为了控制城市和工业区的大气污染,必须在进行区域经济和社会发展规划的同时,做好全面环境规划,采取区域性综合防治措施。

环境规划是经济、社会发展规划的重要组成部分,是体现环境污染综合防治以预防为主的最重要、最高层次的手段。环境规划的主要任务,一是综合研究区域经济发展将给环境带来的影响和环境质量变化的趋势,提出区域经济可持续发展和区域环境质量不断得以改善的最佳规划方案,二是对工作失误已经造成的环境污染和环境问题,提出对改善和控制环境污染具有指令性的最佳实施方案。我国明确规定,新建和改、扩建的工程项目,要先作环境影响评价,论证该项目的建设可能会产生的环境影响和采取的环境保护措施等。

(二)严格环境管理

环境管理的概念,一般有两种范畴:一种是狭义的环境管理,即对环境污染源和污染物的管理,通过对污染物的排放、传输、承受三个环节的调控达到改善环境的目的;另一种是广义的环境管理,即从环境经济、环境资源、环境生态的平衡管理,通过经济发展的全面规划和自然资源的合理利用,达到保护生态和改善环境的目的。环境管理的方法是运用法律、经济、技术、教育和行政等手段,对人类的社会和经济活动实施管理,从而协调社会和经济发展与环境保护之间的关系。

完整的环境管理体制是由环境立法、环境监测和环境保护管理机构三部分组成的。环境法是进行环境管理的依据,它以法律、法令、条例、规定、标准等形式构成一个完整的体系。环境监测是环境管理的重要手段,可为环境管理及时提供准确的监测数据。环境保护管理机构是实施环境管理的领导者和组织者。

我国的环境管理体制已逐步建立和完善。近20年来相继制定(或修订)并公布了一系列法律,如中华人民共和国环境保护法(1979年公布试行,1989年修改后实施)、大气污染防治法(1987年9月公布,1995年8月和2000年9月两次修改)、森林保护法(1984年公布)、草原法(1985年公布)以及各种环境保护方面的条例、规定和标准等。与此同时,从国务院到各省、市、地、县以至各工业企业,都建立了相应的环境保护管理机构及环境监测中心站、室,为环境法的实施和严格环境管理提供了组织保证。

(三)控制大气污染的技术措施

1. 实施清洁生产

清洁生产包括清洁的生产过程和清洁的产品两个方面。对生产工艺而言,节约资源和能源、避免使用有毒有害原材料和降低排放物的数量和毒性,实现生产过程的无污染或少污染;对产品而言,使用过程中不危害生态环境、人体健康和安全,使用寿命长,易于回收再利用。

2. 实施可持续发展的能源战略

包括四个方面:①综合能源规划与管理,改善能源供应结构和布局,提高清洁能源和优质能源比例,加强农村能源和电气化建设等;②提高能源利用效率和节约能源;③推广少污染的煤炭开采技术和清洁煤技术;④积极开发利用新能源和可再生能源,如水电、核能、太阳能、风能、地热能、海洋能等。

3. 建立综合性工业基地

开展综合利用,使各企业之间相互利用原材料和废弃物,减少污染物的排放总量。

(四)控制污染的经济政策

1. 保证必要的环境保护投资,并随着经济的发展逐年增加

目前世界上大多数国家用于环境保护方面的投资占国民生产总值(GNP)的比例,发展中国家为 0.5% ~ 1%,发达国家为 1% ~ 2%。我国目前的比例为 0.7% ~ 0.8%,如果能达到1.5%,则我国的环境污染将会得到基本控制。

2. 实行"污染者和使用者支付原则"

可以采用的经济手段包括:①建立市场(如可交易的排污许可证、土地许可证、资源配额、环境股票等);②税收手段(如污染税、原料税、资源税、产品税等);③收费制度(如排污费、使用者费、环境补偿费等);④财政手段(如治理污染的财政补贴、低息长期贷款、生态环境基金、绿色基金等);⑤责任制度(如赔偿损失和罚款,追究行政及法律责任等)。我国已实行的经济政策有排污收费制度, SO_2 排污收费,排污许可证制度,治理污染的排污费返还和低息贷款制度,以及综合利用产品的减免税制度等。

(五)绿化造林

绿色植物是区域生态环境中不可缺少的重要组成部分,绿化造林不仅能美化环境,调节空气温湿度或城市小气候,保持水土,防治风沙,而且在净化空气(吸收二氧化碳、有害气体、颗粒物、杀菌)和降低噪声方面皆会起到显著作用。

(六)安装废气净化装置

当采取了各种大气污染防治措施之后,大气污染物的排放浓度(或排放量)仍达不到排放标准或环境空气质量标准时,则必须安装废气净化装置,对污染源进行治理。安装废气净化装置,是控制环境空气质量的基础,也是实行环境规划与管理等项综合防治措施的前提。

第四节　大气质量控制标准

大气质量控制标准是执行环境保护法规,进行环境影响评价,实施大气环境管理和防治大气污染的科学依据。大气质量控制标准的制定和不断修订,在一定程度上反映了一个国家环境保护状况及环境科学的发展状况。

一、环境空气质量控组标准的种类和作用

环境空气质量控制标准按其用途可分为环境空气质量标准、大气污染物排放标准、大气污染控制技术标准及大气污染警报标准等。按其使用范围可分为国家标准、地方标准和行业标准,此外,我国还实行了大中城市空气污染指数报告制度。

(一)环境空气质量标准

环境空气质量标准是以保护生态环境和人群健康的基本要求为目标而对各种污染物在环境空气中的允许浓度所作的限制规定,它是进行环境空气质量管理,大气环境质量评价,以及制定大气污染防治规划和大气污染物排放标准的依据。

(二)大气污染物排放标准

大气污染物排放标准是以实现环境空气质量标准为目标,对从污染源排入大气的污染物浓度(或数量)所作的限制规定。它是控制大气污染物的排放量和进行净化设计的依据。

(三)大气污染控制技术标准

大气污染控制技术是根据污染物排放标准引申出来的辅助标准,如燃料、原料使用标准,净化装置选用标准,排气筒高度标准及卫生防护距离标准等。他们都是为保证达到污染物排放标准而从某一方面做出的具体技术规定,目的是使生产、设计和管理人员容易掌握和执行。

(四)警报标准

大气污染警报标准是为保护环境空气质量不致恶化或根据大气污染发展趋势,预防发生污染事故而规定的污染物含量的极限值。达到这一极限值时就发出警报,以便采取必要的措施。警报标准的制定,主要建立在对人体健康的影响和生物承受限度的综合研究基础之上。

二、环境空气质量标准

(一)制定原则

制定环境空气质量标准,首先要考虑保障人体健康和保护生态环境这一空气质量目标。为此,需综合研究这一目标与空气中污染物浓度之间关系的资料,并进行定量的相关分析,以确定符合这一目标的污染物的允许浓度。

目前各国判断空气质量时,多依据世界卫生组织(WHO)1963年提出的空气质量四级水平:

第一级:在处于或低于所规定的浓度和接触时间内,观察不到直接或间接的反应(包括

反射性或保护性反应）。

第二级：在达到或高于所规定的浓度和接触时间内，对人的感觉器官有刺激，对植物有损害或对环境产生其他有害作用。

第三级：在达到或高于所规定的浓度和接触时间内，可以使人的生理功能发生障碍或衰退，引起慢性病和寿命缩短。

第四级：在达到或高于所规定的浓度和接触时间内，敏感的人发生急性中毒或死亡。

其次，要合理地协调与平衡实现标准所需的代价与社会经济效益之间的关系。

这就需要进行损益分析，以求得为实施环境空气质量标准投入的费用最少，收益最大。此外，还应遵循区域差异性的原则。特别是像我国这样地域广阔的大国，要充分注意各地区的人群构成、生态系统的结构功能、技术经济发展水平等的差异性。

（二）环境空气质量标准

我国 1982 年制定并于 1996 年第一次修订，2000 年第二次修订，2012 年第三次修订的《环境空气质量标准》GB3095-2012，规定了二氧化硫（SO_2）、总悬浮颗粒物（TSP）、可吸入颗粒物（PM10）、二氧化氮（NO_2）、一氧化碳（CO）、臭氧（O_3）、铅（Pb）、苯并 [a] 芘（B[a]P）和氟化物（F）9 种污染物的浓度限值。该标准根据对空气质量要求的不同，将环境空气质量分为三级：

一级标准：为保护自然生态和人群健康，在长期接触情况下，不发生任何危害性影响的空气质量要求。

二级标准：为保护人群健康和城市、乡村的动、植物在长期和短期的接触情况下，不发生伤害的空气质量要求。

三级标准：为保护人群不发生急、慢性中毒和城市一般动、植物（敏感者除外）正常生长的空气质量要求。

该标准将环境空气质量功能区分为三类：

一类区为自然保护区、风景名胜区和其他需要特殊保护的地区；

二类区为城镇规划中确定的居住区、商业交通居民混合区、文化区、一般工业区和农村地区；

三类区为特定工业区。

一类区执行一级标准，二类区执行二级标准，三类区执行三级标准。

三、工业企业设计卫生标准

我国于 1962 年颁发并于 1979 年修订的《工业企业设计卫生标准》TJ36-79，规定了"居住区大气中有害物质的最高容许浓度"标准和"车间空气中有害物质的最高容许浓度"标准。

居住区大气中有害物质的最高容许浓度标准，考虑到居民中有老、幼、病、弱昼夜接触有害物质的特点，采用了较敏感的指标。这一标准是以保障居民不发生急性或慢性中毒，不引起黏膜的刺激，闻不到异常气味和不影响生活卫生条件为依据而制定的。这一标准，在我国环境空气质量标准制订之前,基本上起着环境空气质量标准的作用。至今,环境空气质量标准中未规定的污染物,仍参考此标准执行。

车间空气中有害物质最高容许浓度,是指工人在该浓度下长期进行生产劳动,不致引起急性和慢性职业性危害的数值,在具有代表性的采样测定中均不应超过限定值。

四、工作场所有害因素职业接触限值

《工作场所有害因素职业接触限值》的最新有效版本是 GB2.1-2007 和 GB2.2- 2007 标准,是对旧版标准 GBZ2-2002 的修订。修订后将有害因素分为化学有害因素和物理因素两大部分。本书限于篇幅,仅介绍化学有害因素之生产性粉尘的职业接触限值。读者若需要了解有毒物质及物理因素的职业接触限值可直接查阅标准。

(一)粉尘对人身体健康的主要危害

粉尘对机体的损害是多方面的,其中尤以对呼吸系统损害最为主要。

1. 对呼吸系统的危害

粉尘对呼吸系统的危害包括尘肺、粉尘沉着症、呼吸系统炎症和呼吸系统肿瘤等疾病。

(1)尘肺

尘肺是由于长期吸入生产性粉尘而引起的以肺组织纤维化为主的全身性疾病。它是职业性疾病中影响面最广、危害最严重的一类疾病。

在我国 2002 年公布实施的《职业病范围和职业病患者处理办法的规定》中,规定了 12 种尘肺名单外加其他尘肺,即硅肺(矽肺)、石棉肺、煤工尘肺、石墨尘肺、炭黑尘肺、滑石尘肺、水泥尘肺、云母尘肺、陶工尘肺、销尘肺、电焊工尘肺及铸工尘肺。此外根据《尘肺病诊断标准》和《尘肺病理诊断标准》可以诊断的其他尘肺列为第 13 种尘肺,全面地考虑了其他粉尘作业可能对工作人员造成的肺纤维化损害。

(2)粉尘沉着症

有些生产性粉尘如锡、铁、锑等粉尘被吸入后,可沉积于肺组织中,仅呈现异物反应,这类病变又称粉尘沉着症,不损伤肺泡结构,因此肺功能一般不受影响,机体也没有明显的症状和体征,对健康危害不明显。脱离粉尘作业,病变可以不再继续发展,甚至肺部阴影逐渐消退。

(3)有机粉尘引起的肺部病变

有机粉尘有着不同于无机粉尘的生物学作用,而且不同类型的有机粉尘作用也不相同。有机性粉尘也可引起肺部病变,如吸入棉、亚麻等引起的棉尘病,常表现为胸闷、气急和(或)咳嗽症状,可有急性肺通气功能改变。吸烟时吸入棉尘可引起非特异性慢性阻塞性肺病;吸入带有霉菌孢子的植物性粉尘,如草料尘、粮谷尘、蔗渣尘等,或者吸入被细菌或血清蛋白污染的有机粉尘也可引起职业性变态反应肺泡炎,患者常在接触粉尘 4~8h 后出现畏寒、发热、气促、干咳,第二天后自行消失,急性症状反复发作可以发展为慢性,并产生不可逆的肺组织纤维增生和阻塞性肺病;吸入如钴酸盐、硫酸镍等后会发生职业性哮喘。

高分子化合物如聚氯乙烯、人造纤维粉尘可引起非特异性慢性阻塞性肺病,高分子化合

物病变常伴有肺部轻度纤维化发生。

（4）呼吸系统肿瘤

某些粉尘本身是致癌物质或者含有致癌物质,如石棉、游离二氧化硅、镍、铬、砷等,都是国际癌症研究中心提出的人类肯定致癌物,含有这些物质的粉尘就可能引发呼吸和其他系统肿瘤。此外,放射性粉尘也可能引起呼吸系统肿瘤。

（5）呼吸系统炎症

粉尘对人体来说是一种外来异物,因此机体具有本能的排除异物反应,在粉尘进入的部位积聚大量的巨噬细胞,导致炎性反应,引起粉尘性气管炎、支气管炎、肺炎、哮喘性鼻炎和支气管哮喘等疾病。

（6）其他呼吸系统疾病

由于粉尘诱发的纤维化、肺沉积和炎症作用,还常引起肺通气功能的改变,表现为阻塞性肺病:慢性阻塞性肺病也是粉尘接触作业人员常见疾病。在尘肺病人中还常并发气管炎、肺气肿、肺心病等疾病。

2. 局部作用

粉尘作用于呼吸道黏膜,可导致呼吸道抵御功能下降。皮肤长期接触粉尘可导致阻塞性皮脂炎、粉刺、毛囊炎、脓皮病。金属粉尘还可引起角膜损伤、浑浊。沥青粉尘可引起光感性皮炎。

3. 中毒作用

它是指含有有毒物质的粉尘,如含铅、砷等粉尘经呼吸道进入机体后,导致机体中毒。

（二）工作场所空气中粉尘浓度标准

防止粉尘的危害,关键是控制工作场所即劳动者进行职业活动的全部地点的空气中的粉尘浓度低于国家标准的规定值。

《GBZ2.1-2007 工作场所有害因素职业接触限值第 1 部分:化学有害因素》规定了工作场所空气中粉尘容许浓度。当工作场所的粉尘浓度低于规定值时,可以确保劳动者在职业活动过程中长期反复接触,对绝大多数接触者的健康不引起有害作用。该标准所采用的粉尘容许浓度为时间加权平均容许浓度(permissible concentrationtime weighted average, PC-TWA),即以时间为权数规定的 8h 工作日、40h 工作周的平均容许接触浓度,浓度单位为 mg/m^3 ,包括总尘和呼尘。

总尘(total dust)是指可进入整个呼吸道(鼻、咽和喉、胸腔支气管、细支气管和肺泡)的粉尘。技术上系用总粉尘采样器按标准方法在呼吸带测得的所有粉尘。

呼尘即呼吸性粉尘(respirable dust),是指按呼吸性粉尘标准测定方法所采集的可进入肺泡的粉尘粒子,其空气动力学直径均在 7.07μm 以下,空气动力学直径 5μm 粉尘粒子的采样效率为 50%。

工作场所空气中粉尘容许浓度见表1.3。

表 1.3　工作场所空气中粉尘容许浓度

序号	中文名 CAS No.	英文名	TWA	*STEL
1	白云石粉尘 总尘 呼尘	Dolomite dust Total dust Respirable dust	 8 4	 10 8
2	玻璃钢粉尘（总尘）	Fiberglass reinforced plastic dust（total）	3	6
3	茶尘（总尘）	Tea dust（total）	2	3
4	沉淀 SiO_2（白炭黑）（112926-00-8）（总尘）	Precipitated silica dust（total）	5	10
5	大理石粉尘（1317-65-3） 总尘 呼尘	Marble dust Total dust Respirable dust	 8 4	 10 8
6	电焊烟尘（总尘）	Welding fume（total）	4	6
7	二氧化钛粉尘（总尘）	Titanium dioxide dust（total）	8	10
8	沸石粉尘（总尘）	Zeolite dust（total）	5	10
9	酚醛树脂粉尘（总尘）	Phenolic aldehyde resin dust（total）	6	10
10	谷物粉尘（游离 SiO_2 含量 <10%）（总尘）	Grain dust（free SiO_2<10%）（total）	4	8
11	硅灰石粉尘（总尘）	Wollastonite dust（total）	5	10
12	硅藻土粉尘 61790-53-2 游离 SiO_2 含量 <10%（总尘）	Diatomite dust free SiO_2<10%（total）	6	10
13	滑石粉尘（游离 SiO_2 含量 <10%） 14807-96-6 总尘 呼尘	Talc dust（free SiO_2<10%） Total dust Respirable dust	 3 1	 4 2
14	活性炭粉尘（总尘）	Active carbon dust（total）	5	10
15	聚丙烯粉尘（总尘）	Polypropylene dust（total）	5	10
16	聚丙烯腈纤维粉尘（总尘）	Polyacryonitrile fiber dust（total）	2	4
17	聚氯乙烯粉尘（总尘）	Polyvinyl chloride（PVC）dust（total）	5	10
18	聚乙烯粉尘（总尘）	Polyethylene dust（total）	5	10
19	铝、氧化铝、铝合金粉尘 铝、铝合金（总尘） 氧化铝（总尘）	Dust of aluminium，aluminium oxide and aluminium alloys Aluminium，aluminium alloys（total） Aluminium oxide（total）	 3 4	 4 6
20	麻尘（亚麻、黄麻和苎麻）游离 SiO_2 含量 <10%（总尘） 亚麻 黄麻 苎麻	Flax，jute and remine dusts free SiO_2 <10%（total） Flax Jute Ramie	 1.5 2 3	 3 4 6
21	煤尘（游离 SiO_2 含量 <10%） 总尘 呼尘	Coal dust（free SiO_2<10%） Total dust Respirable dust	 4 2.5	 6 3.5

序号	中文名 CAS No.	英文名	TWA	*STEL
22	棉尘（总尘）	Cotton dust（total）	1	3
23	木粉尘（总尘）	Wood dust（total）	3	5
24	凝聚 SiO$_2$ 粉尘 总尘 呼尘	Condensed silica dust Total dust Respirable dust	 1.5 0.5	 3 1
25	膨润土粉尘（1302-78-9）（总尘）	Bentonite dust（total）	6	6
26	皮毛粉尘（总尘）	Fur dust（total）	8	10
27	人造玻璃质纤维 玻璃棉棉粉尘（总尘） 矿渣棉粉尘（总尘） 岩棉粉法（总尘）	Man-made vitrious fiber Fibrous glass dust（total） Slag wool dust（total） Rock wool dust（total）	 3 3 3	 5 5 5
28	桑蚕丝尘（总尘）	Mulberry silk dust（total）	8	10
29	砂轮磨尘（总尘）	Grinding wheel dust（total）	8	10
30	石膏粉尘 （10101-41-4） 总尘 呼尘	Gypsum dust Total dust Respirable dust	 8 4	 10 8
31	石灰石粉尘（1317-65-3） 总尘 呼尘	Limestone dust Total dust Respirable dust	 8 4	 10 8
32	石棉纤维及含有 10% 以上石棉的粉尘 （1332-21-4） 总尘 纤维	Asbestos fibre and dusts containing>10% asbestos Total dust Asbestos fibre	 0.8 0.8f/ml	 1.5 1.5f/ml
33	石墨粉尘（7782-42-5） 总尘 呼尘	Graphite dust Total dust Respirable dust	 4 2	 6 3
34	水泥粉尘 （游离 SiO$_2$ 含量 <10%） 总尘 呼尘	Cement dust （free SiO$_2$<10%） Total dust Respirable dust	 4 1.5	 6 2
35	炭黑粉尘（总尘）	Carbon black dust（total）	4	8
36	碳化硅粉尘（409-21-2） 总尘 呼尘	Silicon carbide dust Total dust Respirable dust	 8 4	 10 8
37	碳纤维粉尘（总尘）	Carbon fiber dust（total）	3	6

序号	中文名 CAS No.	英文名	TWA	*STEL
38	矽尘（14808-60-7） 总尘 含 10%~50% 游离 SiO$_2$ 的粉尘 含 50%~80% 游离 SiO$_2$ 粉尘 含 80% 以上游离 SiO$_2$ 粉尘 呼尘 含 10%~50% 游离 SiO$_2$ 含 50%~80% 游离 SiO$_2$ 含 80% 以上游离 SiO$_2$	Silica dust Total dust Containing 10%~50% free SiO$_2$ Containing 50%~80% free SiO$_2$ Containing >80% free SiO$_2$ Respirable dust Containing 10%~50% free SiO$_2$ Containing 50%~80% free SiO$_2$ Containing >80% free SiO$_2$	 1 0.7 0.5 0.7 0.3 0.2	 2 1.5 1.0 1.0 0.5 0.3
39	稀土粉尘（游离 SiO$_2$ 含量 <10%）（总尘）	Rare-earth dust（free SiO$_2$<10%）（total）	2.5	5
40	洗衣粉混合尘	Detergent mixed dust	1	2
41	烟草尘（总尘）	Tobacco dust（total）	2	3
42	萤石混合性粉尘（总尘）	Fluorspar mixed dust（total）	1	2
43	云母粉尘（12001-26-2） 总尘 呼尘	Mica dust Total dust Respirable dust	 2 1.5	 4 3
44	珍珠岩粉尘（93763-70-3） 总尘 呼尘	Perlite dust Total dust Respirable dust	 8 4	 10 8
45	蛭石粉尘（总尘）	Vermiculite dust（total）	3	5
46	重晶石粉尘（7727-43-7）（总尘）	Barite dust（total）	5	10
47	** 其他粉尘	Particles not otherwise regulated	8	10

* 指该粉尘时间加权平均容许浓度的接触上限值。

** "其他粉尘"指不含有石棉且游离 SiO$_2$ 含量低于 10%，不含有毒物质，尚未制订专项卫生标准的粉尘。

注：1）总粉尘（Total dust）简称"总尘"，指用直径为 40 mm 滤膜，按标准粉尘测定方法采样所得到的粉尘；

2）呼吸性粉尘（Respirable dust）简称"呼尘"。指按呼吸性粉尘标准测定方法所采集的可进入肺泡的粉尘粒子，其空气动力学直径均在 7.07 μm 以下，空气动力学直径 5 μm 粉尘粒子的采样效率为 50%。

五、大气污染物排放标准

（一）制定原则

制定大气污染物排放标准应遵循的原则是，以环境空气质量标准为依据，综合考虑控制技术的可行性和经济合理性以及地区的差异性，并尽量做到简明易行。排放标准的制定方法，大体上有两种：按最佳适用技术确定的方法和按污染物在大气中的扩散规律推算的方法。

最佳适用技术是指现阶段控制效果最好、经济合理的实用控制技术。按最佳适用技术确定污染物排放标准的方法，就是根据污染现状、最佳控制技术的效果和对现在控制较好的污染源进行损益分析来确定排放标准。这样确定的排放标准便于实施，便于管理，但有时不一定能满足环境空气质量标准,有时又可能显得过严。这类排放标准的形式,可以是浓度标准、林格曼黑度标准和单位产品允许排放量标准等。

按污染物在大气中扩散规律推算排放标准的方法,是以环境空气质量标准为依据,应用污染物在大气中的扩散模式推算出不同烟囱高度时的污染物允许排放量或排放浓度,或者根据污染物排放量推算出最低烟囱高度。这样确定的排放标准,由于模式的准确性可能受到各地的地理环境、气象条件和污染源密集程度等的影响,对不同地区可能偏严或偏宽。

(二)大气污染物综合排放标准

我国于 1973 年颁布了《工业"三废"排放试行标准》GBJ4-73,暂定了 13 类有害物质的排放标准。经过 20 多年试行,1996 年修改制定了《大气污染物综合排放标准》GB16297-1996,规定了 33 种大气污染物的排放限值,其指标体系为最高允许排放浓度、最高允许排放速率和无组织排放监控浓度限值。

该标准规定,任何一个排气筒必须同时遵守最高允许排放浓度(任何 1 小时浓度平均值)和最高允许排放速率(任何 1 小时排放污染物的质量)两项指标,超过其中任何一项均为超标排放。

该标准将 1997 年 1 月 1 日前设立的污染源称为现有污染源,执行现有污染大气污染物排放限值(GB16297-1996)所列的标准值;将 1997 年 1 月 1 日起设立(包括新建、扩建、改建)的污染源称为新污染源,执行新污染大气污染排放限值(GB16297-1996)所列的标准值。该标准规定的最高允许排放速率,现有污染源分为一、二、三级,新污染源分为二、三级。按污染源所在的环境空气质量功能区类别,执行相应级别的排放速率标准。

对位于国务院批准划定的酸雨控制区和二氧化硫控制区的污染源,其二氧化硫排放除执行该标准外,还应执行总量控制标准。

按照综合性排放标准与行业性排放标准不交叉执行的原则,仍继续执行的行业性标准有:《锅炉大气污染物排放标准》GB13271-2014、《火电厂大气污染物排放标准》GB13223-2011、《工业炉窑大气污染物排放标准》GB9078-1996、《炼焦炉大气污染物排放标准》GB16171-1996、《水泥厂大气污染物排放标准》GB4915-1996、《恶臭污染物排放标准》GB14554-1993、《汽车大气污染物排放标准》GB14761.1-14761.7-93 等标准。

(三)制定地方大气污染物排放标准的技术方法

我国于 1983 年制定并于 1991 年修订的《制定地方大气污染物排放标准的技术方法》GB/T13201-91,以环境空气质量标准为控制目标,在大气污染物扩散稀释规律的基础上,使用控制区排放总量允许限值和点源排放允许限值控制大气污染的方法,制定地方大气污染物排放标准。此外,各地还可结合当地技术经济条件,应用最佳可行和最佳实用技术方法或其他总量控制方法制定地方大气污染物排放标准。气态污染物排放控制分为总量控制区和非总量控制区。总量控制区是当地政府根据城镇规划、经济发展与环境保护要求而决定对大气污染物排放实行总量控制的区域。总量控制区以外的区域称为非总量控制区。但对大面积酸雨危害地区,应尽量设置 SO_2 和 NO_2 排放总量控制区。

六、空气污染指数及报告

为客观反映我国空气污染状况,近年开始了大中城市空气污染指数(API)日报工作。目前计入空气污染指数的项目定为:可吸入颗粒物(PM_{10})、二氧化硫(SO_2)、二氧化氮(NO_2)、一氧化碳(CO)和臭氧(O_3)。空气污染指数的范围从 0 到 500,其中 50、100、200分别对应于我国《环境空气质量标准》中的一、二、三级标准的污染物平均浓度限值,500 则对应于对人体健康产生明显危害的污染水平。

空气污染指数分级的浓度限值见表 1.4,相应的空气质量级别及对人体健康的影响见表 1.5。

表 1.4　空气污染指数分级浓度限值

空气污染指数	污染物浓度 /mg·m$_N^{-3}$				
API	PM_{10}(日均值)	SO_2 污染物浓度	NO_2 污染物浓度	CO(小时均值)	O_3(小时均值)
50	0.050	0.050	0.080	5	0.120
100	0.150	0.150	0.120	10	0.200
200	0.350	0.800	0.280	60	0.400
300	0.420	1.600	0.565	90	0.800
400	0.500	2.100	0.750	120	1.000
500	0.600	2.620	0.940	150	1.200

表 1.5　空气污染指数范围及相应的空气质量级别

空气污染指数 API	空气质量级别	空气质量描述	表征颜色	对健康的影响	对应空气质量的适用范围
0~50	I	优秀	蓝色	可正常活动	自然保护区、风景名胜区和其他需要特殊保护的地区
51~100	II	良好	绿色	可正常活动	为城镇规划中确定的居住区、商业交通居民混合区、文化区、一般工业区和农村地区
101~200	III	轻度污染	黄色	长期接触,易感人群症状有轻度加剧,健康人群出现刺激症状	特定工业区
201~300	IV	中度污染	橘黄色	一定时间接触后,心脏病和肺病患者症状显著加剧,运动耐受力降低,健康人群中普遍出现症状	——
>300	V	重度污染	红色	健康人明显强烈症状,降低运动耐受力,提前出现某些疾病	

第二章　燃烧与大气污染

燃料的燃烧及其利用在工业、农业、科学和国防建设中的作用极为重要。但是,燃料在燃烧过程中排放出大量有毒有害物质,如 CO_2、SO_2、NO_x、碳氢化合物和粉尘等,这些物质已经成为主要的大气污染物。

第一节　燃料与燃烧

一、燃料

用于人类生活和工业生产的燃料种类很多,按燃料来源分为天然燃料和加工燃料;按燃料使用多少分为常规燃料(如煤、天然气等)和非常规燃料(如核燃料);按燃料物理状态分为固体燃料、液体燃料和气体燃料。常见的燃料及分类见表2.1。燃料的性质既影响燃烧设备的设计和燃烧操作条件的设定,也影响大气污染物的形成和排放。

表 2.1　燃料的分类

燃料来源		天然燃料(一次能源)	人工燃料(二次能源)
物质状态	固体燃料	生物质燃料、泥煤、褐煤、烟煤、无烟煤、可燃页岩	木炭、焦炭、煤粉
	液体燃料	石油	石油加工产品(汽油、柴油、重油等)、焦油、合成液体燃料、混合悬浮燃料(煤粉、重油混合物等)
	气体燃料	天然气	石油气、高炉煤气、焦炉煤气、发生炉煤气、地下气化煤矿气

(一)固体燃料

固体燃料分为天然固体燃料、人工固体燃料和固体可燃废物。天然固体燃料分为矿物燃料和生物质燃料。矿物燃料主要指煤、泥炭、石煤和沥青等,是我国能源结构的主体;生物质燃料主要指多年生木质和一年生草本及秸秆等原生生物质,在农村被广泛用作能源。人工固体燃料主要指焦炭、木炭等。固体可燃废物主要有城市生活垃圾、医疗垃圾和城市污泥等。

1.煤的分类

煤是最重要的固体燃料,它是古代植物在地层内经长久炭化衍变而成的,它的形成要经历一个很长的时期。炭化过程是分阶段发生的,根据植物在地层内炭化程度的不同,可将煤分为四大类,即泥煤、褐煤、烟煤和无烟煤。

(1)泥煤

泥煤是最年轻的煤,是由植物刚刚衍变而成的。在结构上,它尚保留着植物遗体的痕迹,质地疏松,吸水性强,含天然水分高达 40% 以上,风干后的泥煤密度只有 300~450 kg/m³。泥煤中含碳量和含硫量低,但含氧量却高达 28%~38%。泥煤的挥发分高,可燃性好,在工业上,它主要用作锅炉燃料和化工原料。但泥煤的机械强度差,容易粉碎,不能长途运输,只能作为地方燃料。

（2）褐煤

褐煤比泥煤炭化程度大一些,这种煤基本上完成了植物遗体的炭化过程。含碳量较高,氢氧含量低,挥发分低,其密度约为 750~800 kg/m³,燃烧热值低,在空气中易风化粉碎,多作为地方燃料。

（3）烟煤

烟煤是炭化程度较高的煤,仅次于无烟煤。呈黑色,外形有可见条纹。其特点是含碳量高,挥发分高于无烟煤低于褐煤,不易吸湿,燃烧时有黏结性。由于烟煤的炭化年龄、生成条件不同,不同产地的烟煤,在黏结性和含硫量方面有较大差别。根据烟煤的黏结性、挥发分含量等物理性质,烟煤分为长焰煤、气煤、肥煤、结焦煤、瘦煤等不同品种。长焰煤和气煤挥发分高,适宜制造煤气,结焦煤适宜炼焦。烟煤是冶金、建材和动力等工业中不可缺少的能源。

（4）无烟煤

无烟煤是碳含量最高、炭化时间最长的煤,具有明显的黑色光泽,机械强度高,灰分和挥发分少,含硫量低,组织致密而坚硬,密度大,吸水性小,适宜于长途运输和储存。无烟煤的主要缺点是受热时容易炸裂成碎片,可燃性差,不易着火。但由于其发热量大,灰分少,含硫量低。燃烧后污染轻,多用于民用燃料,也可作为制气燃料。

2.煤的化学组成

煤的化学组成极其复杂,其主要组分是有机化合物,其分子结构的核心部分是沥青或树脂类的高分子化合物。根据煤的元素分析结果可知,煤的主要可燃质是碳元素,其次是氢以及氧、氯、硫与碳和氢构成的少量可燃性化合物。此外,煤中还含有一些非可燃性矿物质,如灰分和水分等。煤的化学组成通常用 C、H、O、N、S 等元素及灰分和水分的质量分数来表示。

测定煤组成的方法分为工业分析和元素分析两大类。

（1）煤的工业分析

煤的工业分析主要测定煤中水分、灰分、挥发分和固定碳以及估测硫含量和热值,这是评价工业用煤的主要指标。

灰分。灰分是指煤中所含的碳酸盐、黏土、矿物质以及微量元素等不可燃性物质。它们燃烧时,经过高温分解、氧化后形成灰渣。灰分组成及其含量与煤层聚积环境有关。我国很多煤层的矿物质以黏土为主,灰分组成则以 SiO_2 和 Al_2O_3 为主,两者总和一般可达 50%~80%。灰分是煤中的有害物质,同样影响煤的使用、运输和储存。煤用作动力燃料时,灰分增加,煤中可燃物质含量相对减少。矿物质燃烧灰化时要吸收热量,大量排渣要带走热量,因此降低了煤的发热量,影响锅炉操作（如易结渣、熄火等）,容易造成燃烧不完全,加剧设备磨损,增加排渣量。

水分。煤矿中的水分有外部水分和内部水分两种形式。外部水分是指煤在开采、运输和洗选过程中煤的外表以及大毛细孔中的水。它以机械方式与煤相连接,较易蒸发。在空气中放置时,外部水分不断蒸发,直至煤中水分的蒸汽压与空气的相对湿度达到平衡时为止,此时失去的水分就是外部水分。外部水分多少与煤粒度等有关,而与煤质无直接关系。内部水分是指吸附或凝聚在煤粒内部的毛细孔中的水,内部水分只有在高温下才能除掉。一般内在水分是指将风干煤加热到105~110℃时所失去的水分,它主要以物理化学方式(如吸附等)与煤相连接着,较难蒸发。

通常在组分分析报告中所给出的水分即指内部水分。煤中水分是有害组分,煤中水分的存在,不仅降低了煤中的可燃质成分,而且在燃烧时还消耗热量。

挥发分。煤的挥发分,即煤在一定温度下隔绝空气加热,逸出物质(气体或液体)中减掉水分后的含量。挥发分主要由氢气,碳氢化合物、一氧化碳及少量硫化氢等组成。在相同的热值下,煤中挥发分越高,越容易燃着,火焰越长,越容易完全燃烧,但挥发分含量过高,容易造成煤的不充分燃烧,释放出大量积炭粒子和烟气,形成环境污染。挥发分是煤分类的重要指标,煤的挥发分反映了煤的变质程度,挥发分由大到小,煤的变质程度由小到大。如泥炭的挥发分高达70%,褐煤一般为40%~60%,烟煤一般为10%~50%,高品质的无烟煤则小于10%。

固定碳。从煤中扣除水分、灰分及挥发分后剩下的部分就是固定碳,是煤中的主要可燃物质。

(2)煤的元素分析

煤的元素分析是用化学方法测定去掉外部水分的煤中主要组分碳、氢、氮、硫和氧等的含量。

碳(C)。碳是煤组成中主要的可燃元素。煤的炭化年龄越大,碳含量越高,碳燃烧时放出大量的热。常见的几种煤含碳量见表2.2。

表2.2　常见的几种煤含碳量

煤的种类	含碳量/%	煤的种类	含碳量/%
泥煤	70	黏结性煤	83~85
褐煤	70~78	强黏结性煤	85~90
非黏结性煤	70~80	无烟煤	85~90
弱黏结性煤	80~83		

氢(H)。氢在煤中以自由氢(可燃氢)和结合氢两种形式存在,前者指与碳、硫等元素结合的氢,它燃烧时放出的热量约为碳的三倍半;后者指与氧结合的氢,它不参与燃烧反应。计算时,应以可燃氢的含量来计算煤的发热量和燃烧所需的空气量。

氧(O)。氧在煤中常与碳、氢等可燃元素构成非可燃性的氧化物。煤中的含氧量一般

不采用直接测定法测定,而是应用其他易测成分的测定值,用下式间接算出:

$$O\% = 100\% - (C\% + H\% + S\% + N\% + A\%)\frac{100}{100 - W}$$

氮(N)。氮在煤中是以无机或有机含氮化合物形式存在的。无机含氮化合物在燃烧过程中一般不参与反应。煤中少量有机氮化物(如吡啶、咔唑、氨基化合物等)参与燃烧反应,参与反应的有机含氮化合物在高温下分解形成污染大气的氮氧化合物。

硫(S)。硫在煤中以三种形态存在,即有机硫、黄铁矿硫和硫酸盐硫。有机硫及黄铁矿硫都能参与燃烧反应,因而总称为可燃硫,而硫酸盐硫不参与燃烧反应,称为非可燃硫。煤中的可燃硫是极为有害的,随着煤的燃烧,可生成 SO_2 及 SO_3 等有害气体污染大气。

(二)石油

液体燃料分为天然的液体燃料和人为加工的液体燃料两类。天然燃料主要指石油,而人工燃料指石油加工的产品、合成的液体燃料以及煤经高压加氢所获得的液体燃料等。

石油又称为原油,是一种天然的液体燃料,本身呈黑褐色的黏稠液体,石油的组成及其物理化学性质随产地的不同而有较大的差异,主要由烷烃、烯烃、芳香烃和环烷烃组成,另外还含有少量硫化物、氧化物、氮化物、水分和矿物。

原油中均含有多种极其宝贵的化工原料。虽然原油可直接作为原料烧掉,但不经济,通常将原油进行热加工处理,炼制出各种不同用途的燃料和化工原料后,再加以利用。原油通过裂化、重整和蒸馏过程生产出各种产品,按照馏分沸点的高低,可分为汽油、煤油、柴油、重油等。

(1)汽油

汽油是原油中最轻的馏分,按不同的生产工艺,将产品分为直馏汽油和裂化汽油。直馏汽油是石油进行蒸馏的产品,是 C5~C11 的烃类混合物。而裂化汽油是指在 500 ℃ 和 700 kp 的高温高压或催化剂的作用下,使汽油中长链分子裂化成短链分子的蒸馏产品。分航空汽油和车用汽油,航空汽油的沸点为 40~150 ℃,相对密度为 0.71~0.74。车用汽油的沸点为 50~200 ℃,相对密度为 0.73~0.76。

(2)煤油

煤油馏分沸点为 150~280 ℃,相对密度为 0.78~0.82。煤油分白煤油和茶色煤油,白煤油可用作家用燃料和小型石油发动机的燃料;茶色煤油多用作动力柴油机的燃料。

(3)柴油

柴油馏分的沸点为 200~350 ℃,相对密度为 0.80~0.85。柴油主要用作柴油客车、柴油载重机以及高速柴油车的燃料。用于柴油机的柴油燃料要具有着火性能好、引燃点高、黏度适当、尽可能少或不含灰分和水分等特点。

(4)重油

广义上来说,重油是原油加工后各种残渣油的总称。根据原油加工的方法不同,可将重油分为直馏重油和裂化重油两类。直馏重油是常、减压炼制所剩下的渣油,常压的渣油可直接用于锅炉及工业窑炉的燃料,而减压渣油因含沥青质多,不能直接作为燃料,一般需加入适当轻质馏分的油品进行调质,然后再作为燃料燃烧。

重油的性能参数主要有相对密度、黏度、着火点、灰分及夹杂物、水分和含硫量等。相对密度大的重油发热值低,燃烧性能不好;含低沸点碳氢化合物越多,黏度就越低,黏度低的重油有利于燃烧,但每单位体积的发热量减小;重油的灰分及夹杂物含量较少,多以固体金属氧化物残存在燃烧后的灰分中;重油中的水分是在运输和储存过程中混进的,含水量多时,不仅会降低重油的发热量和燃烧温度,而且会影响供油设备的正常运行。因此,当重油中水分含量太高时,应设法将其除掉。重油中硫的含量虽然不多(为 0.5%~5%),但对环境危害甚大,重油中所含的有机硫化物和黄铁矿完全燃烧时,可生成污染大气的气体 SO_2。

在冶金、建材、石油化工等工业部门使用的冶金炉和热工窑炉多以重油为燃料。但其发热量低,燃烧性能不好,对环境污染大。

(三)天然气

由可燃性气体组成的燃料称为气体燃料。气体燃料属于清洁燃料,是防止大气污染的理想燃料、主要包括天然气、液化石油气(LPG)、裂化石油气和焦炉煤气。

天然气的主要成分是甲烷,其次为乙烷等饱和烃,还有少量的 CO_2、N_2、O_2、H_2S 和 CO 等组成,其中 H_2S 是有害物,燃烧可生成硫氧化物,污染环境,许多国家都规定了天然气的总硫量和硫化氢含量的最大允许值。

液化石油气的主要成分是 C_2、C_3 和 C_4 组分,其输送和储存是液体状态,它有易运输、储存,发热离,含硫低,轻污染等特点,广泛用于居民生活和汽车等燃料。

裂化石油气是用水蒸气、空气或氧气等作汽化剂,将石油和重油等油类裂化而得,一般作民用燃料。

焦炉煤气是炼焦生产的副产物,主要成分 H_2、CH_4 和 CO,还有少量的 N_2、CO_2,发热量为 15 910~17 166 kJ/m³,广泛用作工业和民用燃料。

二、燃料燃烧过程

(一)影响燃烧的主要因素

对于同一类燃料和燃烧设备而言,影响燃烧过程的主要因素有:燃烧过程提供的空气量;燃料的着火温度和炉膛温度;燃料与氧气在炉膛高温区停留的时间;燃料与空气的混合状况。通常把温度(Temperature)、时间(Time)和湍流(Torrent)称为“三 T”因素。当这些燃烧条件都处于理想状态时,绝大多数燃料能够完全燃烧,燃烧的产物基本上是 CO_2 和 H_2O。如果燃烧条件不满足的话,则导致不完全燃烧,这时将会产生大量的黑烟、一氧化碳和其他一些氧化物,从而对环境造成严重的污染。由于这几个因素既相互关联又相互制约,因此控制好上述四个因素对燃料的燃烧过程以及环境保护是相当重要的。

1. 燃烧过程的空气量

很显然,燃料燃烧时必须保证供应与燃料燃烧相适应的空气量。如果空气供应不足,燃烧就不完全。相反空气量过大,也会降低炉温,增加锅炉的排烟损失。因此该燃烧不同阶段供给相适应的空气量是十分必要的。

2. 温度条件

燃料只有达到着火温度,才能与氧化合而燃烧。着火温度系在氧存在下可燃物质开始燃烧所必须达到的最低温度。各种燃料都具有自己特征的着火温度,按固体燃料、液体燃料、气体燃料的顺序上升。常见燃料的着火温度见表2.3。

表 2.3　常见燃料的着火温度

燃料	着火温度 /K	燃料	着火温度 /K
木炭	593~643	发生炉煤气	973~1 073
无烟炭	713~773	氢气	853~873
重油	803~853	甲烷	932~1 023

3. 时间因素

时间因素是指燃料在燃烧炉中停留时间的长短。一般来说,时间因素对气体、液体燃料的燃烧不会有太大的影响,因为它们的可燃物质是气体或极易挥发的成分,极易着火,加上这些燃料基本上没有水分。而固体燃料由于存在水分,在燃烧阶段需要干燥预热,燃烧过程是通过颗粒表面逐步达到内部,因此时间因素是极其重要的。在燃烧过程中必须采取适当的措施维持着火区有较高的温度,并使燃料在炉中有足够的停留时间、充足的空气等以保证固体燃料的燃烧完全。

4. 燃料与空气的混合

燃料和空气充分混合也是燃料完全燃烧的基本条件。若混合不充分将导致局部区域氧气不足形成不完全燃烧产物。混合程度取决于空气的湍流度,燃料的种类不同,湍流的作用也不同。对于蒸气相的燃烧,湍流可以加速液体燃料的蒸发;对于固体燃料的燃烧,湍流有助于提高颗粒表而反应氧气的传质速度,使燃烧过程加速。

适当控制空气与燃料之比、温度、时间和湍流度这四个因素,是在大气污染物排放量最低条件下实现有效燃烧所必需的,评价燃烧过程和燃烧设备时,必须认真考虑这些因素。

(二)燃烧产生的主要污染物

燃料的燃烧过程还伴随分解和其他的氧化、聚合等过程。燃烧烟气主要由悬浮的少量颗粒物、燃烧产物、未燃烧和部分燃烧的燃料、氧化剂以及惰性气体等组成。燃烧可能释放出的污染物有硫氧化物、氮氧化物、一氧化碳、二氧化碳、金属及其氧化物、金属盐类、醛、酮和稠环碳氢化合物等。这些都是有害物质,如粉尘含有致癌的重金属;二氧化硫是主要的酸雨源;HO_2 具有强烈刺激作用,毒性比 SO_2、NO 都强,体积分数达到 10^{-4} 时,人就会中毒死亡;二氧化碳和氮氧化物引起温室效应。我国是富煤贫油的国家,因为煤发热量低,灰分高,获得同样的热量耗煤量较大,所以,尽管煤的含硫量可能比重油低,但产生的硫氧化物更多。煤的含氮量比重油高五倍,因此产生的氮氧化物也比重油高。此外,煤炭燃烧还带来汞、砷等微量重金属污染,氟、氯等卤素污染和低水平的放射性污染。

由于燃料的组成各异,燃烧条件不同,燃烧方式不一样,燃烧的产物也有差异。从图 2.1

可以看出,温度对各种燃烧产物的排放量都有影响。

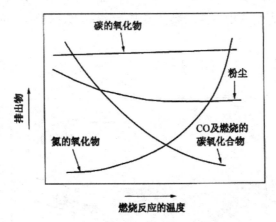

图 2.1　温度对燃烧产物的影响

(三)热化学关系式

1.发热量

燃烧过程是放热反应,释放的能量(光和热)产生于化学键的重新排列。单位燃料完全燃烧时发生的热量变化,即在反应物开始状态和反应产物终了状态相同的情况下(298 K,1 atm)的热量变化,称为燃料的发热量,单位是 kJ/kg(固体,液体燃料)或 kJ/m³(气体燃料)。

燃料的发热量可分为高位发热量和低位发热量。高位发热量(Q_H)是指包括燃料燃烧生成物中水蒸气的汽化潜能;低位发热量(Q_L)是指燃料产物中的水蒸气仍以气态存在时完全燃烧过程所释放的热量。一般燃烧设备中的排烟温度均远远超过水蒸气的凝结温度,因此,大都按低位发热量计算燃料发热量。

2.燃料设备的热损失

燃料燃烧产生的热量仅有部分被有效利用,即热量的利用率都小于100%。因为所有燃烧设备都存在热损失,即使最优的设计和最佳的操作也只能减小设备的热损失。燃烧设备的热损失包括排烟热损失、不完全燃烧热损失和炉体散热损失等。

排烟热损失是由于排烟带走一部分热量造成的热损失。排烟热损失的大小,主要取决于排烟温度的高低和排烟体积的大小。排烟温度高,排烟体积增大,排烟热损失升高。运行中采用较大的过剩空气系数及锅炉各处的漏风,都会使排烟体积增大。特别是炉膛下部的漏风,不仅使排烟体积增大,而且有可能使排烟温度升高。因此,在运行中,除供应合理的空气量外,应尽可能消除或减小漏风。

不完全燃烧热损失是指化学不完全燃烧和机械不完全燃烧造成的热损失。化学不完全燃烧热损失指的是排烟系统中未完全燃烧的可燃气体(如氢气、一氧化碳、甲烷等)所带走的热量。其主要影响因素有燃料的挥发分、空气过剩系数、燃烧器设计、炉膛温度、炉内空气动力工况等。机械不完全燃烧热损失指的是飞灰、落灰、灰渣、溢流灰和冷灰中未燃尽的可燃物所造成的热损失。其主要影响因素有燃料性质、燃烧器设计、炉膛温度、炉膛设计等。

散热损失是指锅炉运行时,由于炉墙、钢架、管道和某些部件的温度总是高于周围空气温度,有部分热量散失到空气中造成的热量损失。散热损失降低锅炉的热效率,使锅炉房温度升高。

燃烧热损失与空燃比的关系如图 2.2 所示。

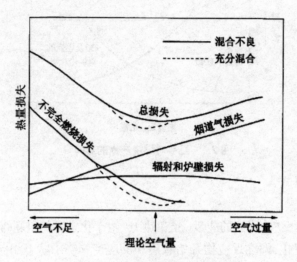

图 2.2　燃烧热损失与空燃比的关系

第二节　燃烧过程污染物排放量的计算

一、燃烧所需空气体积的计算

(一)理论空气量

燃料燃烧所需氧气通常由空气提供,单位质量的燃料按燃烧反应方程式完全燃烧所需要的空气量称为理论空气量,以 V_a^0 表示。它取决于燃料的组成,可由燃烧反应方程式计算。为建立燃烧反应方程式,通常假定:

①空气仅由氮和氧组成,其体积分数为 79∶21=3.76;

②燃料中的固定态氧参与燃烧反应;

③燃料中的硫主要被氧化为二氧化硫;

④计算理论空气量时,忽略 NOx 的生成量;

⑤燃料的化学组成式为 $C_xH_yS_zO_w$,其中 x、y、z、w 分别代表碳、氢、硫和氧的原子数。燃料与空气中的氧完全燃烧的化学反应方程式如下:

$$C_xH_yS_zO_w+(x+y/4+z-w/2)O_2+3.76(x+y/4+z-w/2)N_2 \rightarrow$$
$$xCO_2+y/2H_2O+zSO_2+3.76(x+y/4+z-w/2)N_2+Q(燃烧热)$$

式中 Q 为燃烧热,理论空气量为 V_a^0 为

$$V_a^0 = 22.4 \times 4.76(x+y/4+z-w/2)/(12x+1.008y+32z+16w) \qquad (2.1)$$
$$= 106.6(x+y/4+z-w/2)/(12x+1.008y+32z+16w)$$

各种燃料燃烧所需的理论空气量见表 2.4。

表 2.4　燃料燃烧的理论空气量

燃料	V_a^0(m³·kg⁻¹)(标态)	燃料	V_a^0(m³·kg⁻¹)(标态)
锅炉	3.5~6.0	炼焦煤气	4.5~5.5
烟煤	7.5~8.5	天然气(湿性)	11.4~12.1
无烟煤	9.0~10.0	天然气(干性)	8.84~9.01
焦炭	8.5	液化石油气(工业用)	2.97
燃料油	10~13	高炉煤气	0.7

【例 2.1】 某燃烧设备用重油作燃料, 重油成分(按质量百分数)为: C 88.3%, H 9.5%, S 1.6%, H2O 0.5%, 灰分 0.10%。计算燃烧 1kg 重油所需要的理论空气量。

解: 已知 1 kg 重油中各成分的含量如下:

	质量(g)	摩尔数(mol)	需氧数(mol)
C	883	73.58	73.58
H	95	95	23.75
S	16	0.5	0.5
H_2O	5	0.278	0

所需理论氧气量为:

　　　73.58+23.75+0.5 = 97.83(mol/kg)

　　　97.83 × (1+3.76)= 465.67(mol/kg)

即　465.67 × 22.4/1 000 = 10.43(m³/kg)(标态)

答: 燃烧 1 kg 重油需要理论空气量 10.43 m³(标态)。

(二)空气过剰系数

燃料在燃烧装置中燃烧时, 只供给理论空气量是很难使燃料燃烧完全, 为了使燃料能够完全燃烧, 实际上供给空气量应多于理论空气量, 实际供给的空气量(V_a)与理论空气量(V_a^0)的比值称为空气过剰系数。即

$$\alpha = \frac{V_a}{V_a^0} \qquad (2.2)$$

$\alpha > 1$, 其大小取决于燃料的种类、燃烧装置形式及燃烧条件等因素。不同燃料和炉型的空气过剰系数见表 2.5。

表 2.5　空气过剰系数 α

燃料 炉型	烟煤	无烟煤	重油	煤气
手烧炉和抛煤机炉	1.3~1.5	1.3~2.0		

续表

炉型 ＼ 燃料	烟煤	无烟煤	重油	煤气
链条炉	1.3~1.4	1.3~1.5		
悬燃炉	1.2	1.25	1.15~1.2	1.05~1.1

（三）空燃比 AF

空燃比是指单位重量燃料完全燃烧所需要的空气质量,可由燃烧方程式直接求得。例如甲烷在理论空气下完全燃烧

$$CH_4 + 2O_2 + 7.52N_2 \rightarrow CO_2 + 2H_2O + 7.52N_2$$

则空燃比

$$AF = \frac{2 \times \frac{100}{21} \times 28.9}{1 \times 16} = 17.2$$

理论空燃比随着燃料中氢相对含量的减少,碳相对含量的增加而减少。例如汽油的理论空燃比为 15,纯碳的理论空燃比约为 11.5。根据燃烧方程式可以计算燃烧产物的生成量。

二、烟气体积的计算

（一）理论烟气量与实际烟气量

燃料燃烧后产生的二氧化碳等烟气体积,称为烟气量。有理论烟气量和实际烟气量之分,在供给理论空气量（ $\alpha = 1$ ）的条件下,燃料完全燃烧产生的烟气体积,称为理论烟气量,以 V_{fg}^0 表示。烟气的主要成分是 CO_2、SO_2、N_2 和水蒸气等,通常分为干烟气（不含水蒸气）和湿烟气（含水蒸气）。理论烟气量等于干烟气量和水蒸气体积之和。实际烟气量等于理论烟气量与过剩空气量之和,即

$$V_{fg}^0 = V_{fg} + (\alpha-1)V_a^0 \tag{2.3}$$

理论烟气中的水蒸气体积由三部分构成:燃料中的氢燃烧生成的水蒸气体积,燃料中所含水分汽化的水蒸气体积,以及理论空气量带入的水蒸气体积。理论烟气量可由燃烧方程式求得,例如,CH_4 完全燃烧

$$CH_4 + 2O_2 + 7.52N_2 \rightarrow CO_2 + 2H_2O + 7.52N_2$$

1 mol 的 CH_4 完全燃烧产生 10.52 mol 的烟气。根据理想气体定律,近似认为烟气中各组分的摩尔比等于其体积比,所以 1 m³ 的甲烷完全燃烧产生 10.52 m³ 的烟气,即 $V_{fg}^0 = 10.52$。设空气过剩系数 $\alpha = 1.05$,由式（2-18）得

$$V_{fg}^0 = V_{fg} + (\alpha-1)V_a^0$$
$$= 10.52 + (1.05-1) \times 9.52 = 10.996$$

（二）烟气的体积和密度校正

燃烧过程的温度和压力一般是在高于标准状态（273 K, l atm）下进行的,在进行烟气体

积和密度计算时,为了便于比较应换算成标准状态。大多数烟气可以视为理想气体,因此可以用理想气体的有关方程式进行换算。

设操作状态下温度为 T_s,压力为 P_s,烟气体积为 V_s,密度为 ρ_s,标准状态下温度 T_n,压力为 P_n,密度为 ρ_n,烟气体积为 V_n,则:

$$V_n = \frac{P_s T_n V_s}{P_n T_s} \tag{2.4}$$

$$\rho_n = \frac{P_n T_s \rho_s}{P_s T_n} \tag{2.5}$$

(三)过剩空气校正

实际燃烧过程是在空气过剩情况下进行的,因此实际烟气量大于理论烟气量,

用奥氏气体分析仪测定烟气中 CO_2、O_2 和 CO 等含量,可以确定燃烧设备运行中的烟气成分和空气过剩系数,以碳在空气中的完全燃烧为例:

$$C + O_2 + 3.76 N_2 \rightarrow CO_2 + 3.76 N_2$$

烟气中仅含有 CO_2 和 N_2。当空气过量时,燃烧方程式为:

$$C + (1+\alpha)O_2 + 3.76(1+\alpha)N_2 \rightarrow CO_2 + \alpha O_2 + 3.76(1+\alpha)N_2$$

式中 α 是过剩空气中 O_2 的量(单位:mol)。空气过剩系数为:

$$\alpha = \frac{(1+\alpha)(O_2 + 3.76N_2)}{O_2 + 3.76N_2} = 1 + \alpha$$

计算 α 需知道过剩氧的量。设燃烧是完全燃烧,过剩空气中氧只以 O_2 形式存在,燃烧产物以下标 P 表示,碳完全燃烧为:

$$C + (1+\alpha)O_2 + 3.76(1+\alpha)N_2 \rightarrow CO_{2P} + O_{2P} + N_{2P}$$

式中 $O_{2P} = \alpha O_2$,即过剩氧量,N_{2P} 为实际空气量的总氮量。假定空气中只含氧和氮,其体积含量分别为 21% 和 79%,则空气中的总氧量为

$$\frac{21}{79}N_{2P} = 0.266N_{2P}$$

理论需氧量为 $0.266N_{2P} - O_{2P}$

$$\alpha = 1 + \frac{O_{2P}}{0.266N_{2P} - O_{2P}}$$

若燃烧过程产生 CO,过剩氧量需加以校正,即从测得的过剩氧中减去 CO 氧化成 CO_2 所需要的量。此时用下式计算 α:

$$\alpha = 1 + \frac{O_{2P} - 0.5CO_P}{0.266N_{2P} - (O_{2P} - 0.5CO_P)} \tag{2.6}$$

式中各组分的量是用奥氏气体分析仪测得的各组分的百分数。若分析结果为:CO_2 10%,O_2 4%,CO 1%,N_2 85%,则

$$\alpha = 1 + \frac{4 - 0.5 \times 1}{0.266 \times 85 - (4 - 0.5 \times 1)} = 1.18$$

考虑过剩空气校正后实际烟气量为:

$$V_{fg}^0 = V_{fg} + (\alpha - 1)V_a^0$$

第三章　气象与大气扩散

气象学中的大气是指地球引力作用下包围地球的空气层,其最外层的界限难以确定。通常把自地面至 1 200 km 左右范围内的空气层称做大气圈或大气层,而空气总质量的98.2% 集中在距离地球表面 30 km 以下。超过 1 200 km 的范围,由于空气极其稀薄,一般视为宇宙空间。

自然状态的大气由多种气体的混合物、水蒸气和悬浮微粒组成。其中,纯净干空气中的氧气、氮气和氩气三种主要成分的总和占空气体积的 99.97%,它们之间的比例从地面直到90 km 高空基本不变,为大气的恒定的组分;二氧化碳由于燃料燃烧和动物的呼吸,陆地的含量比海上多,臭氧主要集中在 55~60 km 高空,水蒸气含量在 4% 以下,在极地或沙漠区的体积分数接近于零,这些为大气的可变的组分;而来源于人类社会生产和火山爆发、森林火灾、海啸、地震等暂时性的灾害排放的煤烟、粉尘、氯化氢、硫化氢、硫氧化物、氮氧化物、碳氧化物为大气的不定的组分。

第一节　大气的垂直结构与气象要素

一、大气的垂直结构

大气是人类和其他生物赖以生存的基本条件之一。在自然地理学上,把由于地心引力而随地球旋转的大气层称为大气圈,其厚度大约为 10 000 km。离地面越远,空气越稀薄,到地表上空 1 400 km 以外的区域已非常稀薄;从污染气象学研究的角度来讲,大气圈是指地球表面到 1 000~1 400 km 的范围,大气圈的总质量约为 6×10^{15} t,仅为地球总质量的百万分之一。按照国际标准化组织(ISO)对大气和空气的定义:大气(Atmosphere)是指环绕地球的全部空气的总和;环境空气(Ambient Air)是指人类、植物、动物和建筑物暴露于其中的室外空气。

大气层位于地球的最外层,介于地表和外层空间之间,它受宇宙因素(主要是太阳)作用和地表过程影响,形成了特有的垂直结构和特性。根据大气层垂直方向上温度和垂直运动的特征,一般把大气层划分为对流层、平流层、中间层、热层和散逸层五个层次。

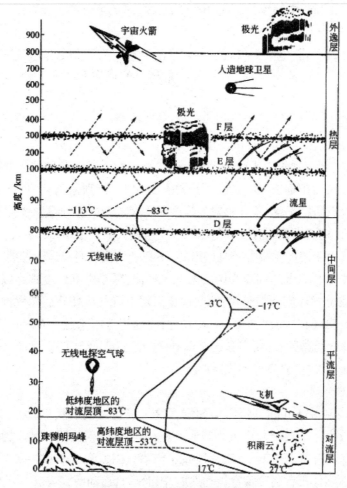

图 3.1　大气垂直方向的分层

（一）对流层

对流层是深厚大气的最底层，厚度只有十几千米，是各层中最薄的一层。但是，它集中了大气质量的 3/4 和几乎整个大气中的水汽和杂质。同时，对流层受地表种种过程影响，其物理特性和水平结构的变化都比其他层次复杂。

对流层的温度随高度升高而递减。平均每上升 100 m 气温下降 0.65 ℃，这称为气温直减率。按这样递减率，到对流层顶部气温减至 -53 ℃（极地）和 -83 ℃（赤道）。气温随高度递减主要是因为对流层大气的热能来源除直接吸收小部分太阳辐射外，绝大部分来自地面。因而愈近地表就愈近热源，大气获得的热量就多，气温就愈高；相反，愈远离地表，气温就愈低。自然界中高空中云滴多为冰晶组成，而低空云滴多液态水滴。这种现象就是气温随高度递减的生动例证。对流层大气有强烈的对流运动，对流层由此得名。造成这层大气对流的原因，有地表（主要海、陆）受热不均引起的热力对流、地表起伏不平引起的动力湍流以及冷暖空气交汇引起的强迫升降等。这些对流运动在大气温度垂直递减的形势下得到加强和发展。对流运动的强度和伸展的高度随纬度、季节而变化，平均来说，对流层的高度在低纬地区为 17~18 km,中纬度地区为 10~12 km,高纬地区仅有 8~9 km。一般是夏季高、冬季低。

对流层中云、雨、雷、电等天气现象非常活跃。这一方面是由于空气的对流运动把地表的水汽、杂质能经常向高空输送,另一方面是高空的低温利于水汽的凝结和云滴成长为雨滴。

(二)平流层

平流层是自对流层顶到 55 km 高度间的气层。气温的垂直分布除下层随高度变化不大外,自 25 km 向上明显递增,到平流层顶达到 -3℃左右。温度递增的主要原因是平流层的热能主要来源于对太阳辐射(主要是紫外辐射)的吸收,特别是臭氧的吸收。虽然臭氧的浓度自 25 km 向上有所减小,但紫外辐射的强度随高度逐渐增强,而且空气密度随高度升高迅速减小,这就导致高层吸收的有限辐射能可以产生较大的温度增量。

平流层大气由于温度垂直分布是递增的,不利于气流的对流运动发展,因而气流运动以平流为主。夏季盛行以极地高压为中心的东风环流,冬季中高纬度则是以极涡为中心的西风环流。晚冬或早春环流调整时,高纬度往往出现下沉气流并造成爆发性增温。平流层中水汽、杂质极少,出现在对流层中的云、雨现象,在这里近于绝迹。有时在中、高纬度晨昏时的高空(22~27 km)能见到绚丽多彩的珠母云(由细小冰晶组成)。平流层没有强烈对流运动,气流平稳、能见度好,是良好的飞行层次。

(三)中间层

自平流层顶到 85 km 间气层称中间层。这一层已经没有臭氧,而且紫外辐射中小于 0.175 μm 的波段由于上层吸收已大为减弱,以致吸收的辐射能明显减小,并随高度递减,因而这层的气温随高度升高迅速下降,到顶部降到 -83 ℃以下,几乎成为整个大气层中的最低温。这种温度垂直分布有利于垂直运动发展,因而垂直运动明显,又称"上对流层"或"高空对流层"。在中间层顶附近(80~85 km)的高纬地区黄昏时,有时观察到夜光云,其状如卷云、银白色、微发青,十分明亮,可能是水汽凝结物。

(四)热层

中间层顶到 800 km 高度间气层称为热层。这是一个比较深厚层次,但是空气密度甚小,其质量只占整个大气层质量的 0.5%。在 270 km 高度上空气密度仅是地面空气密度的百亿分之一,再往上就更稀薄了。热层气温随高度迅速升高。据测定,在 300 km 高度气温已达 1 000 ℃以上。热层高温的形成和维持主要是吸收了太阳外层(色球和日冕层)发射的辐射的结果。虽然这些辐射只占太阳总辐射中的很小比数,但被质量极小的气层吸收,实际上相当于单位质量大气吸收了非常巨大的能量,产生高温。因而,被称为热层。热层中的 N_2、O_2 等气体成分在强烈太阳紫外辐射(主要是波长短于 0.1 um 波段)和宇宙射线作用下,处于高度电离状态,因而又称电离层。热层中不同高度电离程度不均匀。在 100~200 km 间的 E 层和 200~400 km 间的 F 层电离程度最强,而位于 60~90 km 高度的 D 层电离程度较弱。电离层的结构和强度随太阳活动的变化有强烈的脉动。电离层具有吸收和反射无线电波的能力,能使无线电波在地面和电离层间经过多次反射,传播到远方。

（五）散逸层

散逸层是指 800 km 高度以上的大气层。这一层的气温随高度增高而升高。高温使这层上部的大气质点运动加快，而地球引力却大大减少，因而大气质点中某些高速运动分子不断脱离地球引力场而进入星际空间。这一层也可称为大气层向星际空间的过渡层。散逸层的上界也就是大气层的上界。上界到底有多高？还没有公认确切的定论。以前研究者把极光出现的最大高度作为大气层上界。因为极光是太阳辐射产生的带电离子流与稀薄空气相撞，原子受激发产生的发光现象。极光出现过的最大高度大约在 1 200 km，因而大气上界应该不低于 1 200 km。据现代卫星探测资料分析，大气上界大体为 2 000~3 000 km。

二、主要气象要素

气象条件是影响大气中污染物扩散的主要因素。历史上发生过的重大空气污染危害事件，都是在不利于污染物扩散的气象条件下发生的。为了掌握污染物的扩散规律，以便采取有效措施防治大气污染的形成，必须了解气象条件对大气扩散的影响，以及局部气象因素与地形地貌状况之间的关系。

在气象学中，气象要素是指用于描述的物理状态与现象的物理量，包括气压、气温、气湿、云、风、能见度以及太阳辐射等。这些要素都能从观测直接获得，并随着时间经常变化，彼此之间相互制约。不同的气象要素组合呈现不同的气象特征，因此对污染物在大气中的输送扩散产生不同的影响。其中风和大气不规则的湍流运动是直接影响大气污染物扩散的气象特征，而气温的垂直分布又制约着风场与湍流结构。下面介绍主要的气象要素：

气象要素是气象学上表示大气状态和物理现象的物理量，如气温、气压、湿度、风向、风速、云量、降水量、能见度等。

气象观测是对大气中发生的各种物理现象和物理变化过程，进行系统、连续的观察与测定，并对获得的记录进行初步的整理。按其观测的方法和范围的不同，气象观测包括地面气象观测、高空气象观测、大气遥感和气象卫星探测等。

（一）气温

空气冷热的程度，实质上是空气分子平均动能的表现。当空气获得热量时，其分子运动的平均速度增大，平均动能增加，气温也就升高。反之当空气失去热量时，其分子运动平均速度减小，平均动能随之减少，气温也就降低。

气温的单位：气温时表示大气冷暖程度的物理量，目前我国规定用摄氏度（℃）温标，以气压为 1 013.3 hPa 时纯水的冰点为零度（0 ℃），沸点为 100 度（100 ℃），其间等分 100 等份中的 1 份即为 1 ℃。在理论研究上常用绝对温标，以 K 表示，这种温标中一度的间隔和摄氏度相同，但其零度称为"绝对零度"，规定为等于摄氏 -273.15 ℃。因此水的冰点为 273.15 K，沸点为 373.15 K。两种温标之间的换算关系：

$$T=t+273.15 \approx t+273 \tag{3.1}$$

（二）气压

气压指大气的压强。它是空气的分子运动与地球重力场综合作用的结果。

静止大气中任意高度上的气压值等于其单位面积上所承受的大气柱的重量。一般情况下气压值是用水银气压表测量的。所以气压单位曾经用毫米水银柱高度（mmHg）表示，现在通用百帕（hPa）来表示。1 hPa 等于 1 cm² 面积上受到 10⁻² 牛顿（N）的压力时的压强值，即

$$1 \text{ hPa} = 10^{-2} \text{ N/cm}^2 \tag{3.2}$$

当选定温度为 0 ℃，纬度为 45° 的海平面作为标准时，海平面气压为 1 013.25 hPa，相当于 760 mm 的水银柱高度，称此压强为 1 个大气压。

（三）湿度

大气的湿度又称气湿，用来表示空气中水汽的含量，即空气的潮湿程度。常用的表示方法有：绝对湿度、水蒸气压、相对湿度、饱和度、比湿和露点等。

绝对湿度就是单位体积湿空气中所含水蒸气质量，单位为 g/m³，其数值为湿空气中水蒸气的密度，表明了湿空气中实际的水蒸气含量。水蒸气分压是指湿空气温度下水蒸气的压力，它随空气的湿度增加而增大。当空气温度不变时，空气中的水蒸气含量达到最大值时的分压力称为饱和水蒸气压，此时的空气称为饱和空气，温度即称为露点。饱和水蒸气压随温度降低而下降，若降低饱和空气的温度，则空气中的一部分水蒸气将凝结下来，即结露。相对湿度是湿空气中实际的水蒸气含量与同温下最大可能含有的水蒸气含量的比值，也即实际的水蒸气分压与饱和水蒸气压之比，表明了湿空气吸收水蒸气的能力及其潮湿程度。相对湿度愈小，空气愈干燥，反之则表示空气潮湿。比湿是指单位质量干空气含有的水蒸气质量，单位是 g/kg。

（四）风

空气的流动就形成风。气象上把水平方向的空气运动称为风。风是有方向和大小的。风向是指风的来向，例如，东风是指风从东方来。风向可用 8 个方位或 16 个方位表示，也可用角度表示。如图 3.2 所示。

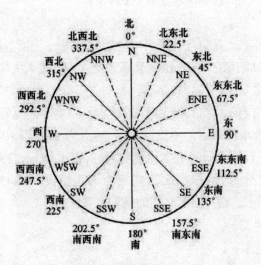

图 3.2　风向的 16 个方位

风速是指单位时间内空气在水平方向移动的距离,用 m/s 或 km/h 来表示。通常气象台站所测定的风向、风速都是指一定时间的平均值。风速也可用风力级数(0 ~ l2 级)来表示。若用 P 来表示风力,u 表示风速,则有

$$u = 3.02\sqrt{P^3} \text{ (km/h)} \tag{3.3}$$

(五)湍流

大气湍流,是指大气不规则的运动。风速时大时小出现脉动,主导风向上下左右出现摆动,就是大气湍流作用的结果。

大气湍流因形成原因不同,可分为两种。一种是机械湍流,它是由于垂直方向的风速分布不均匀以及地面粗糙度造成的;另一种是热力湍流,这主要是因地表面受热不均,或垂直方向气温分布不均匀造成的。

空气在起伏不平的地面上活动时,由于空气有黏性,地面有阻力,在主要气流中会产生大大小小的湍流。湍流的强弱和发展及其结构特征取决于风速的大小、地面粗糙度和近地面的大气温度的垂直梯度。

(六)云

云是由飘浮在空气中的小水滴、小冰晶汇集而成的。云对太阳辐射起反射作用,因此云的形成及其形状和数量不仅反映了天气的变化趋势,同时也反映了大气的运动状况。

云高是指云底距地面的高度。根据云高的不同可分为高云、中云和低云。高云的云高一般在 5 000 m 之上;中云则在 2 500~5 000 m 之间;而低云又在 2 500 m 以下。

云的多少是用云量来表示的,云量是指云遮蔽天空视野的成数。将地平以上全部天空划分为 10 份,为云所遮蔽的份数即为云量。例如,碧空无云,云量为 0,天空一半为云所覆盖,则云量为 5。

在气象学中,云量是用总云量和低云量之比的形式表示的。总云量是指所有的云(包括高、中、低云)遮蔽天空的成数;低云量仅仅是指低云遮蔽天空的成数。

国外计算云量是把天空分为 8 分,云遮蔽几分,云量就是几,因此它与我国云量的换算关系为:

$$\text{国外云量} \times 1.25 = \text{我国云量} \tag{3.4}$$

(七)能见度

能见度指视力正常的人在当时天气条件下,能够从天空背景中看到和辨出目标物的最大水平距离。单位用米(m)或千米(km)表示。

在空气特别干净的北极或是山区,能见度能够达到 70~100 km。

国际上对烟雾的能见度定义为不足 1 km,薄雾的能见度为 1 km~2 km,霾的能见度为 2 km~5 km。

能见度不足 100 米通常被认为为零,在这种情况下道路会被封锁,自动警示灯和牌子会被激活以提醒司机朋友,这些警示牌通常放在经常性出现低能见度的区域,尤其是发生了重大的交通事故比如汽车连环撞击事件的地方。

第二节 大气污染与气象

一、气温直减率

气温随着高度的分布,叫作温度层结。由于在平均情况下,气温随高度总是递减的,所以在气象学中常用气温直减率(r)来表示这种递减程度,规定高度每升高 100 m 气温降低值称为气温直减率,单位为℃/100 m。

(一)气温直减率

地球表面上方大气圈各气层的温度随着高度的不同而发生变化。不同气层的气温随高度的变化常用气温垂直递减率 γ 表示。气温垂直递减率 γ 是指在垂直于地球表面方向上每升高 100 m 气温的变化值。对于标准大气来讲,在对流层上层的 γ 值为 0.3~0.4 ℃/100 m;下层为 0.65~0.75 ℃/100 m。整个对流层的垂直递减率平均值为 0.65 ℃/100 m。但实际对流层,特别是近地层气温垂直变化比标准大气状况复杂。由于气象条件的不同,气温垂直递减率可大于零,等于零或小于零。大于零表示气温随高度增加而降低;等于零表示气温不随高度变化(或叫等温层);小于零表示气温随高度增加而增加。递减率 γ 小于零的大气层与正常情况相反的现象称为逆温,这样的气层称为逆温层。

(二)气温垂直分布

气温沿高度分布的曲线称为温度层结曲线,如图 3.3 所示。大气中的温度层结有四种类型:

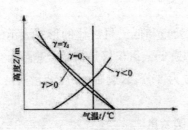

图 3.3 大气温度层结曲线

①气温随高度增加而递减,即 $\gamma>0$,称为正常分布层结或递减层结。
②气温随高度增加而增加,即 $\gamma<0$,称为气温逆转或逆温。
③气温不随高度变化,即 $\gamma=0$,称为等温层结。
④气温直减率等于或近似等于干绝热直减率,近 $\gamma=\gamma_d$,称为中性层结。

(三)大气各层的气温直减率

在大气的铅直方向上的分类,对流层、平流层、中间层、热成层和外层的气温直减率如下:

对流层:气温随高度增加而降低,但在不同的地区、不同季节、不同高度气温降低值是不同的。平均每上升 100 m 气温降低约 0.65 ℃。

平流层:自对流层顶到 55 km 左右高度为平流层。在平流层的下层,气温随高度不变或微有上升,气温直减率为 0 或者为负。到 30 km 以上,气温升高较快,气温直减率为负,并且绝对值在增加。到了平流层顶,气温升至 -3 ℃~17 ℃。平流层的这种气温分布特征,是与它受地面温度影响很小,并且存在着大量臭氧能强烈吸收太阳紫外线有关。所以在平流层,空气的铅直运动远比对流层弱,适于飞机飞行。

中间层:从平流层顶至 85 km 左右的高度。这层的特点是气温随高度由迅速降低,气温直减率很大,顶部气温可低至 -83 ℃~-113 ℃。由于下暖上冷,再次出现空气的铅直运动。

热成层:又叫暖层。从中间层顶至 500 km 的高度。在热成层内,随高度的增加气温迅速升高。气温直减率为负。据人造卫星的观测,在 300 km 的高度上,气温可达 1 000 ℃以上,500 km 高度处可达 1 200 ℃。但自 500 km 以上高度温度变化不大。这是因为所有波长小于 0.175 μm 的太阳紫外辐射都为该层中的气体所吸收的缘故。

外层:或称散逸层。一般指 500 km 以上的大气层。它是大气的外层,是大气圈与星际空间的过渡地带。温度很高。空气粒子运动速度很快,又因距地较远,地球引力作用很小,因而大气质点不断向星际空间散逸。

二、大气稳定度

(一)大气稳定度的状态

大气稳定度表示空气块在竖直方向稳定程度,即气块是否安于原来所在的层次,是否易于发生对流,气象学家把近地层大气划分为稳定、中性和不稳定三种状态。假如有一空气块(团)受到对流冲击力的作用,产生了向上或向下运动,那么就可能出现三种情况:如果空气团受力移动后,逐渐减速,并有返回原来高度的造势,这时的气层,对于该气团而言是稳定的;如果空气团一高,离开原位就逐渐加速运动,有远离原来高度的造势,这时的气层,对于该气团而言是不稳定的;如果空气团被推到某一高度后,既不加速也不减速,保持不动,这时的气层,对于该气团而言是中性气层。图 3.4 表示一个球的重力模型,不稳定的情形就像处于山顶的球;中性情形就像平地上的球;稳定情形则像是处在山谷里的球。

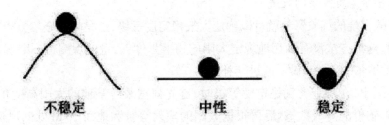

不稳定　　　　**中性**　　　　**稳定**

图 3.4　用一个球的重力模型说明大气稳定度的示意图

(二)大气稳定度的分类方法

在研究大气污染问题时,大气稳定是个重要因素,它是确定大气扩散系数的基础。大气稳定度的分类方法很多。

1. 帕斯奎尔（Pasquill）分类

这一方法是根据离地表 10 m 高处的平均风速、太阳辐射强度和云量等常规气象资料，将大气稳定度分为 A、B、C、D、E、F 六个级别。帕斯奎尔划分大气稳定度级别的标准见表 3.1。对表 3.1 的几点说明如下。

①稳定度级别中，A 为极不稳定，B 为不稳定，C 为弱不稳定，D 为中性，E 为弱稳定，F 为稳定。

②稳定度级别 A～B 表示按 A、B 级的数据内插。

③夜间的定义为日落前 1 h 至日出后 1 h。

④不论何种天空状况，夜间前后 1 h 算作中性，即 D 级稳定度。

⑤仲夏晴天中午为强日照，寒冬晴天中午为弱日照。

⑥这种方法，对于开阔的乡村地区还能给出比较可靠的稳定度级别。但是对于城市，则不是太准确。因为城市地区有较大的粗糙度及城市热岛效应的影响。特别是在静风晴朗自夜间，这时乡村地区的大气状态是稳定的。但在城市中，高度相当于城市建筑平均高度数倍之内的大气是弱稳定或者是中性的，而在其上部则有一个稳定层。

表 3.1　大气稳定度级别

地面风速（距地面 10 m 处）/（m/s）	白天太阳辐射			阴天的白天或夜间	有云的夜间	
	强	中	弱		薄云遮天或低云 ≥ 5/10	云量 ≤ 4/10
<2	A	A～B	B	D		
2~3	A～B	B	C	D	E	F
3~5	B	B～C	C	D	D	E
5~6	C	C～D	D	D	D	D
>6	C	D	D	D	D	D

2. 帕斯奎尔分类方法的改进

用简单的常规的气象资料就可以确定大气稳定度等级，这是帕斯奎尔分类方法的优点。但是也看到，这种方法没有确切地规定太阳的辐射强度，云量的观测也不准确，人为的因素较多，为此特纳尔（Turner）做了改进与补充。

特纳尔提出，在确定大气稳定度等级时，首先根据某时某地的太阳高度角和云量按表 3.2 确定太阳辐射的等级数，然后再根据太阳的辐射等级和地面 10 m 处的风速查表 3.3 来确定稳定度等级。

表 3.2　太阳辐射的等级数

云量 总云量 / 低云量	夜间	太阳高度角			
		$h_0<15°$	$15°<h_0<45°$	$15°<h_0<45°$	$15°<h_0<45°$
<4/<4	-2	-2	+1	+2	+3
5~7<4	-1	-1	+1	+2	+3
>8/<4	-1	-1	0	+1	+1
>7/5~7	0	0	0	0	+1
>8/>8	0	0	0	0	0

表 3.3　大气稳定度级别

地面风速 / （m/s）	太阳辐射等级数					
	+3	+2	+1	0	-1	-2
<1.9	A	A~B	B	D	E	F
2~2.9	A~B	B	C	D	E	F
3~4.9	B	B~C	C	D	D	E
5~5.9	C	C~D	D	D	D	D
>6	C	D	D	D	D	D

　　太阳辐射能是地面和大气最主要的能量来源,太阳高度角为太阳光线与地平面间的夹角,是影响太阳辐射强弱的最主要的因子之一。某时某地的太阳高度角按下式计算。

$$\sin h_0 = \sin\phi\sin\delta + \cos\phi\cos\delta\cos t \qquad (3.5)$$

式中　h_0——太阳高度角,度;

　　　ϕ——地理纬度,度;

　　　δ——太阳赤纬,度,可从天文年历查到,其概略值见表 3.4;

　　　t——时角,以正午为零,下午取正值则上午为负,每小时的时角为 15°。

表 3.4　太阳倾角(赤纬的概略值)

月	旬	太阳倾角 / 度	月	旬	太阳倾角 / 度	月	旬	太阳倾角 / 度
1	上	-22	5	上	+17	9	上	+7
	中	-21		中	+19		中	+3
	下	-19		下	+21		下	-1
2	上	-15	6	上	+22	10	上	-5
	中	-12		中	+23		中	-8
	下	-9		下	+23		下	-12

月	旬	太阳倾角 / 度	月	旬	太阳倾角 / 度	月	旬	太阳倾角 / 度
3	上	-5	7	上	+22	11	上	-15
	中	-2		中	+21		中	-18
	下	+2		下	+19		下	-21
4	上	+6	8	上	+17	12	上	-22
	中	+10		中	+14		中	-23
	下	+13		下	+11		下	-23

按照上述方法,只要有风速、云量和太阳高度角等资料,就可以客观地确定大气稳定度的等级。根据我国国家气象局与气象科学研究院对全国各地风向脉动资料整理推算结果,全国大部分地区的全年平均大气稳定度为帕斯奎尔级别的 D、C~D 及 C 级,近为中性状态。因此我国大气污染物综合排放标准选择中性大气稳定度作为计算的依据。

三、气象要素对大气污染的影响

与污染有关的气象要素主要有风、大气湍流和大气稳定度等。有时,各气象因素之间互相作用,实际情况较复杂,这里只作一些简单的分析。

(一)风对大气污染物扩散和输送的影响

风对大气污染的影响包括风向和风速两方面,一般情况下,风向影响污染物的水平迁移扩散方向,总是不断将污染物向下风方向输送,污染区总是分布在下风方向上,高污染浓度常出现在大气污染源的下风向,风速的大小决定了大气扩散稀释作用的强弱和对污染物输送距离的远近,风速越大,单位时间内混入烟气中的清洁空气愈多,大气扩散稀释作用越强;风速很大时,污染物输送的距离可能很长,但浓度将变得很小,通常,污染物在大气中的浓度与平均风速成反比,风速增大一倍,下风向污染物浓度将减小一半,风对大气污染物的影响发生在从地面起到污染物扩散所及的各高度,特别是高架源排放的污染物的扩散高度很高,所以各高度上的风都很重要,为利用地面风速资料推断各高度上风的分布,需要了解边界中风的垂直分布特征,风速随高度变化的曲线称为风速廓线,表征风速廓线的数学表达式(即风速廓线模式)有对数律风速廓线模式和指数律风速廓线模式。

1. 对数律模式

对数律模式用来描述中性层结时近地层的风速廓线,即

$$\bar{u} = \frac{u^*}{K}\ln\frac{z}{z_0} \tag{3.6}$$

式中　　$\bar{u}$——高度 z 处的风速,m/s;

　　　　u^*——摩擦速度,m/s;

K——卡门常数,在大气中 $K=0.44$;

z_0——地面粗糙度,m。

表 3.5 列出了一些有代表性的地面粗糙度值。实际的 z_0 和 u^* 值,是利用在不同高度上测得的风速值,按上式而求得的。利用上式又求得不同高度及凹凸不平的地表的风速值。但应该注意对数律模式适合于中性层结的条件,而在非中性层结情况下应用,会出现较大的误差。

表 3.5 有代表性的地面粗糙度

地面类型	z_0 /cm	有代表性的 z_0 /cm	地面类型	z_0 /cm	有代表性的 z_0 /cm
光滑、水平地面、海面、沙漠	0.001~0.03	0.02	村落、分散的树林	20~100	30
			分散的大楼	100~400	100
草原	1~10	3	密集的大楼	400	>300
农作物地区	10~30	30			

2. 指数律模式

对于非中性层结时的风速廓线,可以用简单指数律模式描述。

$$\bar{u} = \bar{u}_1 \left(\frac{z}{z_1} \right)^m \tag{3.7}$$

式中　$\bar{u}_1$——已知高度 z_1 处的平均风速,m/s;

　　　m——稳定度参数

参数 m 的变化取决于温度层结和地面粗糙度,尤其是温度层结越不稳定时 m 值越小。在实际应用时,m 值最好实测。当无实测数据时,可按《制定地方大气污染物排放标准的技术方法》选取。200 m 以下按表 3.6 选取,200 m 以上取 200 m 处的风速。

表 3.6 不同稳定度下的 m 值

稳定度级别	A	B	C	D	E、F
城市	0.10	0.15	0.20	0.25	0.30
乡村	0.07	0.07	0.10	0.15	0.25

大气、污染物在扩散过程中,由地表到所及的各高度上都会受到风的影响,利用风速廓线模式可计算出不同高度上的风速,便于进行大气污染物浓度估计。

(二)湍流对大气污染物的扩散作用

烟囱里排出的烟流在随风飘动的过程中,会上下左右摆动,体积越来越大,最后消失在大气中,这就是大气湍流扩散的结果。

湍流的扩散作用与风的稀释冲淡作用不同。在风的作用下,烟气进入大气之后,可顺风拉长。而湍流则可使烟气沿着三维空间的方向迅速延展开来,大气中污染物的扩散主要是靠大气湍流的作用来完成的。湍流越强,扩散效应也就越显著。

湍流是由大大小小的尺度不同的涡旋组成的气流。根据涡旋的尺度可分为三类,小涡旋,尺寸比烟团小,因为扩散速度慢,烟气沿水平方向几乎成直线前进;大涡旋,尺寸比烟团大,这时烟团可能被大尺度的湍流夹带。前进路线呈曲线状;复合尺度湍流,湍流由大小与烟团尺寸相似的涡旋组成,烟团被涡旋迅速撕裂,沿着下风向不断扩大,浓度逐渐稀释。

在实际生活中可以感到风速时大时小,有阵性,而且沿主导风向常出现左右和上下的无规则摆动。大气的这种无规则的阵性和摆动,叫作大气湍流。如果大气中只有风而无湍流运动,则污染物在烟囱口被直接冲淡稀释,污染物的扩散速率很慢。湍流是边界层中大气运动的基础,湍流对于大气中物质和能量的输送有十分重要的作用,大气污染物的稀释主要靠湍流扩散来进行。污染物排入大气后,形成浓度梯度,它们除随风作整体飘移外,湍流混合作用会不断将周围的清新空气卷入已污染的烟气,使污染物质从高浓度区向低浓度区分散、稀释,这种过程就是湍流扩散过程。湍流输送速率极大,它比分子输送速率要大 $10^5 \sim 10^6$ 倍。所以,分子扩散效应在大气扩散中可忽略不计。

大气烟云在向下风向飘移时,受到大气湍流的作用,使烟团向周界逐渐扩张,见图3.5。

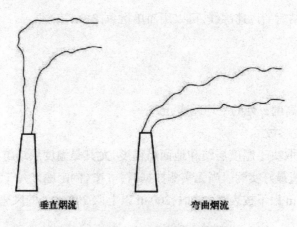

垂直烟流　　　　　　　　弯曲烟流

图 3.5　风的大小对烟流扩散的影响

(三)大气稳定度的影响

大气稳定度是影响污染物在大气中扩散的极重要因素。当大气处于不稳定状态时,在近地面的大气层中,下部气温比上部气温高,因而下部空气密度小,空气会产生剧烈的上下对流,烟流会迅速扩散。大气处于稳定状态时,将出现逆温层。逆温层像一个盖子,阻碍着空气的上下对流。烟囱里排出来的各种污染物质,因为不易扩散而大量地积聚起来。随着时间的延长,局部地区大气污染物的浓度逐渐增大,空气质量恶化,严重时就会形成大气污染事件。

烟流在大气中形态的变化,也能够反映出大气稳定度状态。图3.6是5种不同的温度层结状况下,烟流的典型形状。

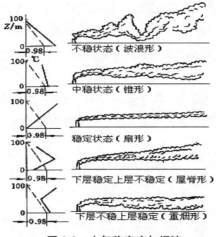

图 3.6　大气稳定度与烟流

1. 波浪形

这种烟型曲折呈波浪状。多出现在晴朗的白天,阳光照射强烈,地面急剧加热,使近地面处气温升高。此时大气温度垂直递减率大于干绝热直减率,即 $\gamma - \gamma_d > 0$,大气极不稳定。烟流可能在高烟囱不远的地方与地面接触,但大气湍流强烈,污染物随着大气运动而很快地扩散,并随着离烟囱距离的增大其浓度迅速降低。

2. 锥形

这种烟形如同一个有水平轴的圆锥体。多出现明天的中午和强风的夜间,此时大气处于性中性状态, $\gamma - \gamma_d = 0$。烟流沿风向呈锥形扩散,垂直方向扩散较波浪形差。但烟流在离烟囱很远的地方与地面接触,很少会形成污染。

3. 扇形

这种烟流又称为平展形,在垂直方向扩散很小,而呈扇形在水平面上展开。多出现在弱风晴朗的夜间和早晨,在平坦地区,特别是有积雪时常常发生,此时大气非常稳定, $\gamma - \gamma_d < -1$。污染情况随烟源的高度不同而异,烟源很高时,在近距离的地面上不会造成污染。烟源低时,烟流遇到山丘或高大建筑物的阻挡时,会发生下沉,给该地区造成污染。

4. 屋脊形

这种烟流也称为爬升形。它的形成,是因为其下部是稳定的大气,而上部是不稳定的大气。烟流下部平直,上部在不稳定的大气中,沿主导风向进行扩散形成一屋脊状。多出现在日落前后,地面由于有效辐射而失热,低层形成逆温,而高空仍保持递减状态。这种状态持续时间短,若不遇到山丘与局建筑物的阻挡,就不会形成污染。

5. 熏烟形

这种烟型又称为漫烟型。它的形成恰好与屋脊型相反。流之上有逆温层,而其下方至地面之间的大气层则是不稳定的,因而烟气只能向下扩散,给地面造成威胁。这种烟型多出现在辐射逆温被破坏时。辐射逆温是常见的逆温情况。在晴朗的夜晚,云少风小,地面因强烈的有效辐射而冷却,近地面处的气温下降急剧,上空则逐渐缓慢。这就形成了自地面开始的,逐渐向上发展的逆温,这就是辐射逆温。日出之后,由于地面增温,低层空气被加热,使逆温从地面向上渐渐地破坏,图3.7示出了一昼夜间辐射逆温的生消过程。图中(a)为下午时正常的递减层结;(b)为日落前1 h逆温生成初始;(c)为黎明前逆温达到最强;(d)、(e)则是日出后逆温层白上而下的消失状况。这便导致了不稳定大气自地面向上逐渐发展。当不稳定大气发展到烟流的下边缘时,烟流就强烈向下扩散,而烟流的上边缘仍在逆温中,于是熏烟型烟流就产生了。烟气迅速扩散到地面,造成地面的严重污染,许多烟雾事件就是在这种条件下发生的。

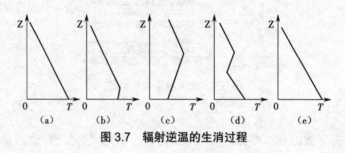

图3.7 辐射逆温的生消过程

　　影响烟流形成的因素很多,这里只是从温度层结和大气稳定度的角度进行粗略的分析。但是这5种典型烟流可以帮助我们简单地判断大气稳定度状态,并分析大气污染的趋势。

四、地形、地物对大气污染的影响

(一)地形

　　就地形而言,地球表面有海洋和陆地,陆地上有平地、丘陵和山地,它们对烟气的扩散都有直接或间接的影响。

　　当烟流垂直于山脉的走向越过山脊时在迎风面上会发生下沉作用,使附近地区遭受污染,如日本的神户和大阪市背靠山地,又在背风面下滑,并产生涡流,这将使排放到高空的污染物,重新带回地面,加重该地区污染的危害。

　　地形对于大气污染的影响,还在于局部地区由于地形的热力作用,会改变近地面气温与风的分布规律而形成局地风。如下面介绍的海陆风和山谷风,最终影响到污染物的输送与扩散。

　　沿海地区出现的海陆风,是由于水陆交界处,地形的热力效应所造成的周期为24 h的局部环流。海水的热容比陆地大,所以其温度的升降变化较陆地迟缓。白天,在阳光的照射之下,陆地增温较海洋快。这就使得陆地上空的气温比海水上部的气温高,空气密度小而上升,海面上的冷空气就过来补充,于是形成了由海洋吹向陆地的海风。夜间,陆地又比水体降温快,故水面上的气温又高于陆地上的气温,风便从陆地吹向海洋,这时形成的环流称作陆风,如图3.8所示。

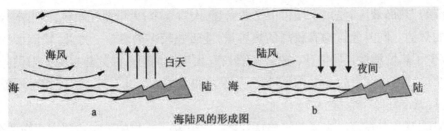

图 3.8　海风和陆风

从图 3.8 中还可以发现,当陆面出现海风时,高空则是陆风;而当地出现陆风时,高空出现海风,从而形成铅直的闭合环流,即海陆风。

在内陆湖泊、江河的水陆交界处,均会出现类似的闭合环流,但其活动范围较小。

海陆风对沿海地区的大气污染影响很大。如果工厂建在海滨,污染物会在白天随海风进入内地,造成污染。若排放的污染物被卷入环流之内,去而复返,迟迟不能扩散而使该地区的空气污染加重。

图 3.9 所表示的,是地形热力作用引起的另外一种局地风:山风和谷风,通称为山谷风。

在山区经常出现山谷风。白天,太阳首先照射到较高的山坡,山坡温度增高,而使其上部的空气比山谷中部同一高度上的空气温度高、密度小。故山坡上空的空气上升,谷底的冷空气就沿山坡上升来补充,这便是谷风。夜间,情况正好相反,山坡冷却得比较快,山坡上的空气要比山谷中部同一高度上的空气的温度低。因此,冷空气便由山顶顺坡向谷底流动,形成山风。山风出现时,因为冷空气沉于谷底,上部是由山谷中部原来的暖空气下降来补充,所以常伴随有逆温层的出现。大气呈稳定状态,污染物难以扩散稀释。同样如果污染物卷入环流中,也会长时间地滞留在山谷中,造成严重的大气污染事件。

图 3.9　山谷风示意图

(二)地物

地物对大气污染的影响也是不容忽视的。城市中有许多高大而密集的建筑物,地面粗糙度大,阻碍了气流的运动,使风速减小,而不利于烟气的扩散。烟囱里排出的烟气在超过这些高大建筑物时,会产生涡旋。结果,建筑物背风一侧的污染物的浓度明显地高于迎风的一侧。如果烟囱低于建筑物,排出来的污染物很容易卷入涡流之中,造成局部地区污染。

如果把城市作为一个整体来看,与乡村比较,对烟气运行扩散来说,"热岛效应"和"城市风"的影响较为突出。

城市的"热岛效应"是由于城市中工业密集,人口集中,大量消耗燃料,城市本身成为一个重要的热源。同时建筑物有较高的热容量,能吸收较多的热量。另外,城市水汽蒸发较少,又减少了热量消耗。据估计,在中纬度城市,由于燃烧而增加的热量为太阳供应边界层热量的两倍。因此城市的温度比乡村高,年平均温差为 0.5~1.5 ℃。这样相对周围温度较低的农村,城市好像一个"热岛"。

"热岛"现象是城市最主要的气象特征之一。它对污染物的影响主要表现在两个方面。一方面,"热岛"效应可以使得城市夜间的辐射逆温减弱或者消失,近地面温度层结呈中性,有时甚至出现不稳定状态,污染物易于扩散。而另一方面,城市温度高,热气流不断上升,形成一个低压区,郊区冷空气向市内侵入,构成环流,即形成所谓的"城市风",城市风的形成和大小,与盛行风和城乡间温差关系很大。静风时,城市风非常明显;有风时,只在城市背风部分出现城市风。由于夜晚城乡温差远比白天大,夜间风成涌泉式从乡村吹来,风速可达 2 m/s。如果工业区建在城市周围的郊区,工业区排出的大量污染物可能随城市风涌向市中心,市中心污染物的浓度反而比工业区高得多。

城市内建筑物的屋顶和街道受热不均匀,又会形成"街道风"。白天东西向街道,屋顶受热最强,热空气从屋顶上升,街道冷空气随之补充,构成环流。南北向街道中午受热,形成对流。夜间屋顶急剧冷却,冷空气下沉,促使街道内的热空气上升。构成了与白天相反的环流,下沉气流形成涡流。因此,不同走向的街道,同一街道的迎风面和背风面,污染物的浓度都不一样。这种"街道风"对汽车排放出来的污染物影响最为突出。

第三节　大气污染扩散模式

一、高斯扩散模式

(一)连续点源的扩散

连续点源一般指排放大量污染物的烟囱、放散管、通风口等。排放口安置在地面的称为地面点源,处于高空位置的称为高架点源。

1. 大空间点源扩散

高斯扩散公式的建立有如下假设:①风的平均流场稳定,风速均匀,风向平直;②污染物的浓度在 y、z 轴方向符合正态分布;③污染物在输送扩散中质量守恒;④污染源的源强均匀、连续。

图 3.10 所示为点源的高斯扩散模式示意图。有效源位于坐标原点 o 处,平均风向与 x 轴平行,并与 x 轴正向同向。假设点源在没有任何障碍物的自由空间扩散,不考虑下垫面的存在。大气中的扩散是具有 y 与 z 两个坐标方向的二维正态分布,当两坐标方向的随机变量独立时,分布密度为每个坐标方向的一维正态分布密度函数的乘积。由正态分布的假设条件②,参照正态分布函数的基本形式,取 $\mu = 0$,则在点源下风向任一点的浓度分布函数为:

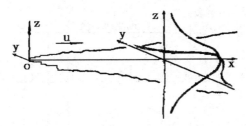

图 3.10 高斯扩散模式示意图

$$C(x,\ y,\ z) = A(x)\ \exp\left[-\frac{1}{2}\left(\frac{y^2}{\sigma_y^2} + \frac{z^2}{\sigma_z^2}\right)\right] \qquad (3.8)$$

式中　C——空间点 (x,y,z) 的污染物的浓度，mg/m^3；

　　　$A(x)$——待定函数；

　　　σ_y、σ_z——分别为水平、垂直方向的标准差，即 y、x 方向的扩散参数，m。

由守恒和连续假设条件③和④，在任一垂直于 x 轴的烟流截面上有：

$$q = \int_{-\infty}^{+\infty}\int_{-\infty}^{+\infty} uC\mathrm{d}y\mathrm{d}z \qquad (3.9)$$

式中　q——源强，即单位时间内排放的污染物，$\mu g/s$；

　　　u——平均风速，m/s。

将式（3.9）代入式（3.10），由风速稳定假设条件①，A 与 y、z 无关，考虑到 $\int_{-\infty}^{+\infty} exp\left(-t^2/2\right)\mathrm{d}t = \sqrt{2\pi}$ ③和④，积分可得待定函数 $A(x)$：

$$A(x) = \frac{q}{2\pi u\sigma_y\sigma_z} \qquad (3.10)$$

将式（3.10）代入式（3.8），得到空间连续点源的高斯扩散模式

$$C(x,\ y,\ z) = \frac{q}{2\pi u\sigma_y\sigma_z}\exp\left[-\frac{1}{2}\left(\frac{y^2}{\sigma_y^2} + \frac{z^2}{\sigma_z^2}\right)\right] \qquad (3.11)$$

式中，扩散系数 σ_y、σ_z 与大气稳定度和水平距离 x 有关，并随 x 的增大而增加。当 $y = 0$，$z = 0$ 时，$A(x) = C(x,0,0)$，即 $A(x)$ 为 x 轴上的浓度，也是垂直于 x 轴截面上污染物的最大浓度点 $C_{\max}$。当 $x \to \infty$，σ_y 及 $\sigma_z \to \infty$，则 $C \to 0$，表明污染物以在大气中得以完全扩散。

2. 高架点源扩散

在点源的实际扩散中，污染物可能受到地面障碍物的阻挡，因此应当考虑地面对扩散的影响。处理的方法是，或者假定污染物在扩散过程中的质量不变，到达地面时不发生沉降或化学反应而全部反射；或者污染物在没有反射而被全部吸收，实际情况应在这两者之间。

（1）高架点源扩散模式。点源在地面上的投影点 o 作为坐标原点，有效源位于 z 轴上某点，$z = H$。高架有效源的高度由两部分组成，即 $H = h + \Delta h$，其中 h 为排放口的有效高度，Δh 是热烟流的浮升力和烟气以一定速度竖直离开排放口的冲力使烟流抬升的一个附加高度，如图 3.11 所示。

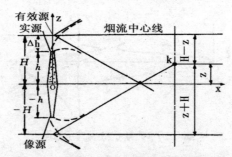

图 3.11　地面全反射的高架连续点源扩散

当污染物到达地面后被全部反射时，可以按照全反射原理，用"像源法"来求解空间某点 k 的浓度。图 3.11 中 k 点的浓度显然比大空间点源扩散公式（3.11）计算值大，它是位于 $(0,0,H)$ 的实源在 k 点扩散的浓度和反射回来的浓度的叠加。反射浓度可视为由与实源对称的位于 $(0，0，-H)$ 的像源（假想源）扩散到 k 点的浓度。由图可见，k 点在以实源为原点的坐标系中的垂直坐标为 $(z\text{-}H)$，则实源在 k 点扩散的浓度为式（3.11）的坐标沿 z 轴向下平移距离 H：

$$C_s = \frac{q}{2\pi u\sigma_y\sigma_z}\exp\left\{-\frac{1}{2}\left[\frac{y^2}{\sigma_y^2}+\frac{(z-H)^2}{\sigma_z^2}\right]\right\} \tag{3.12}$$

k 点在以像源为原点的坐标系中的垂直坐标为 $(z+H)$，则像源在 k 点扩散的浓度为式（3.11）的坐标沿 z 轴向上平移距离 H：

$$C_x = \frac{q}{2\pi u\sigma_y\sigma_z}\exp\left\{-\frac{1}{2}\left[\frac{y^2}{\sigma_y^2}+\frac{(z+H)^2}{\sigma_z^2}\right]\right\} \tag{3.13}$$

由此，实源 C_s 与像源 C_x 之和即为 k 点的实际污染物浓度：

$$C(x,\ y,\ z,\ H) = \frac{q}{2\pi u\sigma_y\sigma_z}\exp\left(\frac{-y^2}{2\sigma_y^2}\right)\left\{\exp\left[\frac{-(z-H)^2}{2\sigma_z^2}\right]+\exp\left[\frac{-(z+H)^2}{2\sigma_z^2}\right]\right\} \tag{3.14}$$

若污染物到达地面后被完全吸收，则 $C_x = 0$，污染物浓度 $C(x,\ y,\ z,\ H)=C_s$，即式（3.12）。

（2）地面全部反射时的地面浓度。实际中，高架点源扩散问题中最关心的是地面浓度的分布状况，尤其是地面最大浓度值和它离源头的距离。在式（3.14）中，令 $z = 0$，可得高架点源的地面浓度公式：

$$C(x,\ y,0,\ H) = \frac{q}{\pi u\sigma_y\sigma_z}\exp\left\{-\frac{1}{2}\left[\frac{y^2}{\sigma_y^2}+\frac{H^2}{\sigma_z^2}\right]\right\} \tag{3.15}$$

上式中进一步令 $y = 0$ 则可得到沿 x 轴线上的浓度分布：

$$C(x,0,0,\ H) = \frac{q}{\pi u\sigma_y\sigma_z}\exp\left\{-\frac{H^2}{2\sigma_z^2}\right\} \tag{3.16}$$

地面浓度分布如图 3.12 所示。y 方向的浓度以 x 轴为对称轴按正态分布；沿 x 轴线上，在污染物排放源附近地面浓度接近于零，然后顺风向不断增大，在离源一定距离时的某处，地面轴线上的浓度达到最大值,以后又逐渐减小。

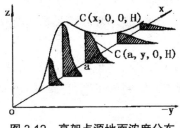

图 3.12　高架点源地面浓度分布

地面最大浓度值 C_{max} 及其离源的距离 x_{max} 可以由式(3.16)求导并取极值得到。令 $\partial_C / \partial_x = 0$,由于 σ_y、σ_z 均为 x 的未知函数,最简单的情况可假定 $\sigma_y / \sigma_z =$ 常数,则当

$$\sigma_z \mid_{x=x_{max}} = H / \sqrt{2} \tag{3.17}$$

时,得地面浓度最大值

$$C_{max} = \frac{2q}{\pi e u H^2} = \frac{\sigma_z}{\sigma_y} \tag{3.18}$$

由式(3.17)可以看出,有效源 H 越高,x_{max} 处的 σ_z 值越大,而 $\sigma_z \propto x_{max}$,则 C_{max} 出现的位置离污染源的距离越远。式(3.18)表明,地面上最大浓度 C_{max} 与有效源高度的平方及平均风速成反比,增加 H 可以有效地防止污染物在地面某一局部区域的聚积。

式(3.17)和式(3.18)是在估算大气污染时经常选用的计算公式。由于它们是在 $\sigma_y / \sigma_z =$ 常数的假定下得到的,应用于小尺度湍流扩散更合适。除了极稳定或极不稳定的大气条件,通常可设 $\sigma_y / \sigma_z = 2$ 估算最大地面浓度,其估算值与孤立高架点源(如电厂烟囱)附近的环境监测数据比较一致。通过理论或经验的方法可得 $\sigma_z = f(x)$ 的具体表达式,代入(3.17)可求出最大浓度点离源的距离 x_{max},具体可查阅我国 GB3840—91《制定地方大气污染物排放标准的技术方法》。

3. 地面点源扩散

对于地面点源,则有效源高度 $H = 0$。当污染物到达地面后被全部反射时,可令式(3.14)中 $H = 0$,即得出地面连续点源的高斯扩散公式:

$$C(x, \ y, \ z, 0) = \frac{q}{\pi u \sigma_y \sigma_z} \exp\left[-\frac{1}{2}\left(\frac{y^2}{\sigma_y^2} + \frac{z^2}{\sigma_z^2}\right)\right] \tag{3.19}$$

其浓度是大空间连续点源扩散式(3.11)或地面无反射高架点源扩散式(3.12)在 $H = 0$ 时的两倍,说明烟流的下半部分完全对称反射到上部分,使得浓度加倍。若取 y 与 z 等于零,则可得到沿 x 轴线上的浓度分布:

$$C(x, 0, 0, 0) = \frac{q}{\pi u \sigma_y \sigma_z} \tag{3.20}$$

如果污染物到达地面后被完全吸收,其浓度即为地面无反射高架点源扩散式(3.12)在 $H = 0$ 时的浓度,也即大空间连续点源扩散式(3.11)。

高斯扩散模式的一般适用条件是：①地面开阔平坦，性质均匀，下垫面以上大气湍流稳定；②扩散处于同一大气温度层结中，扩散范围小于 10 km；③扩散物质随空气一起运动，在扩散输送过程中不产生化学反应，地面也不吸收污染物而全反射；④平均风向和风速平直稳定，且 u>1~2 m/s。

高斯扩散模式适应大气湍流的性质，物理概念明确，估算污染浓度的结果基本上能与实验资料相吻合，且只需利用常规气象资料即可进行简单的数学运算，因此使用最为普遍。

（二）连续线源的扩散

当污染物沿一水平方向连续排放时，可将其视为一线源，如汽车行驶在平坦开阔的公路上。线源在横风向排放的污染物浓度相等，这样，可将点源扩散的高斯模式对变量 y 积分，即可获得线源的高斯扩散模式。但由于线源排放路径相对固定，具有方向性，若取平均风向为 x 轴，则线源与平均风向未必同向。所以线源的情况较复杂，应当考虑线源与风向夹角以及线源的长度等问题。

如果风向和线源的夹角 β>45°，无限长连续线源下风向地面浓度分布为：

$$C(x,0,\ H) = \frac{\sqrt{2}q}{\sqrt{\pi}u\sigma_z\sin\beta}\exp\left(-\frac{H^2}{2\sigma_z^2}\right) \tag{3.21}$$

当 β<45° 时，以上模式不能应用。如果风向和线源的夹角垂直，即 $\beta = 90°$，可得：

$$C(x,0,\ H) = \frac{\sqrt{2}q}{\sqrt{\pi}u\sigma_z}\exp\left(-\frac{H^2}{2\sigma_z^2}\right) \tag{3.22}$$

对于有限长的线源，线源末端引起的"边缘效应"将对污染物的浓度分布有很大影响。随着污染物接受点距线源的距离增加，"边缘效应"将在横风向距离的更远处起作用。因此在估算有限长污染源形成的浓度分布时，"边缘效应"不能忽视。对于横风向的有限长线源，应以污染物接受点的平均风向为 x 轴。若线源的范围是从 y_1 到 y_2，且 y_1<y_2，则有限长线源地面浓度分布为：

$$C(x,0,\ H) = \frac{\sqrt{2}q}{\sqrt{\pi}u\sigma_z}\exp\left(-\frac{H^2}{2\sigma_z^2}\right)\int_{s_1}^{s_2}\frac{1}{\sqrt{2\pi}}\exp\left(-\frac{s^2}{2}\right)ds \tag{3.23}$$

式中，$s_1 = y_1/\sigma_y$，$s_2 = y_2/\sigma_y$，积分值可从正态概率表中查出。

（三）连续面源的扩散

当众多的污染源在一地区内排放时，如城市中家庭炉灶的排放，可将它们作为面源来处理。因为这些污染源排放量很小但数量很大，若依点源来处理，将是非常繁杂的计算工作。

常用的面源扩散模式为虚拟点源法，即将城市按污染源的分布和高低不同划分为若干个正方形，每一正方形视为一个面源单元，边长一般在 0.5~10 km 之间选取。这种方法假设：①有一距离为 x_0 的虚拟点源位于面源单元形心的上风处，如图 3.13 所示，它在面源单元中心线处产生的烟流宽度为 $2y_0 = 4.3\sigma_{y_0}$，等于面源单元宽度 B；②面源单元向下风向扩散的浓度可用虚拟点源在下风向造成的同样的浓度所代替。根据污染物在面源范围内的分布状况，可分为以下两种虚拟点源扩散模式：

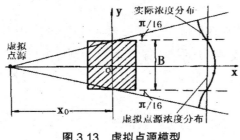

图 3.13　虚拟点源模型

第一种扩散模式假定污染物排放量集中在各面源单元的形心上。由假设①可得：

$$\sigma_{y_0} = B / 4.3 \tag{3.24}$$

由确定的大气稳定度级别和上式求出的 σ_{y_0}，应用 P－G 曲线图可查取 x_o。再由 $(x_0 + x)$ 分布查出 σ_y 和 σ_z，则面源下风向任一处的地面浓度由下式确定：

$$C = \frac{q}{\pi u \sigma_y \sigma_z} \exp\left(-\frac{H^2}{2\sigma_z^2}\right) \tag{3.25}$$

上式即为点源扩散的高斯模式（3.16），式中 H 取面源的平均高度，m。

如果排放源相对较高，而且高度相差较大，也可假定 z 方向上有一虚拟点源，由源的最初垂直分布的标准差确定 σ_{z_0}，再由 σ_{z_0} 求出 x_{z_0}，由 $x_{z_0} + x$ 求出 σ_z，由 $(x_0 + x)$ 求出 σ_y，最后代入式（3.25）求出地面浓度。

第二种扩散模式假定污染物浓度均匀分布在面源的 y 方向，且扩散后的污染物全都均匀分布在长为 $\pi(x_0 + x)/8$ 的弧上，因此，利用式（3.24）求 σ_y 后，由稳定度级别应用 P－G 曲线图查出 x_0，再由 $(x_0 + x)$ 查出 σ_z，则面源下风向任一点的地面浓度由下式确定：

$$C = \sqrt{\frac{2}{\pi}} \frac{q}{u\sigma_z \pi (x_0 + x)/8} \exp\left(-\frac{H^2}{2\sigma_z^2}\right) \tag{3.26}$$

二、扩散参数的确定

高斯扩散公式的应用效果依赖于公式中的各个参数的准确程度，尤其是扩散参数 σ_y、σ_z 及烟流抬升高度 Δh 的估算。其中，平均风速 u 取多年观测的常规气象数据；源强 q 可以计算或测定，而 σ_y、σ_z 及 Δh 与气象条件和地面状况密切相关。

（一）扩散参数 σ_y、σ_z 的估算

扩散参数 σ_y、σ_z 是表示扩散范围及速率大小的特征量，也即正态分布函数的标准差。为了能较符合实际地确定这些扩散参数，许多研究工作致力于把浓度场和气象条件结合起来，提出了各种符合实验条件的扩散参数估计方法。其中应用较多的由是帕斯奎尔（Pasquill）和吉福特（Gifford）提出的扩散参数估算方法，也称为 P－G 扩散曲线，如图 3.14 所示。由图可见，只要利用当地常规气象观测资料，查取帕斯奎尔大气稳定度等级，即可确定扩散参数。扩散参数 σ 具有如下规律：①σ 随着离源距离增加而增大；②不稳定大气状态时的 σ 值大于稳定大气状态，因此大气湍流运动愈强，σ 值愈大；③以上两种条件相同时，粗糙地面上

的 σ 值大于平坦地面。

由于利用常规气象资料便能确定帕斯奎尔大气稳定度,因此 P — G 扩散曲线简便实用。但是,P — G 扩散曲线是利用观测资料统计结合理论分析得到的,其应用具有一定的经验性和局限性。σ_y 是利用风向脉动资料和有限的扩散观测资料做出的推测估计,σ_z 是在近距离应用了地面源在中性层结时的竖直扩散理论结果,也参照一些扩散试验资料后的推算,而稳定和强不稳定两种情况的数据纯系推测结果。一般来说,P — G 扩散曲线较适用于近地源的小尺度扩散和开阔平坦的地形。实践表明,σ_y 的近似估计与实际状况比较符合,但要对地面粗糙度和取样时间进行修正;σ_z 的估计值与温度层结的关系很大,适用于近地源的 1 km 以内的扩散。因此,大气扩散参数的准确定量描述仍是需要深入研究的课题。

估算地面最大浓度值 C_{max} 及其离源的距离 x_{max} 时,可先按式(3.17)计算出 σ_z,并图 3.14查取对应的 x 值,此值即为当时大气稳定度下的 x_{max}。然后从图 3.14 查取与 x_{max} 对应的 σ_y值,代如式(3.18)即可求出 C_{max} 值。用该方法计算,在 E、F 级稳定度下误差较大,在 D、C级时误差较小。H 越高,误差越小。

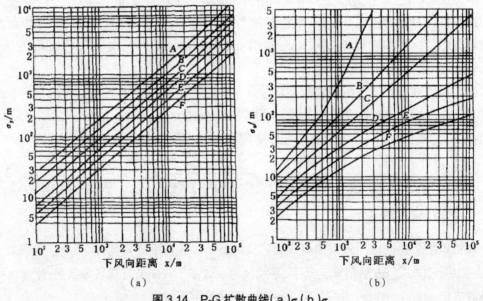

图 3.14　P-G 扩散曲线(a)σ_y (b)σ_z

我国 GB3840 — 91《制定地方大气污染物排放标准的技术方法》采用如下经验公式确定扩散参数 σ_y、σ_z:

$$\sigma_y = \gamma_1 x^{\alpha_1} \text{ 及 } \sigma_z = \gamma_2 x^{\alpha_2} \tag{3.27}$$

式中,γ_1、α_1、γ_2 及 α_2 称为扩散系数。这些系数由实验确定,在一个相当长的 x 距离内为常数,可从 GB3840 — 91 的表中查取。

(二)烟流抬升高度 Δh 的计算

烟流抬升高度是确定高架源的位置,是准确判断大气污染扩散及估计地面污染浓度的重要参数之一。从烟囱里排出的烟气,通常会继续上升。上升的原因一是热力抬升,即当烟气温度高于周围空气温度时,密度比较小,浮升力的作用而使其上升;二是动力抬升,即离开烟囱的烟气本身具有的动量,促使烟气继续向上运动。在大气湍流和风的作用下,漂移一段距离后逐渐变为水平运动,因此有效源的高度高于烟囱实际高度。

　　热烟流从烟囱中喷出直至变平是一个连续的逐渐缓变过程一般可分为四个阶段,如图3.15 所示。首先是烟气依靠本身的初始动量垂直向上喷射的喷出阶段,该阶段的距离约为几至十几倍烟囱的直径;其次是由于烟气和周围空气之间温差而产生的密度差所形成的浮力而使烟流上升的浮升阶段,上升烟流与水平气流之间的速度差异而产生的小尺度湍涡使得两者混合后的温差不断减小,烟流上升趋势不断减缓,逐渐趋于水平方向;然后是在烟体不断膨胀过程中使得大气湍流作用明显加强,烟体结构瓦解,逐渐失去抬升作用的瓦解阶段;最后是在环境湍流作用下,烟流继续扩散膨胀并随风飘移的变平阶段。

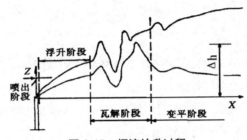

图 3.15　烟流抬升过程

　　从烟流抬升及扩散发展的过程可以看出,显然,浮升力和初始动量是影响烟流抬升的主要因素,但使烟流抬升的发展又受到气象条件和地形状况的制约。主要表现为:①浮升力取决于烟流与环境空气的密度差,即与两者的温差有关;而烟流初始动量取决于烟囱出口的烟流速度,即与烟囱出口的内径有关。一般来讲,增大烟流与周围空气的温差以及提高烟流速度,抬升高度增加。但如果烟流的初始速度过大,促进烟流与空气的混合,反而会减少浮力抬升高度,一般该速度大于出口处附近风速的两倍为宜。②大气的湍流强度愈大,烟与周围空气混合就愈快,烟流的温度和初始动量降低得也愈快,则烟流抬升高度愈低。大气的湍流强度取决于温度层结,而温度层结的影响不是单一的,如不稳定温度层结由于湍流交换活跃能抑制烟流的抬升,但也能促进热力抬升,这取决于大气不稳定程度。③平均风速越大,湍流越强,抬升高度越低。④地面粗糙度大,使近地层大气湍流增强,不利于烟流抬升。

　　由于烟流抬升受诸多因素的相互影响,因此烟流抬升高度 Δh 的计算尚无统一的理想的结果。在 30 多种计算公式中,应用较广适用于中性大气状况的霍兰德(Holland)公式如下:

$$\Delta h = \frac{v_s D}{u}\left(1.5 + 2.7\,\frac{T_s - T_a}{T_s}D\right) = \frac{1.5 v_s D + 0.01 Q_h}{u}\ \text{m} \tag{3.28}$$

式中　　v_s——烟流出口速度,m/s;

　　　　D——烟囱出口内径,m;

　　　　u——烟囱出口的环境平均风速,m/s;

T_s——烟气出口温度,K;

T_a——环境平均气温度,K;

Q_h——烟囱的热排放率,kW。

上式计算结果对很强的热源(如大型火电站)比较适中甚至偏高,而对中小型热源(Q_h<60 MW)的估计偏低。当大气处于不稳定或稳定状态时,可在上式计算的基础上分别增加或减少 10%~20%。

根据 GB / T3840—91《制定地方大气污染物排放标准的技术方法》和 GB13223—96《火电厂大气污染物排放标准》,按照烟气的热释放率 Q_h、烟囱出口烟气温度与环境温度的温差($T_s - T_a$)及地面状况,我国分别采用下列抬升计算式。

(1)当 $Q_h \geqslant 2\,100$ kW 并且($T_s - T_a$)$\geqslant 35$ K 时:

$$\Delta h = \frac{n_0 Q_h^{n_1} h^{n_2}}{u} \text{ m} \tag{3.29}$$

$$Q_h = c_p V_0 (T_s - T_a) \text{ kW} \tag{3.30}$$

式中 n_0、n_1、n_2——地表状况系数,可从 GB / T3840—91 查取;

V_0——标准状态下的烟气排放量,m³/s;

C_p——标准状态下的烟气平均定压比热,$C_p = 1.38$ kJ/(m³·K);

T_a——取当地最近 5 年平均气温值,K;

烟囱出口的环境平均风速 u 按下式计算:

$$u = u_0 (z / z_0)^n \text{ m/s} \tag{3.31}$$

u_0——烟囱所在地近 5 年平均风速,m/s,测量值;

z_0,z——分别为相同基准高度时气象台(站)测风仪位置及烟囱出口高度,m;

m——风廓线幂指数,在中性层结条件下,且地形开阔平坦只有少量地表覆盖物时,$n = 1/7$,其他条件时可从 GB / T3840—91 查取。

(2)当 Q_H<2 100 kW 或($T_s - T_a$)<35 K 时:

$$\Delta h = 2\left(\frac{1.5 v_s D + 0.01 Q_h}{u}\right) \text{ m} \tag{3.32}$$

上式为霍兰德公式(3.28)的两倍。

三、地面最大浓度

地面源和高架源在下风方向造成的地面浓度分布如图 3.16 所示,在下风向一定距离(x)处中心线的浓度高于边缘部分。图 3.16(a)示出由于地面源所造成的轴线浓度随距污染源距离的增加而降低。图 3.16(b)示出,对于高架源,地面轴线浓度先随距离(x)增加而急剧增大,在距源 1~3 km 的不太远距离处(通常为 1~3 km)地面轴线浓度达到最大值,超过最大值以后,随 x 增加,地面轴线浓度逐渐减小。

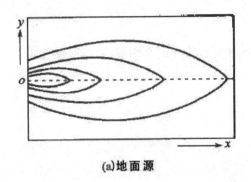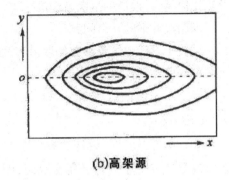

(a)地面源　　　　　　　　　　　(b)高架源

图 3.16　地面源和高架源的地面浓度分布

　　高架源的最大地面浓度通常是工况企业烟囱排放所必须考虑的环境标准,它的出现位置则与污染源的平面布置有关。

第四节　烟囱设计与厂址选择

　　增加排放高度可以减少地面大气污染物浓度,目前,高烟囱排放仍然是减轻地面污染的一项重要措施,地面浓度与烟囱高度的平方成反比,但烟囱的造价也近似地与烟囱高度的平方成正比,如何选定适当的烟囱高度是工业建设中经常遇到的问题。

　　确定烟囱高度的主要依据,是要保证该排放源所造成的地面污染物浓度不得超过某个规定值,这个规定值就是国家环境保部门所规定的各种污染的地面浓度值。

一、烟囱高度计算

　　确定烟囱高度,既要满足大气污染物的扩散稀释要求,又要考虑节省投资。最终目的是保证地面浓度不超过《环境空气质量标准》,烟囱高度的计算方法,目前应用最普遍的是按高斯模式的简化公式,由于地面浓度的要求不同,烟囱高度的计算方法有以下几种。

　　$\sigma_y / \sigma_x =$ 常数时,由地面最大浓度公式,解出烟囱高度 H_s,即:

$$H_s \geqslant \sqrt{\frac{2Q}{\pi e \bar{u} C_{max}} \cdot \frac{\sigma_z}{\sigma_y}} - \Delta H \ (\text{m}) \tag{3.33}$$

式中 ΔH 是根据选定的烟气抬升公式所计算出的烟气抬长高度。

　　按照浓度控制法确定烟囱高度,就是要保证地面最大浓度 C_{max} 不超过某个规定值 C_0,通常取 C_0 等于《环境空气质量标准》规定的浓度限值,若有本底浓度 C_b,则应使 C_{max} 不超过 C_0 即: $C_{max} < C_0 - C_b$,于是,烟囱高度为

$$H_s \geqslant \sqrt{\frac{2Q}{\pi e \bar{u}(C_0 - C_b)} \cdot \frac{\sigma_z}{\sigma_y}} - \Delta H \ (\text{m}) \tag{3.34}$$

式中　$\bar{u}$——一般取烟囱出口处的平均风速,m/s;

　　　　σ_z / σ_y——一般取 $0.5 \sim 1.0$,(不随距离而变),相当于中性至中等不稳定时的情况,

此项比值越大，设计的烟囱就越高。

烟囱设计中的几个问题：

①关于设计中气象参数的取值有两种方法，一种是取多年的平均值，另一种是取某一保证频率的值，而后一种更为经济合理。

σ_z/σ_y 的值一般在 0.5 ~ 1.0 之间变化。H_s >100 m 时，σ_z/σ_y 取 0.5；H_s <100 m 时，σ_z/σ_y 取 0.6 ~1.0。

②有上部逆温时，设计的高烟囱 H_s <200 m，必须考虑上部逆温层的影响。观测证明，当有效源高 H 等于混合层高度 D 时，即 $H=D$ 时，最不利。此时地面浓度约为一般情况下的 2~2.5 倍，若按此条件设计，烟囱高度将大大增加。因此，应对混合层高度出现频率做调查，避开烟囱有效高度 H 与出现频率最高或较多的混合层高度 D 相等的情况。

逆温层较低时，烟囱有效高度 $H > D$ 为好。

③烟气抬升公式的选择是烟囱设计的重要一环，必须注意烟气抬升公式适用的条件，进行慎重的选择。

④烟囱高度不得低于周围建筑物高度的 2 倍，这样可以避免烟流受建筑物背风面涡流区影响，对于排放生产性粉尘的烟囱，其高度从地面算起不得小于 15 m，排气口高度应比主厂房最高点高出 3 m 以上，烟气出口流速 u_s，应为 20~ 30 m/s，排烟温度也不宜过低。例如，排烟温度若在 100~200 ℃之间，u_s=5 m/s，排烟温度每升高 1 ℃，抬升高度则增高 1.5 m 左右，可见影响之显著。

⑤增加排气量。由烟气抬升公式可知，即使是同样的喷出速度 u_s 和烟气温度，如果增大排气量，对动量抬升和浮力抬升均有利。因此分散的烟囱不利于产生较高的抬升高度，若需要在周围设置几个烟囱时，应尽量采用多管集合烟囱，但在集合温度相差较大的烟囱排烟时，要认真考虑。

总之，烟囱设计是一个综合性较强的课题，要考虑多种影响因素，权衡利弊，才能得到较,合理的设计方案。

二、厂址选择

厂址选择是一个复杂的综合性课题，它涉及政治、经济、技术等多方面的问题。本节不是对厂址选择的综述，而是仅从充分利用大气对空气污染物的扩散稀释能力，防止空气污染的角度，来介绍厂址选择中的几个问题。

随着人们环境保护意识的不断提高，往往要求每一个拟建厂对环境质量可能产生的影响事先做出预评价，其中包括空气污染的预评价。在不同的地区，由于风向、风速、温度层结及地形等多种因素的影响，大气对污染物的稀释作用相差很大。在同一地区，工厂的位置与周围居民区、农作物区的布局不同时，空气污染造成的危害可能相差很大。因此，厂址的选择就显得十分的重要。

（一）厂址选择中对背景浓度的考虑

进行厂址选择时，首先要对当地背景浓度进行调查。背景浓度又称本底浓度，是该地区已有的污染物浓度水平。在背景浓度已超过《大气环境质量标准》规定浓度限值的地区,就不宜再建新厂。有时背景浓度虽然没有超过大气环境质量标准,但再加上拟建厂造成的污染物浓度后,若超过大气环境质量标准,短时间内又无法克服的,也不宜建厂。除此而外,在进行厂址的选择时,还要考虑长期平均浓度的分布。

(二)厂址选择中对气象条件的考虑

从防止大气污染的角度考虑,理想的建厂位置应选在大气扩散稀释能力强,排放的污染物被输送到城市或居民区可能性最小的地方。

1. 风向和风速

风向和风速的气候资料是多年的平均值,也可以是某月或某季的多年平均值。 为了观察方便,风的资料通常都是画成风玫瑰图,即在8或16个方位上给出风向和风速,并用线的长短表示其大小,然后将终点连接即成。图3.17为风向频率玫瑰图、风速玫瑰图。

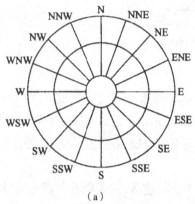

(a)

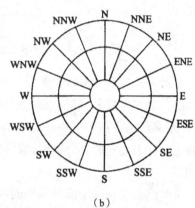

(b)

图3.17 (a)风向频率玫瑰图(间距10%,中心为静风频率),(b)图3-17 风速玫瑰图(间距2.0 m/s,中心为各风向平均风速)

对于山区来说,因其地形复杂,在不同的高度地区,风速风向变化很大,可以选择不同的测点做局部的风玫瑰图。

因为在静风($u < 1.0$ m/s)及微风(u为1~2 m/s)时,不利于污染物的扩散,容易造成污染。因此要特别注意,不仅要统计静风频率,还应统计静风的持续时间,绘制出静风持续时间频率图。

2. 大气稳定度

一般气象台没有近地层大气温度层结的详细资料,但是可以根据已有的气象资料,按照帕斯奎尔法对当地的大气稳定度进行分类。并统计出每个稳定级别占的相对频率,做出相应的图表,要特别注意有关逆温情况的统计。

3. 混合层厚度的确定

混合层厚度的大小标志着污染物在铅直方向的扩散范围,是影响污染物铅直扩散的重要参数。

温度层结是昼夜变化的,因此混合层厚度也随时间而变化,一般下午混合层厚度最大,代表一天之中最大的铅直扩散能力。

混合层厚度在空气污染气象学中,能常以最大混合度来表示的,可以用简单的作图法来确定,在温度层结曲线上,从下午最高地面气温作干绝热线,与早晨温度层结即早晨探空曲线交点的高度,即为午后也就是全天混合层厚度,如图 3.18 所示。D 为最大混合层厚度,γ 为早晨探空曲线,γ_d 为干绝热线,由此统计出月、季、年不同混合层厚度出现的频率。

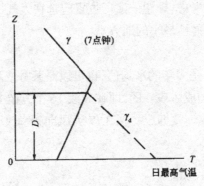

图 3.18　最大混合层厚度的确定

4. 对大气降水作用的考虑

除风和稳定度外,其他气象条件也要适当考虑。例如降水会溶解和冲洗空气中的污染物,降水多的地方的空气往往较清洁。低云和雾较多的地方容易造成更大的污染。有的地方降雨时伴有固定的盛行风向,被污染的雨水被风吹向下风方向,在工厂设置中也应考虑这些问题。

大气降水是从云中降落到地面的水汽凝结体,如雨、雪、雹等,由于降水的产生必须要有充分的水汽和空气的水汽和空气的上升运动等条件,所以,在成云致雨过程中的各种化学物理作用都使大气中的污染物受到迁移和转化,如气态污染物可能溶于水中,雨滴在降落过程中对污染物(SO_2 和粉尘)的淋洗净化作用等,都能使污染物浓度降低,减轻了大气的污染程度。降水多的南方空气往往比较清洁,降水少的北方空气比较混浊。

(三)厂址选择

从保护环境角度出发,理想的建厂位置是污染物本底浓度小,扩散稀释能力强,所排出的烟气、污染物等被输送到城市或居民区的可能性最小的地方,大体可以从以下四个方面来考虑。

1. 本底浓度(C_b)

本底浓度又称作背景浓度,是指该地区已有的污染物浓度水平,它是由当地其他污染源和远地输送来的污染物造成的,选择厂址时首先应当搜集或者观测这方面的数据。显然,现有污染物浓度已经超过允许标准的地方不宜建厂。有时本底浓度虽未超过标准,但加上拟建厂的污染物浓度后将超过标准,而短期内又无法克服的,也不宜建厂,应选择背景浓度小的地区建厂。

2. 对风的考虑

选择厂址时要考虑工厂与环境(尤其是周围居民区)的相对位置和关系,所以首先要考虑风向,最简单的方法是依据风向频率图,其原则如下。

污染源相对于居民区等主要污染受体来说,在设在最小频率风向的上侧,使居住区受污染的时间最小。

排放量大或废气毒性大的工厂应尽量设在最小频率风向的最上侧。

应尽量减少各工厂的重复污染,不宜把各污染源配置在与最大频率风向一致的直线上。

污染源应位于对农作物和经济作物损害能力最弱的生长季节的主导风向的下侧。

仅按风向频率布局,只能做到居民区接受污染的时间最少,但不能保证受到的污染程度最轻。考虑到风速也是一个影响污染物扩散解的重要因素,它与浓度成反比,则污染系数包括风向和风速两个因素:

$$污染系数 = \frac{风向频率}{平均风速} \tag{3.35}$$

污染系数综合了风向和风速的作用。某方位的风向频率小,风速大,该方位的污染系数就小,说明其下风向的空气污染就轻。对于污染受体来说,污染源应该设在污染系数最小的方位的上侧,表 3.7 是一计算实例,依照各方位的污染系数及其百分率,可以画出污染系数玫瑰图,如图 3.19。从这个例子可以看出,若仅考虑风向频率,工厂应设在东面,但从污染系数玫瑰图看,则应设在西北方,这说明了污染系数是选择厂址的一项重要依据。

表 3.7 风向频率与污染系数

方位	N	NE	E	SE	S	SW	W	NW	计
风向频率 /%	14	8	7	12	14	17	15	13	100
平均风速 /(m/s)	3	3	3	4	5	6	6	6	
污染系数	4.7	2.7	2.3	3.0	2.8	2.8	2.5	2.1	
相对污染系数 /%	21	12	10	13	12	12	11	9	100

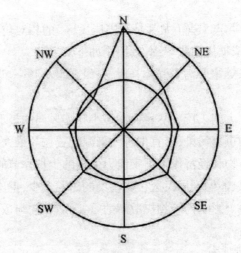

图 3.19　污染物系数玫瑰图

　　选择厂址时,要考虑的另一项风向指标是静风频率及其持续时间,要避免在全年静风频率高或静风持续时间长的地方建厂。

　　3. 对温度层结的考虑

　　选厂址时,要搜集当地的温度层结的资料,因为离地面几百米以内的大气温度层结对污染物的扩散稀释过程影响极大,重点要收集近地层逆温的资料,如逆温层厚度、强度、出现频率、持续时间以及逆温层底的高度等项数据,特别要注意逆温伴有静风或微风的情况。

　　近地面 200~300 m 以下的逆温对不同的烟源影响也不同。大多数中小型工厂的烟源不高,不宜建在近地逆温层频率高或持续时间长的地区。若大工厂的高烟囱,其排放口高于近地逆温层顶,污染物难以向下扩散,便产生了屋脊型扩散,对防止污染最为有利。

　　上部逆温层的影响则相反,它对低矮烟源的扩散无明显的影响。但常常是决定高大烟囱扩散的重要因素。有上部逆温时,不会因烟囱高度进一步增加而使地面浓度明显降低。

　　除风和稳定度外,其他气象条件也要适当考虑。例如降水会溶解和冲洗空气中的污染物,降水多的地方空气往往较清洁。低云和雾较多的地方容易造成更大的污染。有的地方降雨时,伴有固定的盛行风向,被污染的雨水可能会被风吹向下风方向,在建厂时也应考虑这些问题。

　　(四)对地形的考虑

　　山谷较深,走向与盛行风交角为 45°~135° 时,谷内风速经常很小,不利于扩散稀释。

　　有效源高置不可能超过经常出现静风及微风的高度时,则不宜建厂。

　　有效源高度不可能超过下坡风厚度及背风坡湍流区的地方,不宜建厂。

　　谷地四周山坡上有居民区及农田,有效源高不能超过山的高度时,不宜建厂。

　　四周很高的深谷地区不宜建厂。

　　烟流虽然能过山头,仍可能形成背风面的污染,不应当将居民点设在背风面的污染区。在海陆风较稳定的大型水域或与山地交界的地区不宜建厂。必须建厂时,应该使厂区与生活区的连线与海岸平行,以减少陆风造成的污染。

地形对空气污染的影响是非常复杂的,这里给出的几条只是最基本的考虑,对具体情况必须作具体分析。如果在地形复杂的地区选厂,一般应该进行专门的气象观测和现场扩散实验,或者进行风洞模拟实验,以便对当地的扩散稀释条件做出准确的评价,确定出必要的对策或防护措施。

第二篇　颗粒污染物的治理技术

第四章　除尘技术基础

为了深入理解各种除尘设备的除尘机理,并能正确选择和应用除尘设备,应首先了解粉尘的物理性质和除尘设备性能的表示方法,这是除尘技术的重要基础。

第一节　粉尘的粒径及其分布

颗粒物的粒径及其分布是污染物控制的主要参数,它们对除尘过程的机制、除尘器的设计及其运行效果都有很大的影响,因此研究它们具有很重要的意义。

一、粉尘的粒径

粉尘颗粒大小不同,其物理、化学性质有很大差异,不但对人和环境的危害不同,同时对除尘器的除尘机制和性能也有很大影响,是粉尘的基本特性之一。

如果粒子是大小均匀的球体,则可用其直径作为粒子大小的代表性尺寸,并称为粒径。但在实际上,不仅粒子的大小不同,而且形状也各种各样,则需要按照一定的方法确定一个表示粒子大小的最佳的代表性尺寸,作为粒子的粒径。

一般是将粒径分为代表单个粒子大小的单一粒径和代表由各种不同大小的粒子组成的粒子群的平均粒径。粒径的单位一般以微米(μm)表示。

粒径的测定和定义方法不同,所得粒径值也不同。下面介绍几种常见的方法。

(一)单一粒径

单一粒径的测定方法归纳起来有三种形式:投影径、几何当量径和物理当量径。

1. 投影径

投影径是利用显微镜观测颗粒时所采用的粒径,可以采用以下几种粒径的定义方法:

(1)定向直径 d_F,是菲雷特(Feret)于 1931 年提出的,因此也称为菲雷特(Feret)直径,为各粒子在平面投影图上于同一方向上的最大投影长度。如图 4.1(a)所示。

(2)定向面积等分径 d_M,也称为马丁直径,是马丁(Martin)1924 年提出来的。为各粒子在平面投影图上,按同一方向将粒子投影面积分割成二等分的直线的长度,如图 4.1(b)所示;

(3)圆等直径 d_H,也称为黑乌德(Heywood)直径,为与粒子投影面积相等的圆的直径,如图 4.1(c)所示。

一般情况下,对于同一粒子有 $d_F > d_H > d_M$。

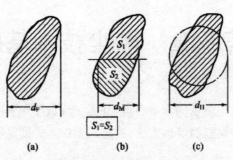

图 4.1　用显微镜观测颗粒直径的三种方法

2. 几何当量径

取与粒子的某一几何量（面积、体积）相同的球形颗粒的直径为其几何当量径,如球等直径(d_r)即与被测粒子体积相等的球的直径。

3. 物理当量径

取与粒子的某一物理量相同的球形颗粒的直径为粒子的物理当量径,如:

（1）斯托克斯直径(d_p),为在同一流体中与被测粒子的密度相同,沉降速度相同的球的直径。当雷诺数 Rep<1 时,按斯托克斯（Stokes）定律得斯托克斯直径的定义式:

$$d_p = \sqrt{\frac{18\mu u_s}{(\rho_p - \rho)\cdot g}} \ (\text{m}) \tag{4.1}$$

式中　μ——流体的黏度,Pa·s;

　　　ρ_p——粒子的密度,kg/m³;

　　　ρ——流体的密度,kg/m³;

　　　u_s——粒子在流体中的沉降速度,m/s。

（2）空气动力学直径 d_a,与被测粒子在空气中的沉降速度相同,密度为 1 g/cm³ 的球的直径。

斯托克斯直径和空气动力学直径是除尘技术中应用最多的两种直径,原因在于它们与粒子在流体中运动的动力学特性密切相关。

（二）平均粒径

确定一个由粒径大小不同的粒子组成的粒子群的平均粒径时,需预先求出各个粒子的单一粒径,然后求出平均粒径。表 4.1 中列出了几种平均粒径的计算方法和物理意义。表中的 d 表示任一颗粒的单一径粒,n 为相应的粒子个数。实际工程计算中应根据除尘的任务和要求,粉尘的物理、化学性质等情况,选择最为恰当的粒径的计算方法。

表 4.1　几种平均粒径的计算公式和物理意义

名　称	计算公式	物理意义
算术平均值	$d_1 = \dfrac{\sum nd}{\sum n}$	单一粒径的算术平均值
面积长度平均径	$d_4 = \dfrac{\sum nd^2}{\sum nd}$	表面积总和除以直径的总和

名　称	计算公式	物理意义
体面积平均径	$d_3 = \dfrac{\sum nd^3}{\sum nd^2}$	全部粒子的体积除以总表面积
中位径	d_{50}	粒径分布的累积值为 50% 时的粒径
众径	d_d	粒径分布中频度最高的粒径

二、粉尘的粒径分布

粒径分布是指某种粉尘粒子群中,不同粒径的粒子所占的比例,也称为粉尘的分散度。如果以粒子的个数所占的比例来表示时称为粒数分布;以粒子的质量表示时称为质量分布;以粒子的表面积表示时称为表面积分布。由于质量分布更能反映不同大小的粉尘对人体危害和对除尘设备性能的影响,因此在除尘技术中使用较多。这里重点介绍质量分布的表示方法。

粒径分布的表示方法有表格法、图形法和函数法。下面就以粒径分布的测定数据的整理过程来说明粒径分布的表示方法和相应的意义。

测定某种粉尘的粒径分布时,采取的尘样质量 $m_0 = 10\,\mathrm{g}$,经测定得到各粒径间隔 d_p 至 $d_p + \Delta d_p$ 内的粉尘质量为 $\Delta m(\mathrm{g})$。Δd_p 称为粒径间隔或粒径宽度。将测定结果及按下述定义计算的结果列入表 4.2 中,并绘于图 4.2 中。

表 4.2　粒径分布测定和计算结果

项目	分组序号								
	1	2	3	4	5	6	7	8	9
粒径范围 $d_p/\mu m$	0~5	5~10	10~15	15~20	20~30	30~40	40~50	50~60	>60
间隔宽度 $\Delta d_p/\mu m$	5	5	5	5	10	10	10	10	——
粉尘质量 $\Delta m/g$	1.95	2.05	1.50	1.00	1.20	0.75	0.45	0.25	0.85
频率分布 $g/\%$	19.5	20.5	15.0	10.0	12.0	7.5	4.5	2.5	8.5
频度分布 $f/(\%/\mu m)$	3.90	4.10	3.00	2.00	1.20	0.75	0.45	0.25	——
筛下累计分布 $G/\%$	19.5	40.0	55.0	65.0	77.0	84.5	89.0	91.5	100
筛上累计分布 $R/\%$	80.5	60.0	45.0	35.0	23.0	15.5	11.0	8.5	0

图 4.2 是根据表 4.2 中的数据所绘制的。

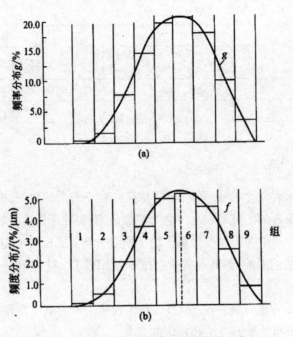

图 4.2 粒径的频率、频度及累积频率分布

（一）频率分布 g(%)

频率分布，也称为相对频数分布，指的是粒径 d_p 至 $d_p + \Delta d_p$ 之间的尘样质量占尘样总质量的百分数，即：

$$g = \frac{\Delta m}{m_0} \times 100\% \tag{4.2}$$

并有

$$\sum g = 100\% \tag{4.3}$$

式中 Δm——粒径为 d_p 至 $d_p + \Delta d_p$ 间隔的尘样质量，kg；

m_0——尘样总质量，kg。

根据计算出的 g 值可绘出频率分布直方图，如图 4.2(a) 所示。由计算结果可以看出，频率分布 g 值的大小与间隔宽度 Δd_p 的大小有关。

（二）频率密度分布 f(%·μm⁻¹)

频率密度分布，简称频度分布，是指单位粒径间隔宽度时的频率分布，即粒径间隔宽度 $\Delta d_p = 1\ \mu m$ 时尘样质量占尘样总质量的百分数，即：

$$f = \frac{g}{\Delta d_p} \quad (\%\cdot\mu m^{-1}) \tag{4.4}$$

同样，根据计算结果可以绘出频度分布 f 的直方图，按照各组粒径间隔的平均粒径值，可以得到频度分布曲线，如图 4.2(b) 所示。

（三）筛下累积频率分布 G(%)

筛下累计频率分布 $G(\%)$，简称筛下累积分布，指小于某一粒径 d_p 的颗粒质量占尘样总质量的百分数，即：

$$G = \sum_{0}^{d_P} g = \sum_{0}^{d_P} f \cdot \Delta d_P \, (\%) \qquad (4.5)$$

反之,将大于某一粒径 d_p 的颗粒质量占尘样总质量的百分数称为筛上累积频率分布 R (%),简称筛上累积分布,即:

$$R = \sum_{d_P}^{\infty} g = \sum_{d_P}^{\infty} f \cdot \Delta d_P \, (\%) \qquad (4.6)$$

如果粒径间隔宽度 $\Delta d_P \to 0$,即取极限形式,则式(4.5)和式(4.6)可改写为微积分形式

$$G = \int_{0}^{d_P} f \cdot dd_P \qquad (4.7)$$

$$R = \int_{d_P}^{\infty} f \cdot dd_P \qquad (4.8)$$

根据累积频率分布的定义可知

$$G+R = \int_{0}^{\infty} f \cdot dd_P = 100 \qquad (4.9)$$

筛上累积分布和筛下累积分布相等($R = G = 50\%$)时的粒径称为中位径,记作 d_{50}。中位径是除尘技术中常用的一种表示粉尘粒径分布特性的简明方法。而频度分布 f 达到最大值时相对应的粒径称作众径,记作 d_d。

在除尘技术中,斯托克斯直径 d_s、众径 d_d 和中位径 d_{50} 具有重要的意义,经常用到。当粉尘粒径分布函数负荷正态分布时,众径等于中位径,否则二者不等,通常算术平均直径 > 中位径 > 众径。

第二节 粉尘的物理性质

一、粉尘的密度

单位体积中粉尘的质量称为粉尘的密度 ρ_p,其单位是 kg/m³ 或 g/cm³。

由于粉尘的产生情况不同、实验条件不同,获得的密度值也不同。一般将粉尘的密度分为真密度和堆积密度等不同的概念。

(一)真密度

一般情况下,粉尘表面及其内部吸附着一定的空气。粉尘的真密度是将粉尘颗粒表面及其内部空气排出后测得的粉尘自身的密度,常用 ρ_p 表示。

(二)堆积密度

粉尘在自然堆积状态下,颗粒之间和颗粒内部都存在空隙,以堆积体积求得的密度称为堆积密度,常用 ρ_b 表示。

对于一定种类的粉尘,其真密度为一定值,而其堆积密度则随着空隙率而变化。空隙率是指粉尘粒子间的空隙体积与堆积粉尘的总体积之比,用 ε 表示。粉尘的真密度 ρ_p 与堆积密度 ρ_b 之间存在如下关系

$$\rho_b = (1-\varepsilon)\rho_p \qquad (4.10)$$

粉尘的空隙率与粉尘种类、粒径及粉尘的充填方式等因素有关。粉尘愈细,吸附的空气

愈多，ε 值愈大；充填过程加压或进行振动，ε 值减小。可见，同一种粉尘，$\rho_b \leqslant \rho_p$。例如煤粉燃烧产生的飞灰粒子，其堆积密度为 1.07 g/cm³，真密度为 2.2 g/cm³。

粉尘的真密度应用于研究尘粒在空气中的运动等方面，而堆积密度则可用于存仓或灰斗容积的计算等方面。

二、粉尘的比表面积

粉状物料的许多物理、化学性质实质上与其表面积有很大关系，细粒子往往表现出显著的物理、化学活性。

粉尘的比表面积是指单位体积（或质量）粉尘所具有的表面积。粉尘的比表面积增大，其物理和化学活性增强，在除尘技术中，对同一粉尘来说.比表面积越大越难捕集。

三、粉尘的润湿性

粉尘颗粒能否与液体相互附着或附着难易的性质称为粉尘的润湿性。当尘粒与液滴接触时，如果接触面扩大而相互附着，就是能润湿；若接触面趋于缩小而不能附着，则是不能润湿。粉尘按照被润湿的难易程度，可分为亲水性粉尘和疏水性粉尘。对于 5 μm 以下特别是 1 μm 以下的尘粒，即使是亲水的，也很难被水润湿，这是由于粉尘的比表面积大，对气体的吸附作用强，表面易形成一层气膜，因此只有在尘粒与水滴之间具有较高的相对运动时，才会被润湿。同时粉尘的润湿性还随压力增加而增加；随温度上升而下降；随液体表面张力减小而增加。各种湿式洗涤器，主要靠粉尘与水的润湿作用来分离粉尘。

值得注意的是，像水泥粉尘、熟石灰等虽是亲水性粉尘，但它们吸水之后即形成不溶于水的硬垢，一般称这类粉尘为水硬性粉尘。水硬性粉尘遇水结垢会造成管道及设备堵塞，所以对此类粉尘一般不宜采用湿式除尘器分离。

四、粉尘的荷电性及导电性

（一）粉尘的荷电性

粉尘在其产生或运动过程中，由于相互碰撞、摩擦、放射线照射、电晕放电及接触带电体等原因而带有一定的电荷，我们把粉尘的这种性质称为粉尘的荷电性。粉尘荷电以后，将改变其物某些理性质，如凝聚性、附着性以及在气体中的稳定性等，同时对人体的危害也有所增加。粉尘的荷电量随着温度增高、表面积增大及含水率减少而增加，还与其化学组成及外部荷电条件等因素有关。

（二）粉尘的比电阻

粉尘的导电性通常用比电阻表示。比电阻是指电流通过面积为 1 cm²、厚度为 1 cm 的粉尘时具有的电阻值，单位是 $\Omega \cdot$ cm。

粉尘层的导电不仅依靠粉尘颗粒内的电子或离子发生的容积导电，还靠颗粒表面吸附的水分和化学膜发生的表面导电。对于电阻率高的粉尘，温度较低时（<100 ℃）主要靠表面导电；温度较高时（>200 ℃）主要靠容积导电。因此，粉尘的电阻率与测定时的条件，如气体的温度、湿度和成分，粉尘的粒径、成分和堆积的松散度等。

粉尘的比电阻对电除尘器工作有很大影响,过低或过高都会使除尘效率下降,最适应的范围是 10^4~2×10^{10} $\Omega \cdot cm$。当粉尘的比电阻不利于电除尘器捕集粉尘时,需要采取措施调节粉尘的比电阻,使其处于合适的范围。

五、粉尘的黏附性

粉尘颗粒相互附着或附着于固体表面上的现象称为粉尘的黏附性。影响粉尘黏附性的因素很多,一般情况下,粉尘粒径小、形状不规则、表面粗糙、含水率高、润湿性好以及荷电量大时,容易发生黏附现象。粉尘的黏附性还与周围介质的性质有关,例如,在粗糙或黏性物质的固体表面上,黏附力会大大提高。

许多除尘器的除尘机制都依赖于粉尘在器壁表面上的黏附,但在含尘气流管道或净化设备中,又要防止粉尘在壁面上过多黏附,以免造成设备堵塞。所以在除尘系统或气流输送系统中,要根据经验选择适当的气流速度,并尽量把器壁面加工光滑,以减少粉尘的黏附。

六、粉尘的安息角

粉尘的安息角是指粉尘通过小孔连续地下落到水平板上时,堆积成的锥体母线与水平面的夹角,也称作静止角或堆积角,如图 4.4 所示。粉尘的安息角是粉状物料所具有的动力特性之一,是评价粉尘流动性的重要指标。安息角小的粉尘,其流动性好,安息角大的粉尘,其流动性就差。它与粉尘的种类、粒径、形状和含水率等因素有关。多数粉尘安息角的平均值为 35°~36°。对于同一种粉尘,粒径愈小,安息角愈大;表面愈光滑和愈接近球形的粒子,安息角愈小;含水率愈大,安息角愈大。安息角是确定灰斗锥角和含尘通风管道倾斜角的主要依据。

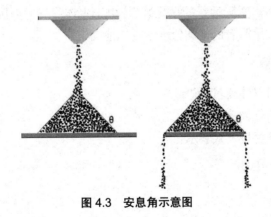

图 4.3　安息角示意图

七、粉尘的爆炸性

当空气中的某些粉尘(如煤粉等)达到一定浓度时,若在高温、明火、电火花、摩擦撞击等条件下就会引起爆炸,这类粉尘称为爆炸性粉尘。这里所说的爆炸是指可燃物的剧烈氧化作用,并在瞬间产生大量的热量和燃烧产物,在空间内造成很高的温度和压力,故称为化学爆炸。可燃物除了可燃粉尘外,还包括可燃气体和蒸汽。

引起爆炸必须具备两个条件:一是由可燃物与空气或氧构成的可燃混合物具有一定的浓度;二是存在能量足够的火源。可燃混合物中可燃物的浓度只有在一定的范围内才能引起爆炸。能够引起爆炸的最高浓度叫爆炸上限,最低浓度叫爆炸下限。在可燃物浓度低于爆炸下限或高于爆炸上限时,均无爆炸危险。粉尘的爆炸上限,由于浓度值过大,在多数场合下都达不到,故无实际意义。粉尘发火所需要的最低温度称为发火点,它们都与火源的强度、粉尘的种类、粒径、湿度、通风情况、氧气浓度等因素有关。一般是粉尘粒径愈小,发火点愈低;粉尘的爆炸下限愈小,发火点愈低,爆炸的危险性愈大。

另外,有些粉尘(如镁粉、碳化钙粉等)与水接触后也会引起自燃或爆炸,因此不能用湿式除尘器除尘。还有一些粉尘(如溴与磷、锌粉与镁粉等),当它们互相接触或混合时也会引起爆炸,在除尘时应加以注意。在实际工作中,应根据粉尘的性质选择适当的除尘器,防止爆炸。

第三节　除尘器的性能

除尘装置性能用技术指标和经济指标来评价。技术指标主要有处理能力、净化效率和压力损失等;经济指标主要有设备费用、运行费用和占地面积等。此外,还应考虑装置的安装、操作、检修的难易等因素。本节以净化效率为主来介绍净化装置技术性能的表示方法。

一、处理能力

除尘装置的处理能力是指除尘装置在单位时间内所能处理的含尘气体的流量,一般以体积流量 $Q(\text{m}^3/\text{s})$ 表示。实际运行的净化装置,由于本体漏气等原因往往装置进口和出口的气体流量不同,因此,用两者的平均值表示处理能力。

$$Q = \frac{1}{2}(Q_1 + Q_2) \tag{4.11}$$

式中　Q_1——装置进口气体流量,m^3/s;

　　　Q_2——装置出口气体流量,m^3/s。

净化装置漏风率 δ 可按下式表示:

$$\delta = \frac{Q_1 - Q_2}{Q_1} \times 100\% \tag{4.12}$$

二、净化效率

净化效率是表示除尘装置捕集粉尘效果的重要技术指标,可定义为被捕集的粉尘量与进入除尘装置的总粉尘量之比。

(一)总效率 η

总效率是指在同一时间内净化装置去除的污染物数量与进入装置的污染物数量之比。

设除尘装置进口的气体流量为 $Q_1(\text{m}^3/\text{s})$、污染物流量为 $S_1(\text{g/s})$、污染物浓度为 $C_1(\text{g/m}^3)$;

装置出口的气体流量为 Q_2（m³/s）、污染物流量为 S_2（g/s）、污染物浓度为 C_2（g/m³），则有

$$\eta = \frac{S_3}{S_1} = 1 - \frac{S_2}{S_1} \tag{4.13}$$

$$\eta = 1 - \frac{C_2 Q_2}{C_1 Q_1} \tag{4.14}$$

若装置不漏气，即 $Q_1 = Q_2$，则式（4-5）可简化为

$$\eta = 1 - \frac{C_2}{C_1} \tag{4.15}$$

（二）通过率

当净化效率很高时，或为了说明污染物的排放率，有时采用通过率来表示除尘装置的性能，所谓通过率是指未被捕集的粉尘量占进入除尘装置的粉尘总量的百分数，通常用 P 表示。

$$P = \frac{S_2}{S_1} = \frac{C_2 Q_2}{C_1 Q_1} = 1 - \eta \tag{4.16}$$

过滤式除尘器，如袋式过滤器和空气过滤器等，除尘效率可达 99% 以上，若表示成 99.9% 或 99.99%，显然不方便，也不明显。例如，一台除尘器的 $\eta = 99.0\%$，$P = 1.0\%$；另一台除尘器的 $\eta = 99.9\%$，$P = 0.1\%$；则前一台除尘器的通过率为后者的 10 倍。

（三）分级除尘效率

除尘装置的总除尘效率的高低，往往与粉尘粒径大小有很大关系。为了表示除尘效率与粉尘粒径的关系，提出分级除尘效率的概念。分级效率是评定除尘装置性能的重要指标，是指除尘装置对某一粒径 d_{Pi} 或某一粒径间隔 d_{Pi} 至 $d_{Pi}+\Delta d_{Pi}$ 内粉尘的除尘效率，简称分级效率。分级效率也可以用表格、曲线图或显函数 $\eta_i = f(d_{Pi})$ 的形式表示。这里的 d_{Pi} 代表某一粒径或粒径间隔。

若设除尘器进口、出口和捕集的 d_{Pi} 颗粒的质量流量分别为 S_{1i}、S_{2i}、S_{3i}，则该除尘器对 d_{Pi} 颗粒的分级效率为

$$\eta_i = \frac{S_{3i}}{S_{1i}} = 1 - \frac{S_{2i}}{S_{1i}} \tag{4.17}$$

对于分级效率，一个非常重要的值是 $\eta_i = 50\%$，与此值相对应的粒径称为除尘器的分割粒径，一般用 d_c 表示。分割粒径 d_c 在讨论除尘器性能时经常用到。

（四）分级效率与总除尘效率的计算

1. 由总效率求分级效率

由于 S_{1i}、S_{2i}、S_{3i} 不易测定，应用式（4.17）计算正在运行的除尘器的分级效率较为困难。为此，可以测出除尘器进口、出口和捕集的粉尘的粒径频率分布 g_{1i}、g_{2i}、g_{3i} 中任意两组数据，由粒径频率分布定义式（4.2）和分级效率（4.17）有

$$S_{1i} = S_1 g_{1i}, \quad S_{2i} = S_2 g_{2i}, \quad S_{3i} = S_3 g_{3i}$$

$$\eta_i = \frac{S_3 g_{3i}}{S_1 g_{1i}} = \eta \frac{g_{3i}}{g_{1i}} \tag{4.18}$$

或　　　　　$\eta_i = 1 - \dfrac{S_2 g_{2i}}{S_1 g_{2i}} = 1 - P \dfrac{g_{2i}}{g_{1i}}$ 　　　　　　　　　　　　　　（4.19）

或　　　　　$\eta_i = \dfrac{\eta}{\eta + (P \dfrac{g_{2i}}{g_{3i}})}$ 　　　　　　　　　　　　　　　　（4.20）

表 4.3 所示为根据测定的某种旋风除尘器的总除尘效率和粒径频率分布数据计算分级效率的计算实例。

表 4.3　旋风除尘器分级效率计算实例（$\eta = 90.8\%$）

粒径间隔	粒径频率分布（%）			分级效率（η_i%）			
（μm）	入口 g_{1i}	出口 g_{2i}	捕集 g_{3i}	按式（4.18）	按式（4.19）	按式（4.20）	三式平均
0~5	10.4	81.6	3.2	28.0	27.5	27.9	27.8
5~10	14.0	15.0	12.8	83.1	90.0	89.8	87.6
10~20	19.6	2.4	20.0	92.8	98.7	98.9	96.8
20~40	22.4	1.0	23.2	94.2	99.5	99.6	97.8
40~60	14.0	0	14.8	96.0	100	100	98.7
>60	19.6	0	26.0	100	100	100	100

（2）由分级效率求总除尘效率

这类计算属于设计计算，即根据某种除尘器净化某类粉尘的分级效率数据和某粉尘的粒径分布数据，计算该种除尘器净化该粉尘时能达到的总除尘效率。由分级效率计算式（4.17）有 $\eta g_{3i} = \eta_i g_{1i}$，等式两端对各种粒径间隔求和并考虑到 $\sum_i g_{3i} = 1$，便得到计算总效率的公式

$$\eta = \sum_i \eta_i g_{1i} \qquad\qquad\qquad (4.21)$$

表 4.4 为由粒径频率分布和分级效率计算总效率的实例。

表 4.4　由粉尘粒径频率分布和分级效率计算总效率的实例

粒径间隔（μm）		0~5.8	5.8~8.2	8.2~ 11.7	11.7~ 16.5	16.5~ 22.6	22.6~ 33	33~47	>47
入口频率分布（%）		31	4	7	8	13	19	10	8
分级效率 η_i（%）		61	85	93	96	98	99	100	100
总效率 η（%）	$\eta_i g_{1i}$	18.9	3.4	6.5	7.7	12.7	18.8	10.0	8.0
	$\eta = \sum_i \eta_i g_{1i}$	86.0							

（3）多级串联运行时的总净化效率

在实际工程中，有时需要把两种或多种不同形式的除尘器串联起来使用，形成两级或多级除尘系统。

若多级除尘器中每一级的运行性能是独立的，净化第 i 级粉尘的分级通过率分别为 P_{i1}、

$P_{i2}\cdots P_{in}$，或分级效率分别为 η_{i1}、$\eta_{i2}\cdots\eta_{in}$，因此多级除尘器净化第 i 级粉尘的总分级通过率为

$$P_{iT} = P_{i1}P_{i2}\cdots P_{in} \tag{4.22}$$

或总分级效率为

$$\eta = 1-P =1-(1-\eta_1)(1-\eta_2)\cdots(1-\eta_n) \tag{4.23}$$

但应指出，由于进入各级除尘器的粉尘粒径越来越小，所以每级除尘器的除尘效率一般也越来越小。

三、压力损失

压力损失是代表装置能耗大小的技术经济指标，是指装置的进口和出口气流的全风压之差。净化装置压力损失的大小，不仅取决于装置的种类和结构形式，还与处理气体流量大小有关。通常压力损失与装置进口气流的动压成正比，即

$$\Delta P = \zeta\frac{\rho v_1^2}{2} \tag{4.24}$$

式中　ΔP——含尘气流通过除尘装置的压力损失，Pa；

　　　ζ——净化装置的压损系数；

　　　v_1——装置进口气流速度，m/s；

　　　ρ——气体的密度，kg/m³。

第四节　除尘器的分类

从含尘气流中将粉尘分离出来并加以捕集的装置称为除尘装置或除尘器。除尘器是除尘系统中的主要组成部分，其性能如何对全系统的运行效果有很大影响。

按照除尘器分离捕集粉尘的主要机理，可将其分为如下四类。

①机械式除尘器，它是利用重力、惯性力和离心力等作用使粉尘与气流分离沉降的装置。它包括重力沉降室、惯性除尘器和旋风除尘器等。

②湿式除尘器，也称为湿式洗涤器，它是利用液滴或液膜洗涤含尘气流，使粉尘与气流分离沉降的装置。湿式洗涤器既可用于气体除尘，也可用于有害气体吸收。

③过滤式除尘器，它是使含尘气流通过织物或多孔的填料层进行过滤分离的装置。包括袋式除尘器、颗粒层除尘器等。

④静电除尘器，它是利用高压电场使尘粒荷电，在电场力作用下使粉尘与气流分离沉降的装置。

以上是按除尘器的主要除尘机理所做的分类。但实际应用的一些除尘器中，常常是一种除尘器同时利用了几种除尘机理。此外，还可按除尘过程中是否用液体而把除尘器分为干式除尘器和湿式除尘器两大类。根据除尘器效率的高低又分为低效、中效和高效除尘器。静电除尘器、袋式除尘器和文丘里除尘器，是目前国内外应用较广的三种高效除尘器。重力沉降室和惯性除尘器皆属于低效除尘器，一般只作为多级除尘系统的初级除尘；旋风除尘器和其他湿式除尘器一般属于中效除尘器。

第五章　除尘设备

第一节　机械式除尘器

机械式除尘器是一类利用重力、惯性力和离心力等的作用将尘粒从气体中分离的装置。这类除尘装置主要包括重力沉降室、惯性除尘器、旋风除尘器等。本节分别介绍了几种常见机械式除尘器的除尘机理、性能特点和设计计算方法。

一、重力沉降室

（一）工作原理

重力沉降室是利用尘粒与气体的密度不同,通过重力作用使尘粒从气流中自然沉降分离的除尘设备。其基本结构如图 5.1 所示。

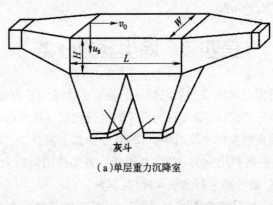

（a）单层重力沉降室

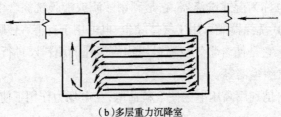

（b）多层重力沉降室

图 5.1　重力沉降室

当含尘气体进入重力沉降室后,由于突然扩大了过流面积,而使气体流速迅速下降,此时气流处于层流状态,在流经沉降室的过程中,较大的尘粒在自身重力作用下缓慢向灰斗沉降,而气体则沿水平方向继续前进,从而达到除尘的目的。

(二)捕集效率

沉降室的设计计算通常以三点假定为基础：(1)通过沉降室断面的水平气流速度分布是均匀的，并呈层流状态；(2)在沉降室入口断面上粉尘分布是均匀的；(3)在气流流动方向上，尘粒和气流具有同一速度。

在沉降室内，尘粒一方面以沉降速度 u_s 下降，另一方面则以气体流速 u 在沉降室内水平运动，由于气流通过沉降室的时间 t 为：

$$t = \frac{L}{u} \tag{5.1}$$

式中　L ——沉降室长度，m；

　　　u ——沉降室内的气流速度，m/s。

而尘粒从沉降室顶部降落到底部所需要时间 t_s 为：

$$t_s = \frac{H}{u_s} \tag{5.2}$$

式中　H ——沉降室高度，m；

　　　u_s ——尘粒的沉降速度，m/s。

为使尘粒不被气流带走，且在沉降室中全部沉降下来，则必须保证 $t \geqslant t_s$，即：

$$L \geqslant \frac{Hu}{u_s} \tag{5.3}$$

尘粒的沉降速度可以用下式求得：

$$u_s = \frac{d^2 g \left(\rho_p - \rho_g \right)}{18\mu} \tag{5.4}$$

式中　d ——尘粒直径，m；

　　　ρ_p ——尘粒密度，kg/m³；

　　　ρ_g ——气体密度，kg/m³；

　　　μ ——气体黏度，Pa·s；

　　　g ——重力加速度，9.18 m/s²。

在沉降室结构尺寸和气流速度 u 确定后，由式(5.3)与式(5.4)可求出该沉降室所能捕集的最小粒径，即为：

$$d_{\min} = \sqrt{\frac{18\mu u H}{gL\rho_p}} \tag{5.5}$$

理论上粒径 $d \geqslant d_{\min}$ 的尘粒可以全部捕集下来，但在实际情况下，由于气流的运动状况以及浓度分布等因素的影响，沉降效率会有所下降。分析上述公式(5.5)可知，为提高重力沉降室的捕集效率，可以采取以下措施：①降低沉降室内气流速度 u；②降低沉降室高度 H；③增加沉降室长度 L。

为提高重力沉降室捕集效率和容积利用率，从降低高度出发，可以在实际工作中采用设有多层水平隔板的多层沉降室。沉降室分层越多效果越好，所以每层高度 ΔH 有小至 25 mm 的。但这样做清理积灰较困难，还有难以使各层隔板间气流均匀分布以及处理高温气体时金属隔板容易翘曲等缺点。因此,沉降室内气流速度 u 过低或沉降室长度 L 过大,都会使沉降室体积过于庞大,因而需要从技术和经济上进行综合比较。

(三)设计计算及应用

1. 沉降室的长度

$$L \geqslant \frac{Hu}{u_s} \qquad (5.6)$$

式中　L ——沉降室长度,m;

　　　H ——沉降室高度,m;

　　　u ——沉降室内的气流速度,m/s;

　　　u_s ——尘粒的沉降速度,m/s。

2. 沉降室的宽度

$$B = \frac{Q}{Hu} \qquad (5.7)$$

式中　B ——沉降室宽度,m;

　　　Q ——沉降室处理气量,m³/s;

　　　H ——沉降室高度,m;

　　　u ——沉降室内的气流速度,m/s。

3. 对各种尘粒的分级除尘效率

$$\eta = \frac{Lu_s}{Hu} \qquad (5.8)$$

式中　η ——分级除尘效率;

　　　L ——沉降室长度,m;

　　　H ——沉降室高度,m;

　　　u ——沉降室内的气流速度,m/s;

　　　u_s ——尘粒的沉降速度,m/s。

重力沉降室具有结构简单,投资少,维护管理方便,压力损失小(一般约为 50~150 Pa)等优点,一般作为第一级或预处理设备。重力沉降室的主要缺点是体积庞大,除尘效率低(一般仅为 40%~70%),清灰麻烦。鉴于以上特点,重力沉降室主要适用于净化尘粒密度大、颗粒粗的粉尘,特别是磨损性很强的粉尘,它能有效地捕集粒径 50 μm 以上的尘粒,但不宜捕集粒径 20 μm 以下的尘粒。

二、惯性除尘器

惯性除尘器是使含尘气流冲击在挡板上,气流方向发生急剧变化,借助尘粒本身的惯性力作用使其与气流分离并捕集粉尘的装置。

(一)工作原理

惯性除尘器的工作原理如图 5.2 所示。当含尘气流以 u_1 的速度进入装置后,在 T_1 点较大的粒子(粒径 d_1)由于惯性力作用离开曲率半径为 R_1 的气流撞在挡板 B_1 上,碰撞后的粒子由于重力的作用沉降下来而被捕集。粒径比 d_1 小的粒子(粒径 d_2)则与气流以曲率半径 R_1 绕过挡板 B_1,然后再以曲率半径 R_2 随气流作回旋运动。当粒径为 d_2 的粒子运动到 T_2 点时,将脱离以 u_2 速度流动的气流撞击到挡板 B_2 上,同样也因重力沉降而被捕集下来。因此,惯性除尘器的除尘是惯性力、离心力和重力共同作用的结果。

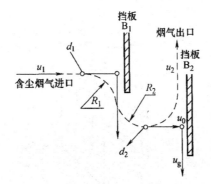

图 5.2 惯性除尘器

(二)惯性除尘器分类

惯性除尘器分为碰撞式和反转式两类。

1.碰撞式惯性除尘器

碰撞式惯性除尘器一般是在气流流动的通道内增设挡板构成的,当含尘气流流经挡板时,尘粒借助惯性力撞击在挡板上,失去动能后的尘粒在重力的作用下沿挡板下落,进入灰斗中。挡板可以是单级,也可以是多级。多级挡板交错布置,一般可设置 3~6 排(如图 5.3 所示)。在实际工作中多采用多级式,目的是增加撞击的机会,以提高除尘效率。这类除尘器的压力损失较小,一般在 100 Pa 以内,尽管使用多级挡板,但除尘效率也只能达到 65%~75%,是一种低效除尘器。

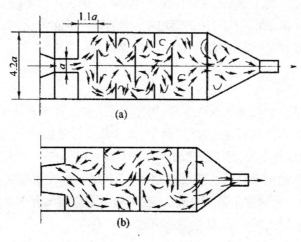

图 5.3 碰撞式惯性除尘器

2. 反转式惯性除尘器

反转式惯性除尘器又称为气流折转式惯性除尘器,又分为弯管形、百叶窗形和多层隔板塔形三种(如图 5.4 所示)。弯管型和百叶窗型反转式惯性除尘器适于安装在烟道上使用。多层隔板塔型反转式惯性除尘器主要用于分离烟雾,能捕集粒径为几微米的雾滴。

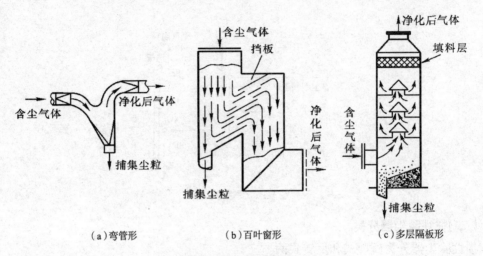

(a)弯管形　　　　　(b)百叶窗形　　　　　(c)多层隔板形

图 5.4　反转式惯性除尘器

由于反转式惯性除尘器是采用内部构件使气流急剧折转,利用气体和尘粒在折转时所受惯性力的不同,使尘粒在折转处从气流中分离出来。因此,气流折转角度越大,折转次数越多,气流速度越高,除尘效率越高,但阻力也越大。

(三)惯性除尘器应用

一般惯性除尘器的气流速度越高,气流方向转变角度越大,转变次数越多,净化效率就越高,压力损失也越大。惯性除尘器通常用于净化密度和粒径较大的金属或矿物性粉尘时,具有较高的除尘效率。对于黏结性粉尘和纤维性粉尘,则因易堵塞而不宜采用。由于惯性除尘器的净化效率不高,故一般只用于多级除尘中的第一级除尘,捕集 10~20 μm 以上的粗尘粒。压力损失根据型式而定,一般为 100~1 000 Pa。

三、旋风除尘器

旋风除尘器是使含尘气体做旋转运动,借作用于尘粒上的离心力把尘粒从气体中分离出来的装置。旋风除尘器的特点是:结构简单、造价和运行费较低、体积小、操作维修方便;压力损失中等、动力消耗不大、除尘效率较高;可用各种材料制造,适用于粉尘负荷变化大的含尘气体,性能较好,能用于高温、高压及腐蚀性气体的除尘,可直接回收干粉尘;无运动部件,运行管理简便等。旋风除尘器历史较久,在工业上的应用已有 100 多年的历史,现在一般用来捕集 5~15 μm 以上的尘粒,除尘效率可达 80% 左右。

(一)工作原理

普通旋风除尘器一般由筒体、锥体和进气管、排气管等组成,其构造如图 5.5 所示。

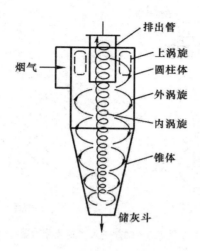

图 5.5 普通旋风除尘器

含尘气体由进口切向进入后,沿筒体内壁由上向下作圆周运动,并有少量气体沿径向运动到中心区内。这股向下旋转的气流大部分到达锥体顶部附近时折转向上,在中心区域旋转上升,最后由排气管排出。

这股气流作向上旋转运动时,也同时进行着径向的离心运动。一般将旋转向下的外圈气流称为外涡旋流;将旋转向上的内圈气流称为内涡旋流;把外涡旋流变为内涡旋流的锥顶附近区域称为回流区。内涡旋流与外涡旋流旋转方向相同,在整个流场中起主导作用。气流做旋转运动时,尘粒在离心力作用下,逐渐向外壁移动;到达外壁的尘粒,在外涡旋流的推力和重力的共同作用下,沿器壁落至灰斗中,实现与气流的分离。

此外,当气流从除尘器顶部向下高速旋转时,顶部压力下降,使一部分气流带着微细尘粒沿筒体内壁旋转向上,到达顶盖后再沿排气管外壁旋转向下,最后汇入排气管排走。通常将这股旋转气流称为上涡旋流。上涡旋流携带细尘汇入内涡旋流排走。

(二)影响旋风除尘器性能的因素

影响旋风除尘器性能的主要因素有以下几个方面:

1.进口和出口形式

旋风除尘器的入口形式大致可分为轴向进入式(如图 5.6 所示)和切向进入式(如图 5.7 所示)。

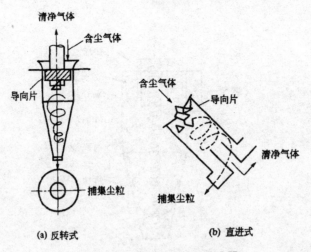

(a) 反转式　　(b) 直进式

图 5.6　轴向进入式旋风除尘器

切向进入式又分为直入式和蜗壳式。直入式的入口进气管外壁与筒体相切,蜗壳式的入口进气管内壁与筒体相切,外壁采用渐开线的形式。

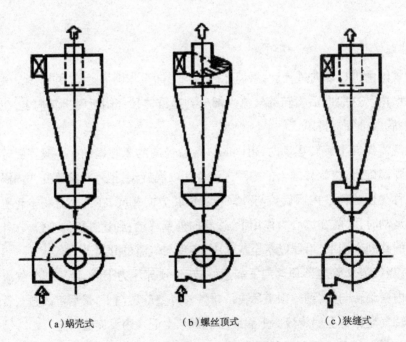

（a）蜗壳式　　（b）螺丝顶式　　（c）狭缝式

图 5.7　切向进入式旋风除尘器

不同的进口形式有着不同的性能、特点和用途。对于小型旋风除尘器多采用轴向进入式。就性能而言,试验表明,以蜗壳式结构的入口性能较好。

除尘器入口断面的宽高之比也很重要。一般认为,宽高比越小,进口气流在径向方向越薄,越有利于粉尘在圆筒内分离和沉降,收尘效率越高。因此,进口断面多采用矩形,宽高之比为 2 左右。

旋风除尘器的排气管口均为直筒形。排气管的插入深度与除尘效率有直接关系。插入加深,效率提高,但阻力增大;插入变浅,效率降低,阻力减小。这是因为短浅的排气管容易形成短路现象,造成一部分尘粒来不及分离便从排气管排出。

2. 除尘器的结构尺寸

（1）筒体直径

由离心力计算公式可知,在相同的转速下,筒体的直径越小,尘粒受到的离心力越大,除尘效率越高。但若筒体直径过小,处理的风量大大降低,同时,流体阻力过大,使效率下降。因此筒体的直径一般不小于 0.15 m。同时,为了保证除尘效率,筒体的直径也不要大于1 m。在需要处理风量大的情况时,往往采用同型号旋风除尘器的并联组合或采用多管型旋风除尘器。

（2）排气管直径

减小排气管直径可以减小内旋涡直径,有利于提高除尘效率,但减小排出管直径会加大出口阻力。一般排气管直径为筒体直径的 0.4~0.65 倍。

（3）筒体和锥体高度

增加旋风除尘器的筒体高度和锥体高度,似乎增加了气体在除尘器内的旋转圈数,有利于尘粒的分离。实际上由于外旋流有向心的径向运动,当外旋流由上向下旋转时,气流会不断流入内旋流,同时筒体与锥体的高度过大,还会使阻力增加,实践证明,筒体和锥体的总高度一般不大于 5 倍筒体直径为宜。

（4）排尘口直径

排尘口直径过小会影响粉尘沉降,同时易被粉尘堵塞。因此,排尘口直径一般为排气管直径 0.7~1.0 倍,且不能小于 70 mm。

3. 入口风速

提高旋风除尘器的入口风速,会使粉尘受到的离心力增大,分割粒径变小,除尘效率提高。但入口风速过大时,旋风除尘器内的气流运动过于强烈,会把有些已分离的粉尘重新带走,除尘效率反而下降。同时,旋风除尘器的阻力也会急剧上升。一般进口气速应控制在12~25 m/s 之间为宜,但不应低于 10 m/s,以防进气管积尘。

4. 除尘器底部的严密性

无论旋风式除尘器在正压还是在负压下操作,其底部总是处于负压状态。如果除尘器的底部不严密,从外部漏入的空气就会把正落入灰斗的一部分粉尘重新卷入内旋涡并带出除尘器,使除尘效率显著下降。因此在不漏风的情况下进行正常排尘是保证旋风除尘器正常运行的重要条件。收尘量不大的除尘器,可在排尘口下设置固定灰斗,定期排放。对收尘量大并且连续工作的除尘器可设置双翻板式或回转式锁气室（如图 5.8 所示）,实现连续排灰。

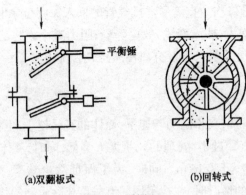

(a)双翻板式　　　　(b)回转式

图5.8　锁气室

5.粉尘的性质

当增大烟尘中尘粒的真密度和粒径时,除尘效率显著提高;进口含尘浓度增大,除尘器阻力下降,对效率影响不大;气体黏度增大和温度的升高,使除尘器的效率下降。

(三)常见旋风除尘器的结构和性能

1.旋风除尘器类型

旋风除尘器的结构形式,取决于含尘气体的入口形式和除尘器内部的流动状态。按照结构形式可分为圆筒体、长锥体、旁通式和扩散式等;按气体流动状态可分为切向反转式、轴向式。

旋风除尘器的入口型式对于改善除尘器性能,减小压力损失有一定影响。气体入口型式一般分为两种(如图5.9所示)。进气方向与除尘器轴线垂直,与筒体表面相切进入。含尘气体进入后,在筒体部分旋转向下,进入锥体到达锥体顶端前,返转向上,清洁气体经排气管引出,这就是常见的切向返转式旋风除尘器。当进气方向与除尘器轴线平行时,则为轴向式旋风除尘器,该除尘器利用导流叶片使含尘气体在除尘器内旋转,其除尘效率比前者低,但处理气体量大。

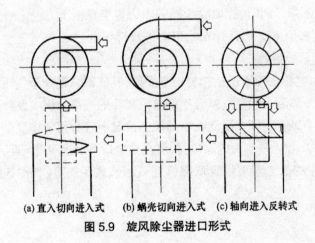

(a)直入切向进入式　　(b)蜗壳切向进入式　　(c)轴向进入反转式

图5.9　旋风除尘器进口形式

（1）切向返转式旋风除尘器

其又分为直入式和蜗壳式，前者的进气管外壁与筒体相切，后者进气管内壁与筒体相切，进气管外壁采用渐开线形式，渐开角有 180°、270° 和 360° 三种。蜗壳式入口形式易于增大进口面积，进口处有一环状空间，使进口气流距筒体外壁更近，减小了尘粒向器壁的沉降距离，有利于尘粒的分离；另外，蜗壳式进口还减少了进气流与内涡旋气流的相互干扰，使进口压力降减小。直入式进口管设计与制造方便，且性能稳定。

（2）轴向进入式旋风除尘器

根据含尘气体在除尘器内流动方式可分为直流式和反旋式两类。轴向进入式的除尘器，气体旋转是利用导流叶片进行的，叶片形式有各种形式。与切向返转式旋风除尘器相比，在相同的压力损失下，能够处理三倍的气体量，且气流分布均匀，主要用于多管旋风除尘器和处理气体量大的场合；压力损失为 400~500 Pa，除尘效率也较低。

2. 常用旋风除尘器

旋风除尘器的结构形式很多，新的形式仍在不断出现，一般根据在系统中安装位置的不同分为吸入式（X 型）和压出式（Y 型）；根据进入气流的方向，分为 S 型和 N 型，从除尘器的顶部看，进入气流按顺时针旋转者为 S 型，逆时针旋转者为 N 型。这些型号名称一般都是根据旋风除尘器的结构特点用拼音字母对其命名的，下面以 XLP/B-4.2 型旋风除尘器为例加以说明。

例如：XLP/B-4.2 型旋风除尘器

其中　X——表示旋风除尘器；

　　　L——表示立式；

　　　P——表示旁通式；

　　　B——表示型号，即该除尘器系列中的 B 类；

　　　4.2——表示筒体直径的分米数。

下面介绍几种国内常见的旋风除尘器构造和性能。

（1）XLT 型旋风除尘器

XLT 型旋风除尘器（如图 5.10 所示）是应用最早的旋风除尘器。这种除尘器结构简单，制造容易，压力损失小，处理气量大，但除尘效率不高，其他各种类型的旋风除尘器都是由它改进而来的，目前已逐渐被其他高效旋风除尘器所取代。

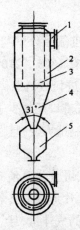

图 5.10　XLT 型旋风除尘器

1.进口　2.筒体　3.排气管　4.锥体　5.灰斗

　　XLT/A 型旋风除尘器是 XLT 型的改进型（如图 5.11 所示），其结构特点是具有螺旋下倾顶盖的直接式进口，螺旋下倾角为 15°，筒体和锥体均较长。有单筒、双筒、三筒、四筒、六筒等多种组合。单筒体和蜗壳可做成右旋转和左旋转两种形式，每种组合又分为水平出风和上部出风两种出风形式。含尘气体入口速度在 10~18 m/s 范围内，压力损失较大，除尘效率为 80%~90%。适用于除去密度较大的干燥的非纤维性灰尘，主要用于冶炼、铸造、喷沙、建筑材料、水泥、耐火材料等工业除尘。

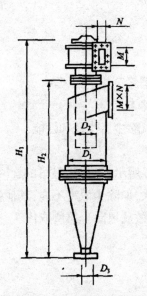

图 5.11　XLT/A 型旋风除尘器

（2）XLP 型旋风除尘器

　　XLP 型旋风除尘器又称旁路式旋风除尘器，其结构特点是带有半螺旋或全螺旋线型的旁路分离室，使在顶盖形成的粉尘从旁路分离室引至锥体部分。图 5.12 和图 5.13 分别是呈半螺旋形的 XLP/A 型和呈全螺旋形的 XLP/B 型两种不同的构造图。XLP/B 型旋风除尘器除带有旁路分离室外,其顶盖和出气口之间保持一定的距离,排气管插入深度也较短。含尘气体进入后,以排气管底部为分界面产生强烈的分离作用,形成上、下两股旋转气流,细小尘粒由上涡旋流带往上部,在顶盖下面形成强烈旋转的灰环,并由上部特设的切向缝口进入灰尘分离室,再从下部回风口切向引入除尘器下部,与内部气流汇合,灰尘被分离落入灰斗。试验表明,关闭除尘器的旁路时,除尘效率显著下降,所以使用时应防止旁路积灰,避免堵塞。

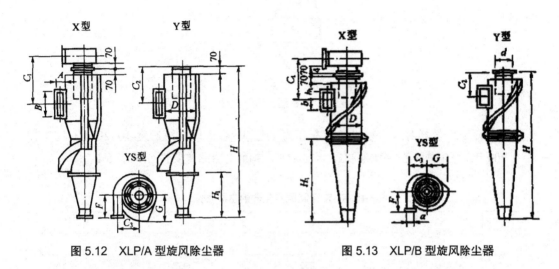

图 5.12 XLP/A 型旋风除尘器   图 5.13 XLP/B 型旋风除尘器

XLP 型旋风除尘器的入口进气速度范围是 12~20 m/s,压力损失约为 500~900 Pa。可除去 5 μm 以上的粉尘,若除去 5 μm 以下的粉尘效率很低,只能达到 20%~30%,而除去 10 μm 粉尘的分级效率约为 90%。

（3）XLK 型旋风除尘器

XLK 型旋风除尘器又称扩散式旋风除尘器（如图 5.14 所示）。其结构特点是在器体下部安装有倒圆锥和圆锥形反射屏（又称挡灰盘）。在一般的旋风除尘器中,有一部分气流随尘粒一起进入集尘斗,当气流自下而上进入内旋涡时,由于内旋涡负压产生的吸引力作用,使已分离的尘粒被重新卷入内旋涡,并被出口气流带出除尘器,降低了除尘效率。而在 XLK 型旋风除尘器中,含尘气流进入除尘器后,从上而下作旋转运动,到达锥体下部反射屏时已净化的气体在反射屏的作用下,大部分气流折转形成上旋气流从排出管排出。紧靠器壁的少量含尘气流由反射屏和倒锥体之间的环隙进入灰斗。进入灰斗后的含尘气体由于流道面积大、速度降低,粉尘得以分离。净化后的气流由反射屏中心透气孔向上排出,与上升的主气流汇合后经排气管排出。由于反射屏的作用,防止了返回气流重新卷起粉尘,提高了除尘效率。

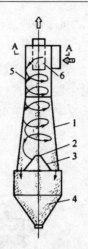

图 5.14　XLK 型旋风除尘器

扩散式旋风除尘器对入口粉尘负荷有良好的适应性,进口气流速度 10~20 m/s,压力损失 90~1 200 Pa,除尘效率在 90% 左右。XLK 型旋风除尘器的主要性能见表 5.1。

表 5.1　XLK 型旋风除尘器的主要性能

项目	型号	进口风速(m/s)					
		10	12	14	16	18	20
处理 风量(m³/h)	XLK-D150	210	250	295	335	380	420
	XLK-D220	370	445	525	590	660	735
	XLK-D250	595	715	835	955	1 070	1 190
	XLK-D300	840	1 000	1 180	1 350	1 510	1 680
	XLK-D350	1 130	1 360	1 590	1 810	2 040	2 270
	XLK-D400	1 500	1 800	2 100	2 400	2 700	3 000
	XLK-D450	1 900	2 280	2 600	3 040	3 420	3 800
	XLK-D500	2 320	2 780	3 250	3 710	4 180	4 650
	XLK-D600	3 370	4 050	4 720	5 400	6 060	6 750
	XLK-D700	4 600	5 520	6 450	7 350	8 300	9 200

（4）组合式多管旋风除尘器

为了提高除尘效率或增大处理气体量,往往将多个旋风除尘器串联或并联使用。为了净化大小不同的特别是细粉量多的含尘气体,可将多个除尘效率不同的旋风除尘器串联起来使用,这种组合方式称为串联式旋风除尘器组合形式。当处理气体量较大时,可将多个旋风除尘器并联起来使用,这种组合方式称为并联式旋风除尘器组合形式。

旋风除尘器串联使用并不多见,常见的是并联起来使用。在处理气量相同的情况下,以小直径的旋风除尘器代替大直径的旋风除尘器,可以提高净化效率。串联式旋风除尘器的处理量决定于第一级除尘器的处理量;总压力损失等于各除尘器及连接件的压力损失之和,再乘以 1.1~1.2 的系数。并联除尘器的压力损失为单体压力损失的 1.1 倍,处理气量为各单元处理气量之和。

　　三级串联式旋风除尘器(如图 5.15 所示)一般第一级锥体较短,可净化较大的颗粒物;第二级和第三级的锥体逐渐加长,可净化较细的粉尘。并联式多管旋风除尘器的排列方式主要有单排排列和双排排列(如图 5.16 所示)。图 5.17 和图 5.18 分别为双管和六管组合旋风除尘器。

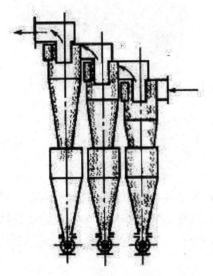

图 5.15　三级串联式旋风除尘器

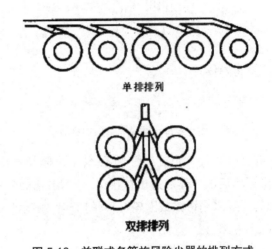

单排排列

双排排列

图 5.16　并联式多管旋风除尘器的排列方式

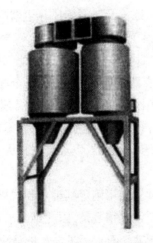

图 5.17　双管组合旋风除尘器

图 5.18　六管组合旋风除尘器

　　除了单体并联使用外,还可以将许多小型旋风除尘器(又称旋风子)组合在一个壳体内并联使用,称为多管式除尘器(如图 5.19、5.20 所示)。使气流均匀分布是保证其除尘效率的关键,因此必须合理设计配气室和净化室,尽可能使通过各旋风管的气流阻力相等。为了避免气流由一个旋风管串到另一个旋风管中,可每隔数列在灰斗中设置隔板,或单设灰斗。一般旋风管直径不能太小,也不宜处理黏性大的粉尘,以防旋风管堵塞。

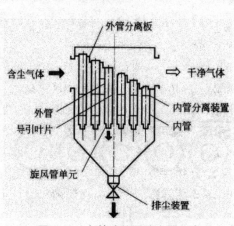

图 5.19　多管式旋风除尘器示意图

图 5.20　多管式旋风除尘器

壳体中排放多个旋风管单元,含尘气体经入口处进入壳体内,通过分离板,进入旋风管单元,分离后的气体通过出口排出,分离出来的尘粒,通过排尘装置排出。多管式除尘器的旋风管一般采用铸铁或陶瓷材料,耐磨损、耐腐蚀,可处理含尘浓度高的气体,能有效地分离 5~10 μm 的粉尘。

(四)旋风除尘器的设计选型

旋风除尘器的性能有三个技术性能指标(即处理量、压力损失、除尘效率)和三个经济指标(即基建投资与运转管理费、占地面积、使用寿命)。在评价及选择旋风除尘器时,需全面考虑这些因素。理想的旋风除尘器必须在技术上能满足工艺生产及环境保护对含尘气体治理的要求,在经济上是最合算的。在具体设计选择形式时,要结合生产实际(即气体含尘情况、粉尘的性质、粒度组成等),参考国内外类似工作的实践经验和先进技术,全面考虑,处理好三个技术性能指标的关系。例如在含尘浓度较高的化工生产中,诸如像流态化反应、气流输送等等,对于回收昂贵的细颗粒催化剂或其他产品,只要动力允许,提高捕集效率是主要的。而对于分离颗粒较大的粗粉尘,就不需采用高效旋风除尘器,以免带来较大的动能损耗。

在选用旋风除尘器时,常根据工艺提供或收集到的设计资料来确定其型号和规格,一般使用计算方法和经验法。由于除尘器结构形式繁多,影响因素又很复杂,因此难以求得准确的通用计算公式,再加上人们对旋风除尘器内气流的运动规律还有待于进一步的认识,以及分级效率和粉尘粒径分布数据非常匮乏,相似放大计算方法还不成熟。所以,在实际工作中常采用经验法来选择除尘器的型号和规格。用经验法选择除尘器的基本步骤如下:

1. 合理选择旋风除尘器的型号、规格

根据气体的含尘浓度、粉尘的性质、分离要求、允许阻力损失、除尘效率等因素,合理选

择旋风除尘器的型号、规格。从各类除尘器的结构特性来看,粗短型的旋风除尘器,一般应
用于阻力小、处理风量大、净化要求较低的场合;细长型的旋风除尘器,适用于净化要求较高
的场合。表 5.2 列出了几种除尘器在阻力大致相等条件下的效率、阻力系数、金属材料消耗
量等综合比较,以供选型时参考。

表 5.2　几种旋风除尘器的比较

内　容	除尘器型号			
	XLT	XLT/L	XLP/A	XLP/B
设备阻力(Pa)	1 088	1 078	1 078	1 146
进口气速(m/s)	19.0	20.8	15.4	18.5
处理风量(m³/s)	3 110	3 130	3 110	3 400
平均效率(%)	79.2	83.2	84.8	84.6
阻力系数(ζ)	52	64	78	57
金属耗量 [1 000 m³/(h·kg)]	42.0	25.1	27	33
外形尺寸(筒径 × 全高)（mm×mm）	760 × 2 360	550 × 2 521	540 × 2 390	540 × 2 460

2. 进口气速 u_1 的确定

根据使用时允许的压力降确定进口气速 u_1,如果制造厂已提供有各种操作温度下进口
气速与压力降的关系,则根据工艺条件允许的压降就可选定气速 u_1;若没有气速与压降的数
据,则根据允许的压力降计算进口气速:

$$u_1 = \left(\frac{2\Delta P}{\rho\zeta}\right)^{\frac{1}{2}} \tag{5.9}$$

式中　u_1——入口气速,m/s;

　　　ΔP——旋风除尘器的允许压力降,Pa;

　　　ρ——气体的密度,kg/m³;

　　　ζ——旋风除尘器的阻力系数。

若没有提供允许的压力损失数据,一般取进口气速为 12~25 m/s。

3. 进口截面积的确定

确定旋风除尘器的进口截面积 A,入口宽度 b 及高度 H。根据处理气量由下式决定进
口截面积 A:

$$A = bH = \frac{Q}{u_1} \tag{5.10}$$

式中　A——进口截面积,m²;

　　　b——入口宽度,m;

　　　H——入口高度,m;

　　　Q——旋风除尘器处理的烟气量,m³/s;

u_1——入口气速,m/s。

4.各部分几何尺寸的确定

由进口截面积 A 和入口宽度 b 及高度 H 确定出各部分的几何尺寸。设计者可按要求选择其他的结构,但应遵循以下原则:

(1)为防止粒子漏到出口管,$H \leqslant s$,其中 s 为排气管插入深度;

(2)为避免过高的压力损失,$b \leqslant (D-d)/2$;

(3)为保持涡流的终端在锥体内部,$(H+L) \geqslant 3D$,其中 H 为圆柱体高,L 为锥体高;

(4)为利于粉尘易于滑动,锥角为 $7° \sim 8°$;

(5)为获得最大的除尘效率,$d/D \approx 0.4 \sim 0.5$,$(H+L)/d \approx 8 \sim 10$;$s/d \approx 1$。

几种旋风除尘器的主要尺寸比例参见表 5.3,其他各种旋风除尘器的标准尺寸比例可查阅有关除尘设备手册。

【例 5.1】已知烟气处理量 Q=5 000 m³/h,烟气密度 ρ=1.2 kg/m³,允许压力损失为 900 Pa,若选用 XLP/B 型旋风除尘器,试确定其主要尺寸。

解:查表可知,阻力系数 $\zeta = 5.8$

旋风除尘器的入口速度:$u_1 = [2\Delta P/(\rho \zeta)]^{1/2} = [(2 \times 900)/(1.2 \times 5.8)]^{1/2} = 16.1$(m/s)

进口截面积:$A = Q/u_1 = 5\ 000/(3\ 600 \times 16.1) = 0.086\ 3$(m²)

由表 5-1-3 查出 XLP/B 型旋风除尘器尺寸比例:

入口宽度:$b = (A/2)^{1/2} = (0.086\ 3/2)^{1/2} = 0.208$(m)

入口高度:$h = (2A)^{1/2} = (2 \times 0.086\ 3)^{1/2} = 0.42$(m)

筒体直径:$D = 3.33b = 3.33 \times 0.208 = 0.624$(m)

参考 XLP/B 型产品系列,取 D =700 mm,则:

排出管直径:$d_o = 0.6D = 0.42$(m)

筒体长度:$L = 0.7D = 0.49$(m)

锥体长度:$H = 2.3D = 1.61$(m)

排灰口直径:$d_e = 0.43D = 0.3$(m)

表 5.3　几种旋风除尘器的主要尺寸比例

尺寸内容	XLP/A	XLP/B	XLT/A	XLT/B
入口宽度 b	$(A/3)^{1/2}$	$(A/2)^{1/2}$	$(A/2.5)^{1/2}$	$(A/1.75)^{1/2}$
入口高度 h	$(3A)^{1/2}$	$(2A)^{1/2}$	$(2.5A)^{1/2}$	$(1.75A)^{1/2}$
筒体直径 D	上 3.85b 下 0.7D	3.33b /	3.85b /	4.9b /
排出管直径 d_o	0.6D	0.6D	0.6D	0.58D
筒体长度 L	上 1.35D 下 1.00D	1.7D /	2.26D /	1.6D /

尺寸内容		XLP/A	XLP/B	XLT/A	XLT/B
锥体长度 H		上 0.5*D* 下 1.0*D*	2.3*D* /	2.0*D* /	1.3*D* /
排灰口直径 d_e		2.96*D*	0.43*D*	0.3*D*	0.145*D*
压力损失 （Pa）	①12 m/s	700（600）②	500（420）	860（770）	440（490）
	15 m/s	1 100（940）	890（700）③	1 350（1 210）	670（770）
	18 m/s	1 400（1 260）	1 450（1 150）④	1 950（1 150）	990（1 110）

注：①进口气速；
　　②括号内的数值是出口无蜗壳式的压力损失；
　　③进口风速为 16 m/s 时的压力损失；
　　④进口风速为 20 m/s 时的压力损失。

【应用实例】 用旋风除尘器净化热电厂锅炉烟气

（1）烟尘的性质

电厂使用两台型号为 WG410/100-10 型锅炉，每台锅炉每小时产气量 410 吨。设计煤中飞灰的真密度为 2.06 g/cm³，堆积密度为 0.85 g/cm³。除尘器入口飞灰的粒径分布见表 5.4。

表 5.4　除尘器入口飞灰的粒径分布

粒径 范围 （mm）	<2.5	2.5~5.0	5~10	10~15	15~20	20~30	30~40	40~60	>60	平均 粒径
质量 分数 （%）	6.5	1.7	11.8	9.5	6.0	25.0	11.5	12.5	15.5	31.6

（2）工艺流程

锅炉烟气换热后经左右两侧烟道进入除尘器。每个烟道连接 12 个旋风除尘器（进气与烟道中心线夹角为 45°）。每台锅炉布置 48 个旋风除尘器，经过除尘后的烟气由高 180 m、出口内径 4.5 m 的烟囱排入大气。引风机两台，设计风量为 480 000 m³/h，风压为 4 510.76 Pa。

（3）除尘器结构及主要设计参数

除尘器的主要特点是：旋风除尘器中心引出管设计成倒锥形，上端与下端的内径分别为 800 mm 和 600 mm。在下部旋风筒与集灰斗交接处装有锥形反射屏，主要用来改善除尘器内部气流，由外旋流分离出的粉尘经环形缝隙排入灰斗，由灰斗折返的气流通过反射屏的透气孔上升，汇入中央上升气流。从而遏制了从环形缝隙回流的反向气流，也减弱了反射屏上方的径向气流。除尘器的主要设计参数如下：

①处理烟气量：800 000 m³/h，最大为 850 000 m³/h

②设计烟气温度：168 ℃，实际 138 ℃左右

③每天锅炉配旋风子个数:48 个

④单个旋风子处理烟气量:13 500~20 830 m³/h

⑤旋风子筒体直径:1 410 mm

⑥旋风子入口流速:15~22 m/s

⑦单个旋风子高度:6 455 mm

（4）设备消耗及造价

410 t/h 燃煤锅炉共配置旋风子 48 个,总耗钢量 79.7 t。除尘器本体部分造价为 2 万元。按年运行 300 天计算,除尘器年耗电量 450 万 kW·h。

（5）主要技术性能

除尘器运行过程中主要的技术性能如下:

①漏风率:1 号锅炉甲侧漏风率为 8.92%,乙侧漏风率是 4.61%;2 号锅炉甲侧漏风率为 5.8%,乙侧漏风率是 9.5%。对灰斗密封和旋风子堵漏后,各除尘器漏风率降至 5% 以下。

②压力损失:在锅炉额定负荷下,1 号锅炉除尘器的压力损失为 1 049~1 098 Pa;2 号锅炉除尘器的压力损失为 980~1 078 Pa。

③除尘效率:2 号锅炉除尘器改进前后的除尘效率测试结果见表 5.5。

表 5.5　除尘效率测试结果

项目	改进前		改进后	
	甲侧	乙侧	甲侧	乙侧
除尘器入口粉尘量（kg/h）	6 336.6	5 380.1	6 282.1	5 441.7
除尘器出口粉尘量（kg/h）	856.7	1 604.7	680.4	794.4
除尘效率（%）	86.36	69.78	89.17	85.4
出口烟气含尘浓度（g/m³）	平均 4.857		平均 2.766	

（五）旋风除尘器的安装、运行与维护

1. 旋风除尘器的安装

（1）除尘器应严格按照设计要求进行安装。对于大型的旋风除尘器应使用吊装车进行安装。

（2）在安装连接件各部分法兰时,密封垫料应加在螺栓内侧以保证密封,为减少烟道的阻力,应尽可能缩短管路的长度和减少弯头,切忌在除尘器进口处安置弯头,保证除尘器进口气流平直均匀。连接管道管径应不小于除尘器芯管直径。

（3）安装前应检查。

①除尘器型号、规格、核对标牌和产品合格证。

②除尘器本体和配套件是否齐全、完整。

③严格检查设备在运输中是否变形损坏,如有损坏应进行修复后安装,损坏严重时应予以调换。

④对于有特殊涂层的除尘器（如 XZZ-III/T 型）时,应仔细检查涂料的光滑性、均匀性和

完整性。

（4）对于多筒并联安装时，则均应配带出口蜗壳。有无蜗壳对除尘效率无影响，但带蜗壳后的出口气流较均匀平直，其高度亦低于弯头连接。

2. 旋风除尘器的运行与维护

（1）在锅炉运行前应先检查收灰装置（灰箱或灰斗）密封是否良好。在锅炉满负荷运行时可依照收集灰尘的量决定排灰间隔时间，一般可每 8 h 排灰一次，排灰时必须将引风机停转后再开启排灰口。排灰后，将排灰口重新盖严后，再开动引风机进行正常运行。

（2）除尘器在除尘系统中的连接方式一般采用负压吸入式，可以减少尘粒对引风机的磨损，如设计要求或其他原因亦可采用正压压出式。除尘器在负压吸入式运行时要求严密不漏风，尤其是集尘装置，以免影响除尘效率。

（3）旋风除尘器多用于处理高浓度粉尘，且捕集的粉尘比较粗大而坚硬，所以装置磨损严重，容易穿孔。受粉尘磨损最严重的地方是受到含尘气体高速碰撞的筒体内壁。当气流切线进入时，多造成平面磨损；而当气流以轴向进入时，因粉尘在叶轮处受离心力作用而在叶轮表面分离堆积，造成沟状磨损。故应着重注意这些地方。

（4）在长期使用过程中，因粉尘堆积或除尘器的气密性不严等原因而使气体流量不能均匀分布和使细微粉尘由出口旋涡重新夹起而导致除尘效率下降，因此在使用过程中应对旋风除尘器各部位的气密性及气体流量和粉尘流量进行适当的检查。

（5）由于旋风除尘器一般用作预处理装置，其排气管内壁和轴向进入式的叶轮内侧等部位经常附着很多粉尘，使处理气体的通道变窄，从而使压力损失增大。在处理高温烟气时，随着操作条件的变化及停车时处理气体温度的降低，气体中的冷凝组分容易引起粉尘在筒体部分的异常堆积，造成粉尘附着、堵灰和腐蚀等问题。因此应在维修时将排气管、筒体以及叶片等上面附着的粉尘及烟道和灰斗上堆积的粉尘尽量除尽。

（6）对寒冷地区，特别是间歇性使用的锅炉，当除尘器安装在室外时，应对除尘器采取保温措施。对蒸发量大小 1 t/h 的小型锅炉，并配有预热水箱时，应注意排烟温度不宜过低，以免结露造成除尘器积灰堵塞。

（7）对于内壁涂有耐磨涂料的除尘器（如 XZZ-Ⅲ/T 型），切忌敲打除尘器，以免涂料层脱落。

第二节　袋式除尘器

利用袋状纤维织物的过滤作用将含尘气体中的粉尘阻留在滤袋上的除尘装置称为袋式除尘器。袋式除尘器是应用极为广泛的高效除尘装置。

一、袋式除尘器的工作原理

（一）袋式除尘器的除尘机理

图 5.21 是袋式除尘器结构简图。含尘气体进入除尘器后，通过并列安装的滤袋，粉尘

被阻留在滤袋的内表面,净化后的气体从除尘器上部出口排出。随着粉尘在滤袋上的积聚,含尘气体通过滤袋的阻力也会相应增加。当阻力达到一定数值时,要及时清灰,以免阻力过高,造成除尘效率下降。图 5.21 所示的除尘器是通过凸轮振打机构进行清灰的。

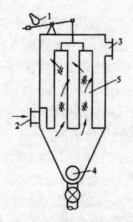

图 5.21　袋式除尘器结构简图
1—凸轮振打机构　2—含尘气体进口　3—净化气体出口　4—排灰装置　5—滤袋

含尘气体中的粉尘被阻留在滤袋表面上的这种过滤作用通常是通过以下几种除尘机理的综合作用而实现的,如图 5.22 所示。

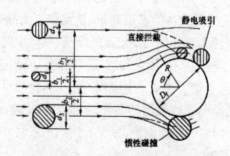

图 5.22　几种除尘机理示意图

1. 筛滤作用

当粉尘粒径大于滤袋纤维孔隙(网孔)或沉积在滤袋上的粉尘间孔隙时,粉尘被阻留在滤袋表面。新滤袋纤维网孔大于粉尘粒径时,粉尘可以通过网孔,此时筛滤作用很小。但是当粉尘在滤袋表面大量沉积形成粉尘初层后,筛滤作用显著增大。

2. 惯性碰撞

当含尘气体接近滤袋纤维时,气流将绕过纤维,而较大的粉尘由于其惯性作用而偏离流线运动,撞击到纤维上而被捕集。惯性碰撞作用随粉尘及流速的增大而增大。

3. 拦截作用

当含尘气流接近滤袋纤维时,较细粉尘随气流一同绕流,若粉尘半径大于粉尘中心流线到纤维边缘的距离时,粉尘则因与纤维接触而被捕集。此种作用也称为接触阻留作用。

4. 扩散作用

当粉尘粒径很小时（如粒径为 0.1 μm 的亚微米粉尘），会在气体分子连续不断地撞击下脱离流线，像气体分子一样做不规则的布朗运动，一旦与纤维接触即被捕集，这种作用称为扩散作用。粉尘的粒径越小，因扩散作用而被捕集的概率就越大。

5. 静电作用

粉尘和滤袋都可能因某种原因而带有静电，两者之间遵循同性相斥、异性相吸的原理。如果粉尘与滤料所带静电电性相反，粉尘就容易被吸附在滤袋上。通过外加电场，强化静电作用，有利于除尘效率的提高。

含尘气体通过洁净滤袋（如新滤袋）时，由于洁净滤袋本身的网孔较大（一般滤料为 20~50 μm，表面起绒的滤料为 5~10 μm），气体和大部分粉尘都能从滤袋的网孔中通过，只有粗大的粉尘（相对于网孔尺寸而言）能被阻留下来，因而洁净滤袋的除尘效率很低，如图 5.23 所示。随着较大粉尘被阻留，在网孔上产生"架桥"现象，使得较小粉尘很快在滤袋表面形成一层粉尘初层，如图 5.23 所示。在以后的过滤过程中，粉尘初层便成了滤袋的主要过滤层。由于粉尘初层的作用，即使过滤很细的粉尘，也能获得较高的除尘效率。这也是袋式除尘器之所以能够成为高效除尘器的重要原因之一。而滤料主要是起着支撑粉尘层的骨架作用。随着粉尘在滤袋上的积聚，除尘效率不断增加，但同时过滤阻力也在不断增加。当流动阻力达到一定程度时，滤袋两侧就会形成较大的压力差，使一些已经附着在滤料上的微细粉尘挤压过去，造成除尘效率降低。此外，除尘器阻力过高，会造成通风除尘系统的风量显著下降，影响吸尘罩的工作效果。因此，当过滤阻力达到一定数值后，要及时进行清灰。清灰时不应破坏粉尘初层，以免损伤滤料，除尘效率下降。

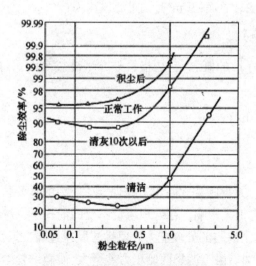

图 5.23　袋式除尘器的分级效率曲线

图 5.24 为同一滤料在不同状况下的分级效率曲线。由图中曲线可以看出，洁净滤料的除尘效率最低，清灰前最高，清灰后有所降低，但对 1 μm 粉尘的除尘效率仍可达 98% 以上，说明袋式除尘器对微细粉尘的净化能力是很强的。从图中曲线还可看出，对粒径为

0.2~0.4 μm 的粉尘,在不同状况下的除尘效率最低。因为这一粒径范围的粉尘正处于惯性碰撞和拦截作用范围的下限,扩散作用的上限。

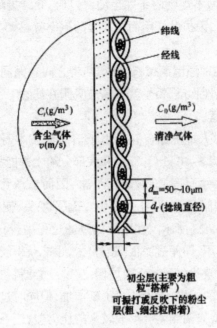

图 5.24　滤料上的粉尘层

(二)过滤风速

袋式除尘器的过滤风速是指气体通过滤袋表面时的平均速度。若以 Q 表示通过滤袋的气体量(m³/h),A 表示滤袋总面积(m²),则过滤风速为:

$$u_f = \frac{Q}{60A} \text{ (m/min)} \tag{5.11}$$

工程上还使用比负荷 g_f 的概念,它是指每平方米滤袋表面积每小时所过滤的气体量(m³)。比负荷可表示为:

$$g_f = \frac{Q}{A} \text{ [m³/(m²·h)]} \tag{5.12}$$

显然有

$$g_f = 60 u_f \tag{5.13}$$

过滤风速(或比负荷)是反映袋式除尘器处理气体能力的重要技术经济指标,它对袋式除尘器的工作和性能都有很大影响。在处理风量不变的前提下,提高过滤风速可节省滤料(即节省过滤面积),提高了滤料的处理能力。但过滤风速过高会把积聚在滤袋上的粉尘层压实,使过滤阻力急剧增加。由于滤袋两侧压力差增大,使微细粉尘渗入到滤料内部,甚至透过滤料,致使出口含尘浓度增加。这种现象在滤袋刚清完灰后更为明显。过滤风速高还会导致滤料上迅速形成粉尘层,引起过于频繁的清灰,增加清灰能耗,缩短滤袋的使用寿命。在低过滤风速下,压力损失少,效率高,但需要的滤袋面积也增加了,则除尘器的体积、占地面积、投资费用也要相应加大。因此,过滤风速的选择要综合粉尘的性质、进口含尘浓度、滤料种类、清灰方法、工作条件等因素来确定。一般而言,处理较细或难于捕集的粉尘、含尘气体温度高、含尘浓度大时宜取较低的过滤风速。表5.6列出了不同粉尘适用的过滤风速,可供选择时参考。

表5.6　袋式除尘器推荐的过滤风速　　　　　　　　单位:m/min

等级	粉尘种类	清灰方式		
		振打与逆气流联合	脉冲喷吹	反吹风
1	炭黑[①]、氧化硅(白炭黑);铅[①]、锌[①]的升华物以及其他在气体中由于冷凝和化学反应而形成的气溶胶;化妆粉;去污粉;奶粉;活性炭;由水泥窑排出的水泥[①]	0.45~0.60	0.8~2.0	0.33~0.45
2	铁[①]及铁合金[①]的升华物;铸造尘;氧化铝;由水泥磨排出的水泥[①];炭化炉升华物[①];石灰[①];刚玉;安福粉及其他肥料;塑料;淀粉	0.60~0.75	1.5~2.5	0.45~0.55
3	滑石粉;煤;喷砂清理尘;飞灰;陶瓷生产的粉尘;炭黑(二次加工);颜料;高岭土;石灰石[①];矿尘;铝土矿;水泥(来自冷却器)[①];搪瓷[①]	0.7~0.8	2.0~3.5	0.6~0.94
4	石棉;纤维尘;石膏;珠光石;橡胶生产中的粉尘;盐;面粉;研磨工艺中的粉尘	0.8~1.5	2.5~4.5	
5	烟草;皮革粉;混合饲料;木材加工中的粉尘;粗植物纤维(大麻、黄麻等)	0.9~2.0	2.5~6.0	

注:①基本为高温粉尘,多采用反吹风清灰除尘器捕集。

(三)袋式除尘器的阻力

袋式除尘器的阻力不仅决定着它的能耗,而且还决定着除尘效率和清灰的时间间隔。袋式除尘器的阻力与它的结构形式、过滤风速、滤料特性、清灰方式、气体温度及黏度等因素有关。一般可用下式表示袋式除尘器阻力的构成:

$$\Delta p = \Delta p_c + \Delta p_f + \Delta p_d \tag{5.14}$$

式中　Δp——袋式除尘器的阻力,Pa;

　　　Δp_c——袋式除尘器的结构阻力(在正常过滤风速下,一般为300~500 Pa),Pa;

　　　Δp_f——清洁滤料的阻力,Pa;

　　　Δp_d——粉尘层的阻力,Pa。

对于确定的袋式除尘器,Δp_c和Δp_f主要与过滤风速有关,而Δp_d取决于过滤风速、进口含尘浓度和过滤持续时间。在袋式除尘器允许的Δp_d确定以后,过滤风速、进口含尘浓度和过滤持续时间这三个参数是互相制约的。如处理含尘浓度低的气体时,清灰时间间隔(即滤袋过滤持续时间)可以适当延长;处理含尘浓度高的气体时,清灰时间间隔应尽量缩短。进口含尘浓度低、清灰时间间隔短、清灰效果好的除尘器可以选用较高的过滤风速;反之,则应选用较低的过滤风速。

袋式除尘器正常工作时,压力损失与气体流量随时间变化图形类似于电流的脉冲,如

图 5.25 所示。

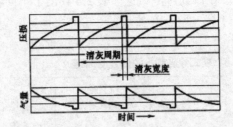

图 5.25　袋式除尘器压力损失与气体流量的变化

图中所示的清灰宽度是指每次清灰的持续时间;清灰周期是指前后两次清灰的间隔时间。

二、袋式除尘器的主要结构组成

袋式除尘器主要由滤袋、壳体、灰斗和清灰机构等部分组成。其中,滤袋是过滤的主要作用部件,清灰机构是袋式除尘器的重要组成部分。

(一)袋式除尘器的滤料

滤料是袋式除尘器制作滤袋的材料,是袋式除尘器的主要部件。袋式除尘器的性能在很大程度上取决于滤料的性能,如除尘效率、压力损失、清灰周期、环境适应性等都与滤料性能有关。

1. 对滤料的要求

性能良好的滤料应满足下列要求。

(1)容尘量大,清灰后仍能保留"粉尘初层",以保持较高的过滤效率。

(2)透气性能好,过滤阻力低。

(3)抗拉、抗皱折,耐磨、耐高温、耐腐蚀,力学强度高。

(4)吸湿性小,易清灰。

(5)制作工艺简单、成本低,使用寿命长。

滤料的性能除了与纤维本身的性质(如耐高温、耐腐蚀、耐磨损等)有关外,还与滤料的结构有很大关系。例如薄滤料、表面光滑的滤料,容尘量小,清灰容易,但过滤效率低,适用于含尘浓度低、黏性大的粉尘,采用的过滤风速不宜过高。厚滤料、表面起绒的滤料(如羊毛毡),容尘量大,粉尘能深入滤料内部,清灰后可以保留一定容尘,过滤效率高,可以采用较高的过滤风速,但必须及时清灰。到目前为止,还没有一种"理想"的滤料能满足上述所有要求,因此只能根据含尘气体的性质,选择最符合使用条件的滤料。

2. 滤料的种类及其特性

袋式除尘器的滤料种类较多。按滤料材质,可分为天然纤维、无机纤维和合成纤维等三类;按滤料结构,可分为滤布和毛毡两类。

天然纤维滤料主要是指棉、毛织物,是 20 世纪 50 年代以前主要使用的滤料,价格较低,适合于净化无腐蚀性、温度为 70~90 ℃的含尘气体。

无机纤维滤料主要是指玻璃纤维滤料,具有耐温性能好、化学稳定性好、过滤性能好、阻力低、价格较低等优点。普通玻璃纤维滤料的应用已有 30 多年的历史。用硅酮树脂、石墨和聚四氟乙烯处理过的玻璃纤维,其耐高温性能、耐磨性能、抗折性能和抗腐蚀性能得到很大改善,可在 250 ℃长期使用。玻璃纤维较脆,经不起揉折和摩擦,因此其使用具有一定的局限性。如不宜采用机械振打清灰。目前,玻璃纤维仍然是一种主要的耐高温滤料,多用于冶炼、炉窑等产生的高温烟气净化。

随着有机合成工业、纺织工业的发展,合成纤维滤料逐渐取代天然纤维滤料,合成纤维滤料有聚酰胺(尼龙)、芳香族聚酰胺(诺梅克斯)、聚酯(涤纶)、聚丙烯、聚丙烯腈(腈纶)、聚氯乙烯(氯纶)、聚四氟乙烯(特氟纶)等。其中聚四氟乙烯滤料可长期在 220~260 ℃下使用。尼龙织物长期使用温度为 75~85 ℃,耐磨性很好,但耐酸性较差,适合过滤磨损性很强的粉尘,如黏土、水泥熟料、石灰石等。奥纶的耐酸性好,耐磨性差,长期使用温度为110~130 ℃。涤纶的耐热、耐酸性能均较好,耐磨性仅次于尼龙,可长期在 130 ℃下工作,其清灰容易、阻力小、效率高。

滤料的特性除了与纤维本身的性质有关外,还与滤料的表面结构有很大关系。纤维滤布按照织造工艺不同,可分为交织布、无纺布和针刺呢(毡)等。交织布是目前使用最普遍的一种滤布,它由经纬线交织而成。交织布按经纬线交织方式不同一般可分为平纹布、斜纹布和缎纹布三种,其编织形式如图 5.26 所示。

(a) 平纹布编织　　(b) 斜纹布编织　　(c) 缎纹布编织

图 5.26　纺织织物的结构

平纹布滤布净化效率高,但透气性差,阻力大,清灰难,易堵塞;斜纹滤布表面不光滑,耐磨性好,净化效率和清灰效果都好。斜纹滤布不易堵塞,处理风量高,是织布滤料中最常采用的一种;缎纹滤布透气性好,但强度低,净化效率比前两者低。

(二)袋式除尘器的清灰方式

如前所述,清灰是袋式除尘器正常工作的重要环节,实际上多数袋式除尘器是按清灰方式命名和分类的。目前常用的清灰方式主要有三种,即机械清灰、脉冲喷吹清灰和逆气流清灰。对于难以清除的粉尘,也可同时并用两种清灰方法,如采用逆气流和机械振动相结合清灰。

1. 机械清灰

图 5.27 机械清灰的振动方式机械清灰是指利用机械装置周期性地振动或摇动悬吊滤袋的框架,使滤袋产生振动而清灰的方法。机械振动清灰常见的三种基本方式如图 5.27 所示。

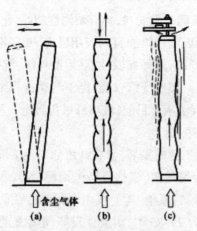

图 5.27　机械清灰的振动方式

图 5.28（a）是水平振动清灰,滤袋沿水平方向摆动,该方式对滤袋损害较轻,但清灰效果不均匀。

图 5.28（b）是垂直振动清灰,滤袋沿垂直方向振动,清灰效果较好,但对滤袋的损伤较大,特别是在滤袋下部。

图 5.28（c）是扭曲振动清灰,靠机械振动定期将滤袋扭转一定角度,使沉积于滤袋的粉尘层破碎而落入灰斗中。

机械振动清灰能及时清除附着在滤袋上的尘粒,工作性能稳定,耗电省,但清灰强度较弱,过滤风速一般取 1.0~2.0 m/min,压力损失约为 800~1 200 Pa,但由于机械作用,对滤袋有一定的损伤,滤袋寿命较短,增加了维修和换袋的工作量。该方式已呈现出逐渐被其他新式清灰方式所代替的趋势。

2. 脉冲喷吹清灰

脉冲喷吹清灰是利用（4~7）× 10⁵ Pa 的压缩空气反吹,产生强度较大的清灰效果。压缩空气的脉冲产生冲击波,使滤袋振动,导致沉积在滤袋上的粉尘层脱落。这种清灰方式有可能使滤袋清灰过度,继而使粉尘通过率上升,因此,必须选择适当压力的压缩空气和适当的脉冲持续时间。清灰过程中每清灰一次为一个脉冲,每喷吹一次所需的时间为喷吹宽度,约为 0.1~0.2 s,完成一个清灰循环的时间为脉冲周期,一般为 60 s 左右。脉冲清灰的控制参数为脉冲压力、频率、脉冲持续时间和清灰次序。

如图 5.28 为脉冲喷吹清灰袋式除尘器结构示意图。这种除尘器是通过脉冲控制仪来实现清灰目的的,目前常用的脉冲控制仪有电动控制仪、气动控制仪和机械控制仪等,与其配套使用的排气阀相应的有电磁阀、气动阀、机械阀等。脉冲喷吹清灰袋式除尘器是一种高效除尘器,由于它实现了全自动清灰,净化效率达到 99%,过滤负荷较高,压力损失为 1 200~1 500 Pa,滤袋磨损较轻,使用寿命较长,运行安全可靠,应用越来越广泛。但耗电量较大,对高模拟过度、含湿量较大的含尘气体的净化效率较低。

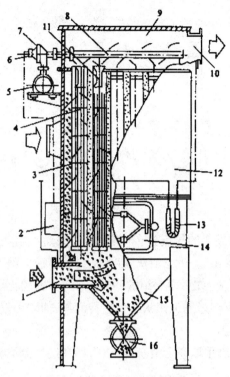

图 5.28 脉冲喷吹袋式除尘器

1—进气口 2—控制仪 3—滤袋 4—滤架 5—气包 6—排气阀
7—脉冲阀 8—喷吹管 9—净气箱 10—净气出口 11—文氏管
12—壳体 13—U 形压差计 14—检修口 15—灰斗 16—卸尘阀

3.逆气流清灰

逆气流清灰是利用与过滤气流相反的气流,使滤袋变形造成粉尘层脱落的一种清灰方式。

采用这种清灰方式的清灰气流,可以由系统主风机提供,也可设置单独风机供给。根据清灰气流在滤袋内的压力状况,若采用正压方式,称为正压反吹风清灰;若采用负压方式,称为负压反吸风清灰。

与机械振动清灰方式相同,逆气流清灰也多采用分室工作制度,利用阀门自动调节,逐室地产生反向气流。

逆气流清灰的机理,一方面是由于反向的清灰气流直接冲击尘块,另一方面由于气流方向的改变,滤袋产生胀缩振动而使尘块脱落。

逆气流清灰过程如图 5.29 所示。

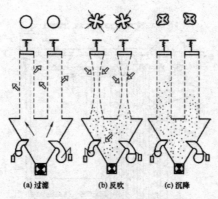

(a)过滤　　(b)反吹　　(c)沉降

图 5.29　逆气流清灰方式

逆气流清灰在整个滤袋上的气流分布比较均匀,振动不剧烈,故对滤袋的损伤较小,适宜用长滤袋(可长达 15~18 m)。由于清灰强度小,过滤风速一般不宜过大。

采用高压气流反吹清灰(如后面介绍的回转反吹袋式除尘器所采用的清灰方式),可以得到较好的清灰效果,可以在过滤工作状态下进行清灰,但需另设中压或高压风机。这种方式可采用较高的过滤风速。

在某些场合还可以考虑采取联合清灰的方式,如在逆气流清灰的同时,辅以机械清灰方式,以加强清灰效果。

4. 联合清灰

联合清灰是将两种清灰方式同时采用在同一除尘器内,目的是加强清灰效果。例如采用机械振打和反吹风相结合的联合清灰袋式除尘器,可以适当提高过滤风速和加强清灰效果。

这种除尘器一般分成若干袋滤室,清灰时必须将该室的进排气口阀门关闭,切断与邻室的通路,以便在反吹气流及振打下,使抖动掉下的粉尘落入灰斗。清灰是逐室周期性地轮流进行的。

这种清灰方式传动构件较多,结构比较复杂,振打装置易损坏,滤袋易磨损,从而增加了设备维修的工作量。

三、袋式除尘器的分类及结构特点

袋式除尘器的结构形式多种多样,通常可根据滤袋形式、进风口位置、过滤方式及清灰方式等不同特点进行分类。

(一)按滤袋的形状分类

滤袋的形状通常有圆筒形和扁平形两种。

1. 圆袋

绝大多数的袋式除尘器都采用圆袋。滤袋直径一般为 100~300 mm,最大不超过 600 mm。直径过小有堵灰可能,直径过大,则有效空间的利用率低。袋长一般为 2~12 m。圆袋结构简单,便于清灰。滤袋的长度和直径之比一般为 15~25 倍,最大可达 40 倍。最佳的长径比一般根据滤料的过滤性能、清灰效果及设备费用来确定。增加滤袋长度,可节约占地面积,但滤袋过长会增加滤袋顶部的压力,易使该处破损。

2. 扁袋

滤袋形状与过滤方向扁袋通常呈平板板,一般宽度为 0.5~1.5 m,长度为 1~2 m,厚度及滤袋间距为 25~50 mm。扁袋内部都有骨架(或弹簧)支撑,如图 5.31 所示。扁袋布置紧凑,可在同样体积的除尘器内布置较多的过滤面积,一般能增加 20%~40%(与圆袋相比),因而在节约占地面积方面有明显的优点。但扁袋的结构较复杂,制作要求高,换袋比较困难,滤袋之间易被粉尘堵塞。

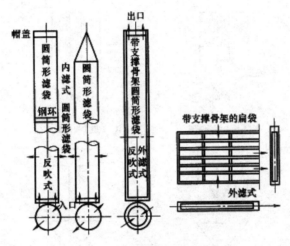

图 5.30 滤袋形状与过滤方向

与扁袋相比,圆袋受力较好,支撑骨架及连接简单,清灰所需动力较小,滤袋间不易被粉尘堵塞,检查维护方便。目前圆袋形除尘器应用较广泛。

滤袋的数量按每条滤袋的过滤面积、选用的过滤风速及处理烟气量来确定。对于滤袋数量大的大型除尘器,通常将滤袋分成若干过滤室,以利于清灰及维修。

(二)按进风口位置分类

按含尘气体进入袋式除尘器的部位不同,一般可分为上部进风和下部进风两类。

1. 上进风袋滤器

含尘烟气从除尘器的上部进入袋滤室,经滤袋过滤后从箱体的下部排出。这种进气方式的除尘器,其过滤室内尘粒的沉降方向与气流流动方向一致,有利于尘粒的沉降,滤袋的压力损失较小,过滤性能比较好。但是,含尘气流进入上部进气空间后,速度突然降低,粉尘易沉积在上花板袋口间的间隙上。此外,这种进风方式在灰斗内滞留下来的烟气,易造成粉尘堵塞。

2. 下进风袋滤器

含尘烟气从除尘器下部灰斗进入袋滤室,经滤袋过滤后,从箱体上部排出。这种袋滤器的进气口一般设在灰斗上部,含尘烟气进入箱体后,由于空间突然扩大,气流速度降低,这样烟气中较粗的尘粒有可能在灰斗内直接沉降下来,只有较细的微尘进入袋滤室与滤袋接触,从而减轻尘粒对滤袋的磨损,延长清灰周期,提高滤袋的使用寿命。下进风式袋滤器的最大缺点是袋滤室内尘粒的沉降方向与气流方向相反,不利于尘粒的沉降,尤其在反吹清灰时,当滤袋表面抖落或喷吹下来的微尘尚未全部降落到灰斗之前,又随过滤气流重新积附在滤袋表面上,从而影响清灰效果,增加设备的阻力,滤袋越长,这种影响越明显。

从除尘器的结构设计来说,下进风式袋滤器比上进风更合理,而且设备的安装及维护检修较简便,因此,目前大多数袋式除尘器都采用下进风上排风方式。

图 5.31 为上进风和下进风袋式除尘器构造示意图。

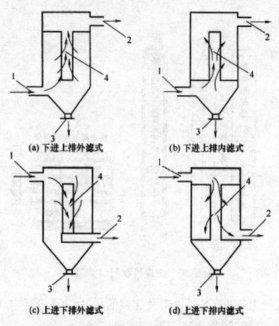

图 5.31　圆形袋上进风和下进风示意图

1—进气口　2—排气口　3—排灰口　4—圆形滤袋

(三)按过滤方式分类

按含尘气体通过滤袋的方向不同,通常可分为内滤式和外滤式两种。

1. 内滤式

含尘烟气由滤袋内侧向外侧过滤,烟气中的尘粒在滤袋内表面被捕集,这种过滤方式称为内滤式。采用内滤式的除尘装置,滤袋外侧为净化后的干净气体,因此对用于常温和无毒烟尘的净化时,检修工人可以在不停风情况下,进入袋滤室内进行维修,从而改善了工人的劳动卫生条件。对含放射性粉尘的净化,一般多采用内滤式。

2. 外滤式

含尘烟气由滤袋外部向内通过,烟气中的尘粒在滤袋外表面被捕集,这种过滤方式称为外滤式。外滤式除尘器的滤袋内部必须设置支撑笼骨,以防止过滤时将滤袋吸瘪。但反吹清灰时由于滤袋的胀、瘪动作频繁,滤袋与笼骨之间易出现磨损,从而增加了更换滤袋和维修的工作量。

一般来说,采用机械抖动或气流反吹(吸)风清灰方式的圆袋形除尘器大多采用内滤方式。而采用脉冲清灰方式的圆袋形除尘器及大部分扁袋形除尘器多采用外滤方式。

(四)按袋滤室内的压力状态分类

按袋滤室内的压力不同,一般可分为负压式和正压式两种。

1.负压式

除尘器设置在引风机的入口端,使除尘器处在负压状态下运行,通常也称为吸出式。含尘气体经滤袋净化后,由风机经烟囱排出。负压式除尘系统进入风机的气体是净化后的干净气体,对风机叶轮的磨损较小,延长了风机的使用寿命。工程上的除尘系统大多数都采用负压式。

2.正压式

除尘器设置在引风机的出口端,使除尘器处在正压状态下运行,通常也称为压入式。含尘气体先经风机然后才进入除尘器,经除尘器净化后的烟气直接排入大气。正压式除尘系统由于含尘气流先经过风机,因此,粉尘对风机的磨损相当严重,不适合于处理硬度大、磨损性强的粉尘及烟气含尘浓度超过 3 g/m³ 的场合。

四、袋式除尘器的性能特点和应用范围

(一)袋式除尘器的性能特点

(1)袋式除尘器是典型的高效除尘器,可用于净化粒径在 0.1 μm 以上的含尘气体,除尘效率一般可达 99% 以上,且性能稳定可靠,操作简便。

(2)适应性强,可捕集各种性质的粉尘,不会因粉尘比电阻等性质而影响除尘效率。适应的烟尘浓度范围大,可从每立方米数百毫克至数十克甚至上百克。而且入口含尘浓度和烟气量波动范围大时,也不会明显影响除尘器的除尘效率和压力损失。

(3)规格多样,使用灵活。处理风量可由不足 200 m³/h 直至每小时数百万立方米。既可制成直接设于室内产尘设备近旁的小型机组,也可制成大型的除尘器室。

(4)便于回收物料,没有污泥处理、废水污染等问题,维护简单。

(5)应用范围受滤料耐温、耐腐蚀等性能的限制,特别是长期使用,温度应限于 280 ℃以下。当含尘气体温度过高时,需要采取降温措施,导致除尘系统复杂化和造价提高。

(6)在捕集黏性和吸湿性强的粉尘或处理露点很高的烟气时,容易堵塞滤袋,此时需采取保温或加热措施。

(7)袋式除尘器不同程度地存在着占地面积较大、滤袋易损坏、换袋困难、劳动条件差等问题。

(二)袋式除尘器的应用范围

袋式除尘器作为一种高效除尘器,广泛应用于各种工业部门的尾气除尘。它比电除尘器结构简单、投资省、远行稳定,还可以回收高比电阻粉尘;与文丘里洗涤器相比,动力消耗小,回收的于粉尘便于综合利用。因此对于微细的干燥场尘,采用袋式除尘器捕集是适宜的。但是,袋式除尘器不适于净化含有油雾、水雾及黏性强的粉尘,也不适于净化有爆炸危

险或带有火花的台尘气体。

五、袋式除尘器的选择与设计

(一)选定除尘器形式、滤料及清灰方式

首先决定采用的除尘器形式。例如对除尘效率要求高、厂房面积受限制、投资和设备定货皆有条件的情况,可以采用脉冲喷吹袋式除尘器,否则采用机械振动清灰、逆气流清灰或其他简单袋式除尘器。其次根据含尘气体特性,选择合适的滤料,如气体温度超过 410 K,但低于 530 K 时,可选用玻璃纤维滤袋;对纤维状粉尘则应选用表面光滑的滤料,如平绸,尼龙等;对一般工业性粉尘,可采用涤纶布、棉绒布等。根据除尘器形式、滤料种类、气体台尘浓度、允许的压力损失等便可初步确定清灰方式。

(二)计算过滤面积

根据废气的含尘浓度、滤料种类及清灰方式等,即可确定过滤风速 u_f(m/min),并计算出总过滤面积 A。

$$A = \frac{Q}{u_f} \tag{5.15}$$

式中　Q——除尘器的处理风量,m³/h;

　　　u_f——过滤风速,一般情况下的选择归纳如下:

简易清灰　　　　　$u_f = 0.2{\sim}0.75$ m/min

机械振动清灰　　　$u_f = 1.0{\sim}2.0$ m/min

逆气流反吹清灰　　$u_f = 0.5{\sim}2.0$ m/min

脉冲喷吹清灰　　　$u_f = 2.0{\sim}4.0$ m/min

(三)除尘器的设计

如果选择定型产品,则根据处理风量和总过滤面积 A,即可选定除尘器型号规格。若自行设计时,其主要步骤如下:

(1)确定滤袋尺寸,即确定滤袋的直径 d 和高度 L。

(2)计算每只滤袋的面积 a

$$a = \pi d L \tag{5.16}$$

(3)计算滤袋个数 n

$$n = \frac{A}{a} \tag{5.17}$$

(4)滤袋布置

在滤袋个数较多时,根据清灰方式及运行条件(连续式或间歇式)等将滤袋分成若干组,每组内相邻两滤袋之间的净距,一般取 50~70 mm。组与组之间以及滤袋与外壳之间的距离,应考虑到检修、换袋等操作需要,如对简易清灰袋式除尘器,考虑到人工清灰等,其间距一般为 600~800 mm。

(5)壳体的设计,包括除尘壳体、排气、进气风管形式、灰斗结构、检修孔及操作平台等。

(6)清灰机构的设计和清灰制度的确定。

（7）粉尘的输送、回收及综合利用系统的设计，包括回收有用粉料和防止粉尘的再次飞扬。

六、袋式除尘器的运行管理

（一）初启动

初启动是指袋式除尘器初次投入运行，或者在全部或大部分更换滤袋后重新投入运行时的启动。此时滤袋上粉尘层尚未形成，袋式除尘器的阻力远低于设计值，若按"额定负荷"运转，风量将高于风机的额定风量，从而使风机的消耗动力增加，导致电机过载甚至烧毁。其次，过量的气体将使过滤风速超过设计值，使"粉尘初层"无法形成或不完整，无法实现设计的除尘效率。此外，还容易导致粉尘嵌入滤料内部，堵塞滤料孔眼。因此，在初启动时，需要控制系统风机的阀门，由低负荷逐步过渡到额定负荷，一般应在 1~2 h，使负荷逐步达到额定值。

初启动时，还需注意除尘器温度与气流温度的关系。初启动时，一般除尘器都处于冷态，此时，进入任何热的和高温的湿气体，都可能在滤料和箱体上发生水分凝结，从而导致黏结和腐蚀。为此，在初启动时，应对除尘器进行预热。

除尘器启动后，应检查各有关阀门是否漏气，调校所有仪表，并检查处理风量及各点的压力和温度是否与设计一致。

对于外滤式的滤袋，在安装时一般预加一定的张力，除尘器投入运转后，由于温度和压力的变化，以及清灰的影响，可能使滤袋松弛脱落。因此启动数小时后，必须对滤袋检查一次，必要时再次予以调整。

（二）袋式除尘器的日常运行管理

（1）定时记录除尘器的进出口压差、除尘器前的压力、人口气体温度、主要电机的电压和电流等各项参数。

（2）若除尘系统设有气体流量仪表，应定时记录处理气体流量。若未设气体流量仪表，可根据上述记录的各参数判断流量变化与否；进而判断系统运转是否正常。

（3）当除尘器进出口压差与正常值相差很大时，应查找原因，及时排除可能的故障。

（4）对于定时清灰控制的袋式除尘器，应经常检查除尘器进出口的压差。在没有什么故障的情况下，若压差显著高于设计值，说明清灰周期过长，应调整其周期；反之，则应将清灰周期调长些。

（5）当除尘器入口气体温度超过限定值时，应立即打开紧急冷风阀混入冷风或停止系统引风，以防止因超过滤料的耐热限度而烧坏滤袋；在相反情况下，应注意防止温度低于露点温度，而导致水分在除尘器内凝结。防止水蒸气冷凝对滤袋造成堵塞是确保袋式除尘器正常运行的条件之一，通常要求进入袋式除尘器的烟气温度应高于烟气露点温度 20 ℃以上。

（6）运行过程中应尽量减少漏入系统的空气量，消除滤料的静电效应，防止可燃气体可能引起的燃烧或爆炸。

（7）经常注意排气含尘情况。若除尘系统设有含尘浓度检测仪表或漏袋检测仪表,应按时检测并做好记录。若未设检测仪表,则应按时观察排气的颜色,并据此判断是否出现漏袋等故障,并及时排除。

（8）经常检查清灰机构、各种阀门和各运动件的工作情况,按要求及时注油或做必要的保养。

（9）对于定时卸灰的除尘器,要按时排出灰斗积存的灰尘。对于脉冲型等需用压缩空气的袋式除尘器,需定时排放储存罐、分滤器、分水滤气器中的油和水。

（10）设备停止使用或停机检修时,当生产设备停机后,袋式除尘器至少仍继续运行5~10 min 然后才停机,以便将系统内的烟气及粉尘全部排出,防止对设备的腐蚀和确保检修人员的安全。

（11）袋式除尘器停机后,在无引风情况下仍应开动喷吹清灰机构,连续喷吹一段时间,使黏结在滤袋表面的粉尘尽可能抖落,以防止滤袋堵塞,又便于检查漏袋情况或停机封存。

（12）每次启动前或停机大修时,应特别注意花板连接处的气密性滤袋变形破损情况及反吹清灰系统。若滤袋确实被堵塞或已破损,应及时更换。

袋式除尘器长期停止运转时,应做好以下工作。

（1）对由于处理含湿气体或处于寒冷地区或雨雪可能漏入等原因,容易造成水汽凝结的袋式除尘器,应将箱体内的湿气完全排出,然后将箱体进出口封闭。也可以在停止运转期间,利用设在箱体四壁的加热器予以保温,或向箱体内送入暖热气体。

（2）对滤袋进行充分的清灰,使滤袋上积附的粉尘减到最少,最好取下滤袋放入干燥处保存。

（3）清除灰斗中和某些易积灰部位的灰尘。

（4）对清灰机构和其他运动的部件要定期涂油。

（5）排除压缩空气系统、冷却系统和加热系统中的水。

（6）在停止运转期间,若有可能,最好定期进行短时间的空运转。

七、袋式除尘器的常见故障及处理方法

（一）除尘器设备阻力明显高于正常值

除尘器设备阻力的变化可由连接进出口的压力计反映出来。常见故障原因及其处理办法。

（1）滤袋堵塞。

①含湿气体结露,使粉尘在袋口黏结:以加热、保温等措施,提高箱体内温度,或更换滤袋。

②漏水使滤袋潮湿:补漏,使箱体密封。

③粉尘吸湿性强,在滤袋上产生黏结:采取加热保温措施。

（2）滤袋使用时间过长:更换滤袋。

（3）过滤风速过高(设计选型不合理):增加过滤面积。

（4）处理风量过大:由于调节阀门开启过大,或位于入口管段的各种阀门(冷风阀、换向

阀、反吹阀等)漏气所致:调节或修理阀门。

（5）连接压力计的管路堵塞或一根连管脱落:检查压力计进出口及连接管路,疏通或更换之。

（6）清灰周期过长:调整清灰程序控制器,使清灰周期缩短。

（7）清灰强度不足:对于反吹风袋式除尘器,反吹风量太小,清灰时间不够,三通阀关闭不严;对脉冲式,喷吹压力过低,喷吹时间过短:调整清灰程控器和清灰气流动力机械。

（8）清灰机构出现故障:及时修理。

（9）外滤滤袋张力不够:调整张力至适当程度。

（10）灰斗积存大量粉尘:查明原因及时排除。

（二）除尘器阻力明显低于正常值

（1）过滤风速选定过低:可延长清灰周期弥补。

（2）处理风量过小:可能因风机调节阀门开启过小,或管道堵塞所致,调节阀门开启程度,疏通管道。

（3）压力计的连接管路堵塞,或一根连管脱落:检查压力计进出口及连接管路,疏通或更换管路。

（4）清灰周期过短:调整清灰程控器,使清灰周期延长。

（5）滤袋严重破损或滤袋脱落:检查滤袋,更换或调整滤袋。

（三）排气浓度明显高于正常值

（1）滤袋破损:检查并更换破损滤袋。

（2）滤袋脱落:检查并重新装好滤袋。

（3）滤袋安装不善,滤袋绑扎不紧,导致滤袋与顶盖间或滤袋与底部连接导管间存在间隙:检查并重新装好滤袋。

（4）花板破裂导致泄漏:停止部分或全部除尘器的工作,修补花板。

（5）分支管道开启,或关闭不严:关闭分支管道;若阀门不严则及时修理。

（四）滤袋破损的几种情况

（1）滤袋安装位置不当,导致滤袋之间或滤袋与箱体板壁间摩擦:检查并调整间距。

（2）粉尘直接冲刷滤袋:检查含尘气体入口,调整导流装置;若有破损及时修理。

（3）破损滤袋得不到及时更换而使邻近滤袋被吹漏:及时找出并更换破损滤袋。

（4）外滤式滤袋因框架质量不好而破损:消除框架的毛刺;采用节点少或经过喷涂、电镀的框架。

（5）火星进入箱体烧坏滤袋:设置预除尘器,若已有预除尘器,则增强其效果。

（6）可燃性粉尘或气体燃烧爆炸而烧坏滤袋:控制气体中的氧气浓度;控制可燃粉尘或气体的浓度;防止空气漏入除尘系统;防止火星落入;对滤料采取除静电措施。

（7）积于滤袋上或箱体内的可燃粉尘燃烧:不使空气漏入除尘器;在需要打开箱体时,务必先使其充分冷却,或向箱体内充入一定蒸汽。

（8）水解及酸、碱的腐蚀:加强保温加热措施,尽量降低腐蚀作用。

（五）清灰机构发生故障的情况

1. 振动清灰方式

（1）分室阀门关闭不严：检查及修理。

（2）振动电机损坏：更换。

（3）振动机构及传动件损坏或螺丝松动：更换损坏零件，紧固螺丝。

2. 反吹清灰方式、反吹 - 振动联合清灰方式

（1）换向阀门关闭不严：及时检查与修理。

（2）反吹阀门开启过小：及时检查调整或修理。

（3）反吹阀门和管道被粉尘等堵塞：及时疏通。

（4）反吹风量调节阀门开启过小或损坏：调节开启位置或修理。

（5）反吹风机损坏：修理或更换。

3. 脉冲喷吹清灰方式

（1）脉冲阀关闭迟缓，甚至处于常开状态，导致稳压气包内压力过低。其原因有：节流孔堵塞、弹簧失效、控制阀损坏、膜片上的垫片脱落、膜片破损。处理方式有：疏通节流孔；重新安装膜片；更换弹簧；更换或修理控制阀；更换膜片。

（2）脉冲阀开启迟缓，甚至处于常闭状态，导致清灰无力或完全不能清灰。其原因为：排气孔堵塞、膜片与垫片的紧固螺栓松动、膜片有砂眼或微小破口、控制阀失灵、弹簧太硬、程控仪信号中断。处理方式有：疏通排气孔；紧固螺栓；更换膜片；更换控制阀：更换弹簧；接通程控仪信号输出通路。

（3）脉冲阀与喷吹管之间漏气过大或完全脱落：重新装好喷吹管。

（4）清灰程序控制仪工作失常或损坏：及时检查修理。

4. 回转反吹及脉动反吹清灰方式

（1）反吹管路漏气：加强密封。

（2）传动机构损坏：及时检修及更换零件。

（3）脉动阀阀片磨损：更换阀片。

（六）灰斗中积存大量粉尘的情况

（1）排灰不及时：增加排灰次数。

（2）排灰口漏风：增设排灰阀，若已有排灰阀，则应增强排灰阀密封性。

（3）排灰机构动作不良：检查并及时修复。

（4）粉尘在灰斗下部架桥：用振动器和人工敲击的方法使其松动。

（5）粉尘潮湿而产生附着，甚至黏结：疏通排灰口，清除积灰，然后对灰斗采取保温或加热措施。

第三节　静电除尘器

静电除尘器是利用电力进行收尘的装置。国外称静电收尘器，实际上"静电收尘"这个名词并不确切，因为粉尘粒子荷电后和气体离子在电场力作用下，要产生微小的电流，并不是真正的静电。本书仍沿用国际通用的习惯称作静电除尘器。

1907 年,科特雷尔(Cottrell)首先将静电收尘技术用于净化工业烟气获得成功。如今,静电除尘器已经广泛应用于钢铁工业、有色冶金、建材工业、电力工业、化学工业、轻纺工业以及其他工业领域乃至民用领域。统计资料表明,自 1955 年直到现在,应用静电除尘器处理工业烟气量大致呈指数增长。随着对环境保护要求的日益严格,可以预计静电除尘器计数会得到更迅速的提高和发展。

本章着重介绍静电除尘器的基本原理、静电收尘的基本理论、收尘过程中的离子风效应、影响静电除尘器性能的主要因素以及静电除尘的设计及应用。

一、静电除尘器的分类和特点

(一)静电除尘器的分类

静电除尘器根据不同特点分成不同的类型。

1. 根据收尘电极的形状分为管式和板式

管式静电除尘器的收尘极是由一根或一组成圆形、六角形或方形的管子组成,管径通常为 200~300 mm,长 2~5 m。安装于管中心的电晕线通常呈圆形或星形。含尘气流自下而上从管内通过,如图 5.32 所示。

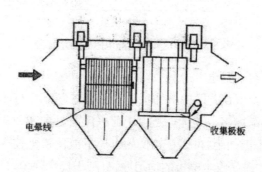

图 5.32　板式静电除尘器

板式静电除尘器的收尘极是由若干块平板组成,为减少二次扬尘和增强板极的刚度,极板一般要轧制成断面曲折的型板。电晕线安装在每两排收尘极板构成的通道中间,通道数可以是几个或几十个。极板的高度可以是几米或几十米。除尘器总长度根据除尘效率要求来确定,如图 5.32 所示。

2. 根据气流运动方向分为立式和卧式

立式静电除尘器内,含尘气流自下而上做垂直运动。立式静电除尘器常为管式,适用于小气流量,粉尘容易捕集和安装场地较狭窄的情况。立式静电除尘器的高度较高,净化后的气体可直接排入大气。

气流在静电除尘器内沿水平方向运动的称卧式静电除尘器,如图 5.44 所示。卧式静电除尘器与立式静电除尘器相比有以下特点:

(1)沿气流方向可分为若干个电场,这样可根据除尘器内的工作情况,对各电场分别施

加不同的电压,以提高除尘效率;

（2）根据所要求达到的除尘效率,较方便地增加电场长度;

（3）在处理烟气量较大时,卧式静电除尘器较容易实现流速在电场断面上的均匀分布;

（4）设备安装高度较立式静电除尘器低,设备操作维修比较方便;

（5）占地面积比立式静电除尘器大。

根据上述特点,除特殊情况（如占地面积受限制）,一般都应选用卧式静电除尘器。

3. 根据粒子的荷电区及收集区的空间布局不同分单区和双区

在单区静电除尘器中,粒子的荷电和捕集都在同一区内完成,如图 5.33 所示。单区静电除尘器在工业应用中较为广泛。

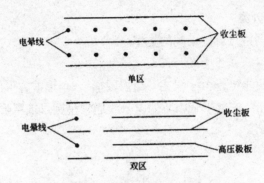

图 5.33　单区和双区静电除尘器示意图

双区静电除尘器的粒子荷电部分和收尘部分是分开的。前区安装电晕极,粉尘在此区荷电,后区安装收尘极,粉尘在此区内被捕集。如图 5.45 所示。近年来,在工业废气净化中采用双区静电除尘器逐渐增多。其优点是由于荷电区与收尘区分开后,在荷电区可以较灵活地调整电压,通过减小极间距,可以在较低的电压下能使粉尘较充分地荷电,运行也更安全。在收尘区,可大大地提高收尘电极的均匀性,有利于提高除尘效率。

4. 根据清灰方式不同分干式和湿式

湿式静电除尘器是采用水喷淋或适当地方法在收尘极板表面形成水膜,使沉积在极板上的粉尘顺水一起流到除尘器的下部排出。湿式静电除尘器二次扬尘很少,除尘效率高,无需振打装置,但产生的大量泥浆,如不适当处理,将导致二次污染。

虽然静电除尘器的类型很多,且新型静电除尘器还在不断出现,但大多数工业窑炉是采用干式、板式、单区卧式静电除尘器,因此本书对湿式和立式静电除尘器将不作讨论。

（二）静电除尘器的特点

1. 静电除尘器的优点

（1）除尘效率高,对小至 0.1 μm 的粉尘仍有较高的除尘效率。

（2）处理气体量大,单台设备每小时可处理几十万甚至上百万立方米的烟气。

（3）能处理高温烟气,采用一般涤纶绒布的袋式除尘器工作温度需要控制在120~130 ℃以下,而电除尘器一般可在 350~400 ℃下工作。采取某些措施后,耐温性能还能提高,这样就大大简化了烟气冷却设备。

（4）能耗低,运行费用小。虽然电除尘器在供给高压放电上需要消耗部分电能,但由于电除尘器阻力低（仅100~300 Pa）,在风机消耗的电能上却可大大节省,因而总的电能消耗较其他类型除尘器要低。

由于电除尘器具有上述优点,因而在冶金、水泥、电站锅炉以及化工等工业中得到大量应用。

2. 静电除尘器的缺点

（1）一次投资费用高,钢材消耗量大。

（2）设备庞大,占地面积大。

（3）对粉尘的比电阻有一定要求。若在适宜范围之外,就需要采取一定措施才能达到要求的除尘效率。

（4）结构较复杂,对制造、安装、运行的要求都比较严格,否则不能维持所需的电压,除尘效率将降低。

二、静电除尘器的工作原理

虽然在实践中电除尘器的种类和结构形式繁多,但都基于相同的工作原理。其工作原理包括电晕放电、气体电离、尘粒荷电、带电粒子在电场内迁移和捕集以及将捕集物从集尘表面上清除等基本过程。

（一）气体电离和电晕放电

由于辐射摩擦等原因,空气中含有少量的自由离子,单靠这些自由离子是不可能使含尘空气中的尘粒充分荷电的。因此,要利用静电使粉尘分离须具备两个基本条件,一是存在使粉尘荷电的电场;二是存在使荷电粉尘颗粒分离的电场。一般的静电除尘器采用荷电电场和分离电场合一的方法,如图5-34所示的高压电场,放电极接高压直流电源的负极,集尘极接地为正极,集尘极可以采用平板,也可以采用圆管。

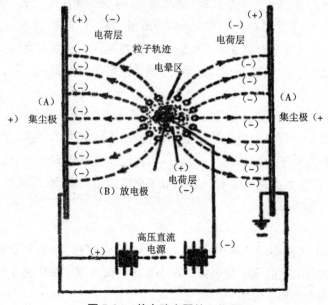

图5-34 静电除尘器的工作原理

在电场作用下,空气中的自由离子要向两极移动,电压愈高、电场强度愈高,离子的运动速度愈快。由于离子的运动,极间形成了电流。开始时,空气中的自由离子少,电流较少。电压升高到一定数值后,放电极附近的离子获得了较高的能量和速度,它们撞击空气中的中性原子时,中性原子会分解成正、负离子,这种现象称为空气电离。空气电离后,由于连锁反应,在极间运动的离子数大大增加,表现为极间的电流(称之为电晕电流)急剧增加,空气成了导体。放电极周围的空气全部电离后,在放电极周围可以看见一圈淡蓝色的光环,这个光环称为电晕。因此,这个放电的导线被称为电晕极。

在离电晕极较远的地方,电场强度小,离子的运动速度也较小,那里的空气还没有被电离。如果进一步提高电压,空气电离(电晕)的范围逐渐扩大,最后极间空气全部电离,这种现象称为电场击穿。电场击穿时,发生火花放电,电极短路,电除尘器停止工作。为了保证电除尘器的正常运动,电晕的范围不宜过大,一般应局限于电晕极附近。

如果电场内各点的电场强度是不相等的,这个电场称为不均匀电场。电场内各点的电场强度都是相等的电场称为均匀电场。例如,用两块平板组成的电场就是均匀电场,在均匀电场内,只要某一点的空气被电离,极间空气便全部电离,电除尘器发生击穿。因此电除尘器内必须设置非均匀电场。

(二)尘粒的荷电

电除尘器的电晕范围(也称电晕区)通常局限于电晕线周围几毫米处,电晕区以外的空间称之为电晕外区。电晕区内的空气电离后,正离子很快向负(电晕)极移动,只有负离子才会进入电晕外区,向阳极移动。含尘空气通过电除尘器时,由于电晕区的范围很小,只有少量的尘粒在电晕区通过,获得正电荷,沉积在电晕极上。大多数尘粒在电晕外区通过,获得负电荷,最后沉积在阳极板上,这就是阳极板称为集尘极的原因。

尘粒荷电是电除尘过程的第一步。在电除器内存在两种不同的荷电机理。一种是离子在静电力作用下做定向运动,与尘粒碰撞,使其荷电,称为电场荷电。另一种是离子的扩散现象导致尘粒荷电,称为扩散荷电。对 $dc > 0.5 \mu m$ 的尘粒,以电场荷电为主;对 $dc < 0.2 \mu m$ 的尘粒,则以扩散荷电为主;dc 介于 $0.2 \sim 0.5 \mu m$ 的尘粒则两者兼而有之,荷电量可近似按两种机理的荷电量叠加计算。在工业电除尘器中,通常以电场荷电为主。

1. 电场荷电

将不带电荷的粉尘粒子置于电晕电场中,气体离子在电场中运动时与粉尘粒子碰撞而导致粒子荷电,随着粉尘粒子荷电量的增加,其自身产生局部电场,使附近的电力线向外偏转,减少了离子向粉尘粒子运动的机会,最后导致再也没有气体离子能够达粒子表面,此时粉尘粒子上电荷不再增加面达到饱和。影响电场荷电的重要因素,包括粒子粒径和介电常数及电场强度和离子密度。

2. 扩散电荷

扩散荷电是由子气体离子的不规则热运动并与存在于气体中的粒子碰撞,使粒子荷电的结果,因而不存在理论上的饱和荷电量。粉尘粒子的荷电量取决子离子热运动的动能、碰撞概率,粉尘粒子的大小和在电场中的荷电时间。

（三）粉尘的清除

电晕极和集尘极上都会有粉尘沉积,粉尘层厚度为几毫米,甚至几厘米。粉尘沉积在电晕极上会影响电晕电流的大小和均匀性;集尘极板上粉尘层较厚时,会导致火花电压降低,电晕电流减小。为保持电晕极和集尘极表面清洁,应及时清除沉积的粉尘。

三、影响静电除尘器性能的主要因素

尽管静电除尘器是一种高效除尘器,但绝非在任何条件下都能达到最高的除尘效率,而是受许多因素的制约。因此必须弄清影响静电除尘器效率的主要因素,并加以调整,才能获得满意的净化效果。影响静电除尘器性能的因素很多,大致可分4个方面:

（1）粉尘特性,主要包括粉尘的粒径分布、黏附性和比电阻等。

（2）烟气性质,主要包括烟气温度、压力、湿度和含尘质量浓度等。

（3）结构因素,主要有静电除尘器的极配、收尘板的面积、电场长度、电场数、气流分布装置与供电方式等。

（4）操作因素,包括伏安特性、漏风率、气流短路、二次扬尘、收尘极板积灰和电晕线肥大。

（一）粉尘特性的影响

1.粉尘的粒径分布

粉尘的粒径分布对电除尘器的除尘效率有很大影响。这是因为分级除尘效率随驱进速度的增加而增大,而驱进速度与粒径的大小成正比。总除尘效率随粉尘中位径的增大而增加,随几何标准偏差的增加而减少,因此在进行静电除尘器设计或选型计算时,测定粉尘的粒径分布是极其重要的,它是所计算排出的浓度不至于超过排放标准的基本依据。

2.粉尘的黏附性

粉尘的黏附性对静电除尘器的运行有很大的影响。如果粉尘的黏附性较强,沉积在收尘极板上的粉尘不易振打下来,使收尘极的导电性大为削弱,导致电晕电流（二次电流）减少。如果黏附在电晕极线上,会使电晕线肥大,降低电晕放电效果,粉尘难以充分荷电,导致效率降低。

粉尘的黏附性不仅与烟气和粉尘的组成成分有关,而且与粉尘的粒径有关,粒径愈小,黏附性愈强。

3.粉尘的比电阻

静电除尘器的性能,很大程度上取决于粉尘的比电阻。与正常除尘效率相对应的比电阻范围大致在 $10^4 \sim 5 \times 10^{10}\ \Omega \cdot cm$。

当比电阻小于 $10^4\ \Omega \cdot cm$ 时,荷电粉尘一旦到达收尘极表面,便很快失去电荷,并由于静电感应而很快获得与收尘板极性相同的正电荷,若带正电荷的粒子与收尘板之间的排斥力大得足以克服粒子对极板的附着力,尘粒就会从极板上跳回气流中,重返气流中的粉尘再次荷电后被捕集,又再次跳出去,最终可能被气流带出静电除尘器,导致效率降低。

相反,如果粉尘的比电阻过高（大于 $5 \times 10^{10}\ \Omega \cdot cm$）,沉积在极板上的尘粒释放电荷的速度缓慢,形成很大的电附着力,这样不仅清灰困难,而且随着粉尘层的增厚,造成电荷积累加大,使粉尘层的表面电位增加,当粉尘层的场强大于其临界值时,就在粉尘层的孔隙间产生局部击穿,产生与电晕极极性相反的正离子,所产生的正离子向电晕极运动,中和了带负电荷的粉尘,同时也抵消了大量的电晕电流,使粉尘不能充分荷电,甚至完全不能荷电,这种现象称为反电晕。在反电晕情况下,导致粉尘二次扬尘严重、除尘性能恶化。

研究解决高比电阻粉尘对静电除尘器性能影响的可行办法,一直是静电除尘技术领域的一大研究课题。目前降低粉尘比电阻的方法主要有:升温调质,即采用高温静电除尘器,当温度高于 150 ℃左右,比电阻随温度升高而下降;增湿调质,增湿可提高粉尘的表面导电性,但应保证烟气温度高于露点温度;化学调质,即在烟气中混入适量的 SO_2、NH_3 等化学物质,以增强粉尘表面与离子的亲和能力,降低比电阻;采用脉冲高压电源,脉冲供电系统可通过改变脉冲频率使静电除尘器的电晕电流在很宽的范围内调节,可将电晕电流调整到反电晕的极限,而不降低电压,所以对高比电阻粉尘的收集非常有利。脉冲频率调节范围一般在每秒 50~400 个脉冲,脉冲宽度为 60~120 μs。

在静电除尘器的设计或选型时,明确所收集粉尘是否在最有利的比电阻范围内是重要的。

(二)烟气性质的影响

1. 烟气温度

烟气的温度不仅对粉尘比电阻有影响,而且对电晕始发电压(起晕电压)、火花放电电压、烟气量等有影响。随温度的上升,起晕电压减小、火花电压降低。

烟气温度上升会导致烟气处理量增大,电场风速提高,引起除尘效率下降。当烟气温度超过 300 ℃时,就需要采用耐高温材料并且要考虑降低除尘器的热膨胀变形问题。电除尘器通常使用的温度范围是 100~250 ℃。

2. 烟气湿度

原料和燃料中含有水分、参与燃烧的空气也含有水分。因此,燃料燃烧的产物及烟气中含有的水蒸气,对静电除尘器的运行是有利的。在正常工况下,烟气中的水蒸气不会引起极板的腐蚀。但在有孔、门等漏风的地方,由于在这里烟气温度降至露点以下,就会造成酸腐蚀。增湿可以降低比电阻,提高除尘效率。为了防止烟气腐蚀,静电除尘器外壳应加保温层,使烟气温度都保持在和湿度相对应的露点温度以上。

3. 含尘质量浓度

静电除尘器对烟尘入口质量浓度有一定的适宜范围,在入口质量浓度过高的情况下需要在静电除尘器前增设前级除尘器(常见为多管旋风除尘器)。在负电晕情况下,在电场空间的含尘气流中主要有 3 种粒子:即电子、负气体离子和带负离子的尘粒。所以,电晕电流一部分由电子和负离子运动形成,一部分是由荷电粉尘形成。但由于粉尘的大小和质量远大于气体离子,其运动速度要比气体离子小得多(气体离子平均速度约为 100 m/s 带电粉尘驱进速度一般小于 0.60 m/s),因此,带电粉尘数量增多,虽然所形成的电晕电流不大,但形成的空间电荷却很大。如果假设单位体积总带电粒子数不变,带电尘粒的增多,气体离子相应减少,导致总电晕电流减少。当含尘质量浓度达到某一极限值,通过电场的电流趋于零,这种现象称为电晕闭塞,除尘效率等于零。

通常烟气含尘质量浓度(标态)大于 200 g/m³,就会发生电晕闭塞。一般静电除尘器入口含尘质量浓度小于 40 g/m³,适宜范围为 7~30 g/m³。

(三)结构因素的影响

1. 电极几何因素的影响

影响静电除尘器伏—安特性的几何因素包括电晕线形状、电极间距和收尘极板间距。

电晕线的形式主要有:圆形、星形、带形、芒刺形等等。从物理上讲,曲率半径越小的电晕线,放电效果越好。但在实际运用中,应使电晕线有一定的起晕电压和足够的机械强度。芒刺形电晕极是比较理想的放电极形式,从而得到较广泛的应用。

电晕线间距对电晕电流的大小有一定的影响,当线距太近时,电晕线之间会由于电场抑制作用使导线的电流值减少。线距过大,虽然单根电晕线的电流值较大,但减少了电场中的电晕线根数,使电晕电流面密度降低。因此存在一最佳线距。怀特(White)试验表明,当电晕线为 5 根时,电晕电流最大。在这种情况下,可得线距 c 和板距 b 的关系式为:

$$2c / 2b = 183 / 203 \approx 0.9 \qquad (5.18)$$

由于实际电晕线表面可能较粗糙或因拉紧变形粗细不等或由于其断面形状为非圆形以及安装偏差等原因,电晕电流会比表面光滑的圆形线大得多,线距和板距比的取值应小些。一般取线距为通道宽的 0.6~0.7 倍为宜。例如星形电晕线,当板距(通道宽)为 250~300 mm 时,电晕线间距取 160~200 mm;对于芒刺电晕极,由于其强烈的放电方向性,其间距可小些,一般取 100~150 mm。

极板间距也是影响静电除尘器伏—安特性的一个重要的几何因素。随板间距的增大,对起晕电压稍有提高,但在相同外加电压之下,电晕电流大为降低。板间距加宽,增大了绝缘距离,抑制电场的火花放电,从而可提高外加工作电压,粉尘的驱进速度也相应提高,使得在处理烟气量相同和同样除尘效率的情况下,收尘极板面积减少、电晕线长度也相应减少,从而降低了钢材耗量。当然,极板间距不是无限制的加宽。太宽,由于起晕电流的减少,粉尘难以充分荷电,影响除尘效果。另外,板距加宽还受到高压供电装置的限制。国内生产的供电装置输出电压一般小于 90 kV,若按电场内工作场强 4 kV/cm 计算,则线板距不超过 225 mm,即板极距为 450 mm。目前国内有些厂家可生产 100 kV 以上的高压电源,从而为宽间距静电除尘器的应用创造了条件。

传统的静电除尘器板间距一般为 250 mm。当板间距大于 350 mm 称为宽极距静电除尘器。最佳极距的选取与粉尘及烟气的性质有关,通常选取范围在 $2b = 350\text{~}500$ mm 之间。目前宽极距静电除尘器的应用有日益增长的趋势,原因是:极距增大,反电晕影响变小,从而提高了对粉尘比电阻的适应范围(比电阻范围由 $10^4\text{~}5 \times 10^{10}\ \Omega \cdot \text{cm}$ 扩大到 $10^3\text{~}10^{12}\ \Omega \cdot \text{cm}$);电晕线肥大影响较小,因极距加宽,运行电压提高,电晕离子流导致的电风增大,荷电粉尘被吹向收尘极的可能性增加,从而使电晕线的积灰减缓;极距加宽,安装精度提高,相对误差减少,火花放电可能性减小,所以运行稳定性提高;极距加宽,耗材少、重量减轻、总设备费降低;极距加宽,维护保养方便。维修工作量减少。

2. 气流速度分布的影响

除尘器断面气流速度分布的均匀性,对除尘效率有很大影响。如果气流速度分布不均匀,则在流速较低的区域,存在局部气流的停滞,造成收尘极局部积灰严重,使运行电压降低。在速度较高的区域,又造成二次扬尘严重。因此,静电除尘器断面上的气流速度分布越不均匀,除尘效率越低。提高气流速度分布均匀性的方法是在除尘器入口处和出口处设置气流分布板。

(四)操作因素的影响

1. 操作电压和电流

静电除尘器的效率,主要取决于尘粒的驱进速度,而驱进速度是随着荷电场强 E 和收尘场强 E_p 的提高而增大的(对于单区静电除尘器, $E = E_p$)。为实现更高的除尘效率,就要尽可能提高电场强度。由前面关于场强分布的讨论,场强与电晕电流有关,而电晕电流与操作电压成正比。电压和电流的关系称伏—安特性。伏—安特性曲线之所以重要,是因为一旦知道在某一操作电压下的电晕电流(电晕电流线密度或电晕电流面密度)就可以计算场强。从而理论估算静电除尘器的效率。

2. 漏风

静电除尘器一般多为负压运行,如果壳体的连接处密闭不严,漏入的冷风会使电场中的风速增大,烟气温度下降而出现结露,引起电晕极肥大、极板清灰困难、电极腐蚀等后果,最终导致除尘效率下降。如果从灰斗或排灰装置漏入空气,将会造成已沉积的粉尘二次扬尘,使除尘效果恶化。因此,静电除尘器的设计要保证有良好的密闭性,壳体各连接处都应连续焊接,以避免漏风现象。

3. 气流旁路

气流旁路是指静电除尘器内的气流不通过收尘电场,而是从收尘极板的顶部、底部和左右最外侧极板与壳体内壁之间的间隙中通过。防止气流旁路的一般措施是采用阻流板迫使气流通过收尘电场。如果不设阻流板,只要有 5% 的气体旁路,除尘效率就不会大于 95%。旁路流还会在灰斗上部和内部产生涡流,会使已沉积于灰斗中和振打时下落的粉尘重返气流中。因此,关于气流旁路的问题需给予高度重视。

4. 二次扬尘

所谓二次扬尘是指在干式静电除尘器中,沉积在收尘板上的粉尘再次被气流带走。产生粉尘二次飞扬的原因主要有以下几个方面:

(1)粉尘的比电阻过低或过高。比电阻过低,会产生反复跳跃现象,比电阻过高,容易产生反电晕,使粉尘二次飞扬;

(2)振打清灰过频。从极板振动脱落的粉尘是靠重力落入灰斗,如果振动频率过高,则从极板上落下的粉尘不能形成较大的片状或块状,而是呈分散的小尘粒凝聚团或单个粒子,很容易被气流重新带出静电除尘器;

(3)收尘电场流速分布不均或流速过高。紊流和涡流作用将导致粉尘的二次返混。因此要求风速不超过 3 m/s,并尽可能使气流均匀分布。

四、静电除尘器的结构组成

（一）收尘极及振打装置

收尘极板又称阳极板,其系统由收尘极板、极板悬吊及其振打装置组成。

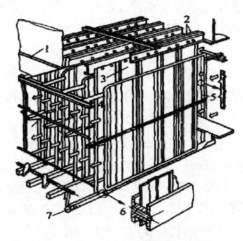

图 5.35　卧式板式电除尘器透视图

1—本体结构梁　2—收尘极悬挂梁　3—收尘极板（"C"槽形）
4—电晕框　5—电晕线（锯齿形）　6—电晕极振打装置　7—挠臂锤

收尘极目前电力行业主要选用大 C 型板,一般大 C 型板是由 1.5 毫米的 SPCC 碳钢板,宽度为 480 毫米,长度根据设计确定。

（二）放电极系统及其振打装置

放电极又称电晕极。放电极系统是电除尘器电场的第二主要组成部分,它包括放电极、放电极框架、框架吊杆及支撑套管、放电极振打装置等部分。由于放电极系统在工作时带有高压电,所以必须注意放电极各部件与收尘极有足够的距离。

放电极线有各种各样,如星形线、芒刺线、锯齿线、鱼骨针线、螺旋线等。电除尘器主要使用 RS 型芒刺线、螺旋线配 480C 型板。芒刺线电晕电极的电晕电流值与电晕线上刺尖的间距和刺的长度有密切的关系,芒刺越高,电流越大,这样可根据电除尘器运行时粉尘浓度不同应选取不同的电晕线,一般浓度较大的第一、第二电场可选取芒刺线,第一电场芒刺要较第二电场的芒刺尖长,而在三、四、五电场由于粉尘浓度低,需尽可能提高电压,加速带电粉尘的运动,可选取星形线、圆形线、螺旋线等无芒刺、针尖的电晕较好的线型。

（三）气流均布装置（气流分布板）

将烟气引入电除尘器是从小截面的烟道过渡到电除尘器内部大截面,所以不采取必要的措施,会造成气体沿电场截面分布不均匀,速度分布不均匀将影响除尘器的效率,越不均匀,除尘效率越低。

为促进气流分布均匀,在进口烟箱入口处安设气流导向板,在烟箱设三层气流分布板,气流分布板上可挂一些气流导流板。

（四）槽形板及其振打

槽形板是设在电除尘器出口烟箱,其作用是捕集电场中未被后电场极板吸附的已荷电细小粉尘,以提高除尘效率。槽形板一般为二层,迷宫式结构。槽形板设有振打装置,与集尘极振打装置相同。

（五）电除尘器壳体

电除尘器壳体是密封烟气、支撑全部内件重量及外部附加载荷的结构件。其作用是引导烟气通过电场,支撑放电极、集尘极及振打设备,形成一个与外界环境隔离的独立的收尘空间。

电除尘器壳体一般用钢材制作,壳体不仅有足够的强度、刚度及密封性,而且考虑工作环境下的耐腐蚀性和稳定性,同时壳体结构具有良好的工艺性和经济性。要求壳体的漏风率 <3%。

电除尘器壳体分为二部分;一部分是承受电除尘器全部构件重量及外部附加载荷的框架。另一部分是用以外部空气隔开,形成一个独立的电除尘器除尘空间的封板。

电除尘器壳体在热态时,整个壳体受热膨胀,所以每台电除尘器的底梁下面装有一套活动支承来补偿壳体受热膨胀的位移,其中有一个支点是固定的,其余各支点按不同的位置不同的结构的活动支承,在壳体膨胀时,按设定的方向滑动。

电除尘器壳体包括进、出口烟箱、电除尘器的顶部、侧部、灰斗等组成。

（六）电除尘器高低压供电装置

电除尘器中的高压供电装置的功能是为粉尘的荷电和收集提供强的电场和电流。

电除尘器高低压供电装置由升压变压器、高压整流器、控制器元件和控制系统的传感器等四部分组成。

电除尘器低压控制系统是指控制振打、加热、卸灰、料位计等设备正常运行、并提供保护和报警功能的系统。

五、静电除尘器的设计与选型

（一）设计静电除尘器所需原始数据

一般设计 1 台静电除尘器需要下列数据:

（1）工作状况下需净化的烟气量;

（2）烟气的温度和湿度;

（3）烟气的成分,即各种气体的体积分数;

（4）烟气的含尘质量浓度;

（5）粉尘的性质,包括粉尘的粒度分布、化学组成、密度、堆积角、比电阻、黏性等;

（6）静电除尘器出口烟气允许的含尘质量浓度;

（7）静电除尘器工作时壳体承受的压力;

（8）车间平面图。

（二）静电除尘器的总体设计

电除尘器的设计主要是根据需要处理的含尘气体流量和净化要求,确定集尘极面积、电场断面面积、电场长度、集尘极和电晕极的数量和尺寸等。电除尘器有平板形和圆筒形,这里仅介绍平板形静电除尘器的有关设计计算。

1. 电场断面面积

$$A_e = \frac{Q}{u} \tag{5.19}$$

式中　A_e——电场断面面积,m²;

Q——处理气体流量 m³/s;

u——除尘器断面气流速度,m/s。

2. 集尘极面积

$$A = \frac{Q}{v_d} In(\frac{1}{1-\eta}) \tag{5.20}$$

式中　A——集尘极面积,m²;

Q——处理气体流量,m³/s;

η——集尘效率;

v_d——微粒有效驱进速度,m/s。

3. 集尘室的通道个数

由于每两块集尘极之间为通道,集尘室的通道个数 n 可由下式确定

$$n = \frac{Q}{bhu} \tag{5.21}$$

$$n = \frac{A_e}{bh} \tag{5.22}$$

式中　b——集尘极间距,m;

h——集尘极高度,m。

4. 电场强度

$$L = \frac{A}{2nh} \tag{5.23}$$

式中　L——集尘极沿气流方向上的长度,m;

h——电场高度,m。

5. 工作电流

工作电流 I 可由集尘极的面积 A 与集尘极的电流密度 Id 的乘积计算:

$$I = AId \tag{5.24}$$

6. 工作电压

根据工作需要,工作电压可按下式计算

$$U = 250b \tag{5.25}$$

例题:设计一电除尘器来处理石膏粉尘,若处理风量为 162 000 m³/h,入口含尘密度为 3.2×10^{-3} kg/m³,要求出口含尘密度降至 1.6×10^{-5} kg/m³,试计算该除尘器的极板面积。电场

断面积,通道数和电场长度。

解 查表知石膏粉尘的有效驱进速度为 0.18 m/s(平均值)。

处理风量为:

$$Q = \frac{162\,000}{3\,600} = 45 \text{ m}^3/\text{s}$$

除尘效率为

$$\eta = (1 - \frac{c_2}{c_1}) \times 100\% = 1 - \frac{1.6 \times 10^{-5}}{3.2 \times 10^{-3}} \times 100\% = 99.5\%$$

取电场风速 u=1.0 m/s,则电场断面积为:

$$A_e = \frac{Q}{u} = \frac{45}{1.0} = 45 \text{ m}^2$$

极板面积为

$$A = \frac{Q}{v_d} \ln(\frac{1}{1-\eta}) = \frac{45}{0.18} \ln(\frac{1}{1-0.995}) = 1\,325 \text{ m}^2$$

取通道宽度为 300 mm,高 h=6 m,则通道数为:

$$n = \frac{A_e}{bh} = \frac{45}{0.3 \times 6} = 25$$

电场长度为:

$$L = \frac{A}{2nh} = \frac{1\,325}{2 \times 25 \times 6} \approx 4.42 \text{ m}$$

(三)振打清灰装置

卧式电除尘器清灰振打包括收尘极板的振打、电晕极的振打和气流分布板振打。

1. 极板的振打

目前极板的清灰振打多采用挠臂锤振打机构,锤头周期性地敲击每排收尘极下端地撞击杆一端。使板面产生一定的振打加速度,以振落极板上的粉尘。最小振动加速度应大于 500 m/s²。

为了产生足够的振动加速度,根据经验,锤重可取 5~12 kg,连杆长度取 200 mm 左右,曲柄长度取 100 mm 左右。

通常,一个电场的各排收尘极板的振打均装在一根轴上。相邻的两锤应错开一定的角度以减少振打时二次扬尘。

振打周期对除尘效率的影响在于清灰时能否使脱落的尘块直接落入灰斗。振打周期过长,极板积灰过厚,将降低带电粉尘在极板上的导电性能,降低除尘效率。振打周期过短,粉尘会分散成碎粉落下,引起较大的二次扬尘。因此,存在一最佳振打周期。振打周期的确定与气体的含尘质量浓度、粉尘导电性有关。第一电场的振打周期应短些,随后的电场的振打周期应增长。如有 1 台锅炉静电除尘器的振打周期分别采用:一电场 15 min,二电场 25~30 min,三电场 50~60 min。

振打持续时间只需几分钟,振打机构所需电机功率一般取 0.4~1 kW。

2. 电晕极的振打

在负电晕情况下,绝大多数粉尘吸附负电荷,并在电场力作用下向收尘极沉积。但也有极少量粉尘在电晕极附近吸附了正电荷,而沉积在电晕线上,当积灰过多时,就会大大降低电晕线的放电效果。因此,电晕极也需要使用振打清灰装置。

电晕极框架的振打装置的形式很多。其中可用类似于收尘极的挠臂锤振打机构。由于电除尘器工作时电晕极框架带有高压电,因此锤打装置也是带高压电的。这样,锤打装置的转动轴与安装在外壳的传动装置之间必须有一瓷绝缘连杆连接,还应注意转轴穿出壳体部位的绝缘。

对电晕极的振打可采用连续振打,其转轴的速度可选取 0.3 r/min,电机可选用 0.2~0.4 kW。

3. 气体分布极及其振打

含尘气流由小断面的通风管进入打断面的电除尘器中,若不采用适当的措施,会导致电场中的气流分布不均。

多孔板的清灰振打采用挠臂锤装置,在多孔板下部连接一撞击杆则可振落板上的积灰。

(四)静电除尘器的选型

1. 电除尘器的适用范围

选择电除尘器应了解电除尘器的适用范围。

2. 选型基本参数

进行电除尘器的选型比设计要简单得多。我国现有的静电除尘器的规格品种繁多,有卧式静电除尘器系列、管式静电除尘器系列、宽极距静电除尘器等。根据运行条件查手册或说明书就能选取所需的静电除尘器。若确定以下基本参数,即可选型。

(1)处理烟气量, Q (m³/h);

(2)确定电场风速, v (m/s);

(3)确定有效截面积, S (m²);

(4)确定收尘极板的总面积, A (m²);

(5)需已知入口含尘质量浓度 c (g/cm³);

(6)确定设计效率, η ;

(7)需已知烟气温度及湿度;

(8)现场的占地空间条件。

五、静电除尘器的工业应用

(一)钢铁工业

静电除尘器在钢铁工业中主要用于净化烧结机、炼铁炉、铸铁冲天炉、炼焦炉的废气。

(二)燃煤电厂

燃煤电厂飞灰的静电除尘器典型设计参数见相应设计手册。

（三）其他工业

静电除尘器在水泥工业中的应用也相当普遍,新建的大中型水泥厂的回转窑和烘干机大都装有电除尘器。水泥磨、煤磨等尘源都可采用电除尘器加以控制。静电除尘器还广泛用于化学工业中的酸雾回收、有色冶金工业的烟气治理和贵金属颗粒物的回收等。

第四节　湿式除尘器

湿式除尘器俗称"除雾器",它是使含尘气体与液体(一般为水)密切接触,利用水滴和颗粒的惯性碰撞或者利用水和粉尘的充分混合作用及其他作用捕集颗粒或使颗粒增大或留于固定容器内达到水和粉尘分离效果的装置。

生产的湿式除尘器是把水浴和喷淋两种形式合二为一。先是利用高压离心风机的吸力,把含尘气体压到装有一定高度水的水槽中,水浴会把一部分灰尘吸附在水中。经均布分流后,气体从下往上流动,而高压喷头则由上向下喷洒水雾,捕集剩余部分的尘粒。其过滤效率可达 85% 以上。

湿式除尘器可以有效地将直径为 0.1~20 微米的液态或固态粒子从气流中除去,同时,也能脱除部分气态污染物。它具有结构简单、占地面积小、操作及维修方便和净化效率高等优点,能够处理高温、高湿的气流,将着火、爆炸的可能减至最低。但采用湿式除尘器时要特别注意设备和管道腐蚀及污水和污泥的处理等问题。湿式除尘过程也不利于副产品的回收。如果设备安装在室内,还必须考虑设备在冬天可能冻结的问题。再则,要是去除微细颗粒的效率也较高,则需使液相更好的分散,但能耗增大。该除尘器对粒径小于 5 μm 粉尘的除尘效率高,使用寿命长达 5~8 年。除尘器结构紧凑,占用空间小,耗水量小,每秒处理 5~7 立方米含尘气流的占地面积约为 4 平方米,耗水约 1 吨 / 小时。

一、湿式除尘器的性能特点

湿式除尘器制造成本相对较低,但对于化工、喷漆、喷釉、颜料等行业产生的带有水分、黏性和刺激性气味的灰尘是最理想的除尘方式。因为不仅可除去灰尘,还可利用水除去一部分异味,如果是有害性气体(如少量的二氧化硫、盐酸雾等),可在洗涤液中配制吸收剂吸收。

在工程上使用的湿式除尘器形式很多。总体上可分为低能和高能两类。低能湿式除尘器的压力损失为 0.2~1.5 kPa,包括喷雾塔和旋风洗涤器等,在一般运行条件下的耗水量(液气比)为 0.5~3.0 升每立方米,对 10 μm 以上颗粒的净化效率可达到 90%~95%。高能湿式除尘器的压力损失为 2.5~9.0 kPa,净化效率可达 99.5% 以上,如文丘里洗涤器等。主要湿式除尘装置的性能、操作范围摘要见下表。现只局限于介绍应用较广泛的三类湿式除尘器,即喷雾塔洗涤器、旋风洗涤器和文丘里洗涤器。

湿式除尘器一般都是由捕集粉尘的净化器和从气流中分离含尘液滴脱水器两部分组成,两部分装置的效果都将直接影响湿式除尘器的除尘效率。结构简单、布局合理、操作方便、占地面积小,内部防腐采用耐酸耐磨胶泥衬里技术,化学稳定性强,热稳定性好,使用寿命长。除尘器内部有三级脱水装置,气、水分离干净彻底,风机不带水。除尘脱硫同步,无结垢堵塞问题,洗涤水循环使用,运行成本低。

与其他除尘器相比,湿式除尘器具有如下优点:

①除尘效率较高。

②结构简单,占地面积小,一次投资小。

③能处理高温、高湿及粉尘黏结性大的含尘气体。

④适宜处理可燃性含尘气体。

⑤在除尘的同时,兼有吸收有害气体的作用。

湿式除尘器存在的缺点如下:

①湿式除尘器排出的含尘污和泥浆会造成二次污染,必须有配套的处理设施。

②当含尘气体具有腐蚀性时,除尘器和污水处理设施均需采取防腐措施。

③在寒冷地区,冬季需采取防冻措施。

④不适用于气体中含有疏水性粉尘、遇水容易引起自燃或结垢的粉尘。

⑤水源不足的地方使用比较困难。

二、湿式除尘器的除尘机理

当引风机启动以后除尘器内空气迅速排出,与此同时含尘气体受大气压的作用沿烟道进入除尘器内部,与反射喷淋装置喷出的洗涤水雾充分混合,烟气中的细微尘粒凝并成粗大的聚合体,在导向器的作用下,气流高速冲进水斗的洗涤液中,液面产生大量的泡沫并形成水膜,使含尘烟气与洗涤液有充分时间相互作用捕捉烟气中的粉尘颗粒。烟气中的二氧化硫具有很强的亲水性,在碱性溶液的吸收中和下,达到除尘脱硫的效果。净化后的烟气经三级气液分离装置除去水雾,由烟囱排入空中。污水可排入锅炉除渣机或排入循环水池,经沉淀、中和再生后循环使用,污泥由除渣机排出或由其他装置清除。

（1）通过惯性碰撞、接触阻留,粉尘与液滴、液膜发生接触,使粉尘加湿、增重、凝聚。

（2）微细粉尘（0.3 μm 以下粉尘）通过扩散与液滴、液膜接触。

（3）由于烟气增加湿,使粉尘相互凝并。

（4）高烟烟气中的水蒸气冷却凝结时,要以粉尘为凝结核,形成一层液膜包围在粉尘表面,增强了粉尘的凝并。

目前常用的湿式除尘器,主要是通过粉尘与液滴的惯性碰撞进行除尘。惯性碰撞特性可用惯性碰撞数 N_i 来表达:

$$N_i = \frac{u_y \rho_\rho d_p^2}{18 \mu d_y} \tag{5.26}$$

式中　u_y——气流与液滴的相对运动速度,m/s;

　　　d_p——粉尘粒径,m;

　　　ρ_ρ——粉尘密度,kg/m;

μ——气体的动力黏度,$Pa \cdot s$;

D_y——液滴直径,m。

N_i数越大,说明粉尘与液滴等捕集体的碰撞机会越多,碰撞越强烈,因而惯性碰撞所造成的除尘效率也就越高。因此对于以惯性碰撞为主要除尘机理的湿式除尘器而言,要提高除尘效率,必须提高 N_i 值。由上式可知,粉尘的粒径、密度越大,气液相对运动速度越大,液滴直径越小,则惯性碰撞除尘效率越高。对确定的粉尘,要提高 N_i 值,必须提高气液相对运动速度 u_y 和减小液滴直径 d_y。

必须指出,并不是液滴直径 d_y 越小越好, d_y 过小,液滴容易随气流一起运动,减少了气液的相对运动速度。一般认为液滴直径为捕集粉尘粒径的 150 倍左右效果最好。

三、湿式除尘器的分类

根据湿式除尘器的净化机理,可将其大致分成七类:①重力喷雾洗涤器;②旋风洗涤器;③自激喷雾洗涤器;④板式洗涤器;⑤填料洗涤器;⑥文丘里洗涤器;⑦机械诱导喷雾洗涤器。

湿式除尘器的类型,从不同角度有不同的分类。

（一）按结构形式可分为

（1）贮水式:内装一定量的水,高速含尘气体冲击形成水滴、水膜和气泡,对含尘气体进行洗涤,如冲激式除尘器、水浴式除尘器、卧式旋风水膜除尘器。

（2）加压水喷淋式:向除尘器内供给加压水,利用喷淋或喷雾产生水滴而对含尘气体进行洗涤;如文氏管除尘器、泡沫除尘器、填料塔、湍球塔等。

（3）强制旋转喷淋式:借助机械力强制旋转喷淋,或转动叶片,使供水形成水滴、水膜、气泡,对含尘气体进行洗涤,如旋转喷雾式除尘器。

（二）按能耗大小可分为

（1）低能耗型:阻力在 4 000 Pa 以下,除尘效率可达 90%。这类除尘器包括喷淋式,水浴式,冲激式,泡沫式,旋风水膜式除尘器。

（2）高能耗型:阻力在 4 000 Pa 以上,对微细粉尘效率高,该类主要指文氏管除尘器。

（三）按气液接触方式可分为

（1）整体接触式:含尘气流冲入液体内部而被洗涤,如自激式,旋风水膜式,泡沫式等除尘器。

（2）分散接触式:向含尘气流中喷雾,尘粒与水滴,液膜碰撞而被捕集,如文氏管,喷淋塔等。

（四）按照气液接触方式可分为

（1）粉尘随气流一起冲入液体内部,粉尘加湿后被液体捕集,其特征是液体洗涤含尘气体。属于这类的湿式除尘器有水浴除尘器、冲击式除尘器、卧式旋风水膜除尘器、泡沫除尘器等。

（2）通过各种方式向气流中喷入水雾,使粉尘与液滴、液膜发生碰撞。属于这类湿式除尘器有文丘里除尘器、重力喷雾洗涤器、旋风洗涤器、填料塔洗涤器、湍球塔洗涤器等。

四、几种常用的湿式除尘器

(一)水浴除尘器

水浴除尘器是湿式除尘器中结构最简单的一种,如图 5.36 所示。含尘气体从进口进入后,在喷头处以高速喷出,冲击水面,激起大量水花和雾滴,粗大的尘粒随气流冲去水中而被捕集,细小的尘粒随气流折转 180° 向上时,通过与水花和雾滴接触而被除下,净化后的气体经挡水板脱水后排出。

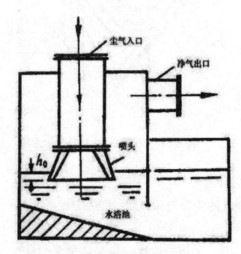

图 5.36　水浴除尘器结构示意图

1—含尘气体入口　2—净化气体出口　3—挡水板　4—进水管
5—排水管　6—溢流管　7—隔板　8—喷头

水浴除尘器的效率和阻力主要取决于气流的冲击速度和喷头的插入深度,并随着冲击速度和插入深度的增大而增大。当冲击速度和插入深度增大到一定值后,如继续增加,其除尘效率几乎不变化,而阻力却急剧增加。水浴除尘器的冲击速度一般取 8~14 m/s,喷头的插入深度 h_0 取 20~30 mm。这种除尘器的效碎一般可达 85%~95%,阻力为 400~700 Pa。

水浴除尘器的结构简单,可用钢板焊接或用砖或用钢筋混凝土砌筑,耗水量少(0.1~0.3 L/m³),适合中小型工厂采用。但对细微粉尘的除尘效率不高,泥浆处理比较麻烦。

(二)自激式除尘器

自激式除尘器的结构如图 5.53 所示。含尘气体进入除尘器后转弯向下,冲击水面,粗大的尘粒被水捕集直接沉降在泥浆斗内;未被捕集的微细尘粒随着气流高速通过 S 形通道(由上下两叶片间形成的缝隙),激起大量水花和水雾,使粉尘与水充分接触,得到进一步净化。净化后的气体经挡水板排出。

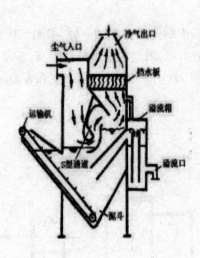

图 5.37　自激式除尘器结构示意图

国产的 CCJ 型自激式除尘器自带风机,组装成除尘机组。它结构紧凑,占地面积小,施工安装方便,除尘效率高,对 5 μm 粉尘,除尘效率达 93%,处理风量变化在 20% 以内时对除尘效率几乎没有影响。由于采用刮板运输机自动刮泥和自控供水方式,耗水量很少,约为 0.04 L/m³。缺点是金属消耗量大,阻力高,价格较贵。CCJ 型除尘机组的技术性能见表 5.7。

表 5.7　CCJ 型除尘机组技术性能

	除尘器			
	风量 /(m³/h)		阻力 /Pa	净化效率 /%
	额定	适用范围		
CCJ-5	5 000	3 500~5 500		
CCJ-10	10 000	7 000~11 000		
CCJ-20	20 000	14 000~22 000	1 000~1 600	95~98
CCJ-30	30 000	22 000~33 000		
CCJ-40	40 000	33 000~44 000		
CCJ-50	50 000	44 000~55 000		

（三）泡沫除尘器

泡沫除尘器一般分为无溢流泡沫除尘器和有溢流泡沫除尘器。这两类泡沫除尘器的结构如图 5.38 所示。

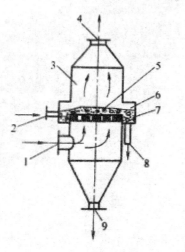

（a）有溢流泡沫洗涤器　　　　　（b）无溢流泡沫洗涤器

图5.38　泡沫除尘器结构示意图

1—烟气入口　2—洗涤液入口　3—泡沫洗涤器　4—净气入口　5—筛板
6—水堰　7—溢流槽　8—溢流水管　9—污泥排出口　10—喷嘴

　　根据净化效率和阻力的要求,泡沫除尘器可设置单层或多层水平筛板,通过顶部喷淋或侧部供水的方式,使筛板上具有一定高度的水层。当含尘气体自下而上以一定速度穿过筛板水层时,筛板上的气液状态可分为以下三个区域:最下层是鼓泡层,主要是液体;中间是运动的气泡层,由运动着的气泡连接在一起组成,主要是气泡;上部是溅沫层,液体变成了不连续的溅沫,大液滴仍然落下,小液滴被气流带走。水流不断地补充与泄露,以保持平衡状态。当含尘气体进入泡沫除尘器下部空间时,一部分粗大粉尘因重力作用及筛板泄露下来的水的喷淋作用,得到初步净化;而后气体通过筛板,与筛板上面的水层相遇,并产生激烈翻腾的气泡,使气液两相充分接触,因此微小的粉尘也能被捕集下来。被捕集下来的粉尘,随水流泄露至除尘器下部排出。

　　无溢流泡沫除尘器多采用顶部喷淋方式供水,筛板上无溢流水堰及溢流槽。筛板可用5~10 mm厚的钢板活塑料板制作,筛板的孔眼可做成5~10 mm孔径的圆孔或4~5 mm的条缝,开孔率以0.2~0.3为宜。泡沫除尘器的穿塔速度控制在1.5~3.0 m/s时,可在筛板上形成良好的泡沫层,取得较好的除尘效果。

　　有溢流泡沫除尘器通过供水管将水直接供到筛板上,对大直径泡沫除尘器可采用分区供水,以保持水层稳定。不断地补充进来的水流,通过水堰泄露至溢流槽排出。有溢流泡沫除尘器的穿板孔多采用直径4~8 mm的圆孔,开孔率0.15~0.25,气流穿塔速度1.5~3.0 m/s,耗水量0.2~0.3 L/m³,泡沫层的高度约100 mm。

　　为防止筛板堵塞,这类除尘器一般多用于净化含尘浓度不高的烟气。设置多层筛板时,两层板之间的距离应大于500 mm。

　　表5.8给出了常用泡沫除尘器主要性能和尺寸。

表 5.8 泡沫除尘器主要性能和尺寸

型号	筒体直径 /mm	总高度 /mm	处理风量 /(m³/h)	阻力 /Pa	耗水量 /(t/h)
D700	700	3 230	3 400~4 200		1.4~1.7
D800	800	3 380	4 500~5 400		1.8~2.2
D900	900	3 530	5 700~6 900		2.3~2.8
D1000	1 000	3 680	7 000~8 500	600~800	2.8~3.4
D1100	1 100	3 830	8 600~10 000		3.4~4.0
D1200	1 200	3 980	10 000~12 000		4.0~4.8
D1300	1 300	4 130	12 000~14 500		4.8~5.8

（四）卧式旋风水膜除尘器

卧式旋风水膜除尘器主要由内筒、外筒、螺旋形导流片、脱水装置等组成,其结构如图 5.39 所示。

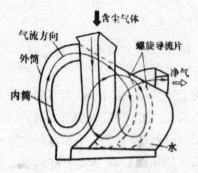

图 5.39 卧式旋风水膜除尘器

内、外筒之间的导流片将除尘器内部分为若干个螺形通道。含尘气流沿器壁以切线方向导入,沿螺旋形通道流动,当气流以较高速度冲击集尘箱的水面时,部分尘粒甩向外筒内壁,并在其上形成一层厚度为 3~5 mm 的水膜,甩至器壁的尘粒则被水膜所捕集。含尘气体连续流经几个螺旋通道,得到多次净化,使绝大部分尘粒被分离。净化后的气体经脱水装置脱除水滴后,排出除尘器外。卧式旋风水膜除尘器具有旋风、水膜及水浴除尘的机理,其外筒内壁的水膜不是由喷嘴或溢流槽所形成,而是依靠气体冲击水面激溅的水花形成的。卧式旋风水膜除尘器的净化效果直接取决于除尘器内部水位高低、水膜形成及气流旋转圈数等因素。

影响卧式旋风水膜除尘器性能的主要关键是除尘器内的水位,水位的高低又关系到水膜的形成。当水位过高时,气流通过水面到内管的底面之间的通道缩小,形成的水膜过分强烈,除尘器阻力过大,风量降低;反之,若水位过低,气流通过水面到内管的底面之间的通道扩大,水膜不能形成或形成不全,除尘器得不到应有的除尘效率。

该除尘器的净化效率随气流旋转圈数的增加而提高。一般以 3 圈为宜,最多不超过 4 圈;圈数增至 5~6 圈以上时,阻力成倍增加,而除尘效率则提高有限。通道内的平均气流速度控制在 11~17 m/s,连续供水量为 0.06~0.15 L/m³,除尘器阻力为 800~1 200 Pa,处理气体量变化(20% 以内)对除尘效率可以忽略。该除尘器的除尘效率较高,对各种非纤维性粉尘的除尘效率都达到 90% 以上。其缺点是占地面积较大,金属消耗量较大。

(五)立式重力喷雾除尘器

立式重力喷雾除尘器是湿式除尘器中最简单的一种,有多种结构形式,工程实际中多采用逆喷式。这类除尘器具有压力损失小(一般小于 250 Pa)操作稳定等特点,但净化效率低,适于净化 10 μm 以上的粉尘。不适用于吸收、脱除气态污染物。该除尘器可与高效除尘器联用,以起预净化和降温、加湿作用。如可用于电除尘器之前的烟气调质,以改善烟尘的比电阻。

(六)立式旋风水膜除尘器

1. CLS 型立式旋风水膜除尘器

图 5.56 为 CLS 型立式旋风水膜除尘器结构示意图。在圆筒形简体内的上部,沿简体切向安装有若干个喷嘴,使喷出的水雾沿切向喷向筒壁,使壁面形成一层很薄的水膜。含尘气体由简体下部切向进入,旋转上升,气流中的粉尘 在离心力的作用下被甩向起器壁,并粘附在水膜上,最终沿器壁向下流入集水槽,经排污口排出,净化后的气体山顶部排入大气。

该除尘器的除尘效率一般在 90% 以上,运行条件好,操作稳定时,效率可达 95%。允许的入口含尘浓度不宜太大,以不超过 2~3 g/m³ 为宜。影响该除尘器除尘效率的因素主要有两个:第一,净化效率随气流入口速度的增大而提高,但气速不能过大,否则压力损失激增,而且还会破坏水膜,造成尾气严重带水,使除尘效率降低,故入口风速一般在 15~22 m/s。第二,净化效率随简体直径减小、简体高度增加而提高。为延长旋转气流在除尘器内停留时间,增加气液接触机会,一般要求简体的高度至少应大于简体直径的 5 倍以上。

除尘器简体内壁保持稳定、均匀的水膜是保证正常工作的必要条件。为此,除选取合理的入口风速外,还应保持除尘器的供水压力恒定,简体内表面不得有突出的焊缝和其他凹凸不平的地方,以免水膜流过这些部位时,造成飞溅。

除尘器的供水压力为 30~50 kPa(0.3~0.5 kg/cm²)水压过高会产生带水现象。为保持水压稳定,宜设恒压水箱。喷嘴间距不宜过大,一般为 300~400 mm。

CLS 型立式旋风水膜除尘器有 XN、XS、YN、YS 四种组合形式。除尘器出口为蜗壳形的为 X 型,不带蜗壳型的为 Y 型。安气流进入除尘器的旋转方向(从定时判断)不同,顺时针旋转为 S 型,逆时针旋转为 N 行。这种除尘器的特点是结构简单、金属耗量小,其缺点是高度较高,布置较困难。

除尘器简体内壁保持稳定、均匀的水膜是保证正常工作的必要条件。为此,除选取合理的入口风速外,还应保持除尘器的供水压力恒定,简体内表面不得有突出的焊缝和其他凹凸不平的地方,以免水膜流过这些部位时,造成飞溅。

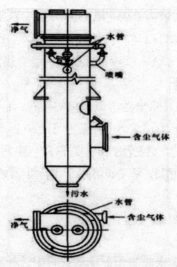

图 5.40　CLS 型立式旋风水膜除尘器

7—循环水池　8—循环水泵　9—沉淀池　10—泥浆泵　11—压滤池　12—泥渣

除尘器的供水压力为 30~50 kPa（0.3~0.5 kg/cm²）水压过高会产生带水现象。为保持水压稳定,宜设恒压水箱。喷嘴间距不宜过大,一般为 300~400 mm。

CLS 型立式旋风水膜除尘器有 XN、XS、YN、YS 四种组合形式。除尘器出口为蜗壳形的为 X 型,不带蜗壳型的为 Y 型。按照气流进入除尘器的旋转方向（从定时判断）不同,顺时针旋转为 S 型,逆时针旋转为 N 行。这种除尘器的特点是结构简单、金属耗量小,其缺点是高度较高,布置较困难。

CLS 型立式旋风水膜除尘器主要性能见表 5.9。

CLS 型立式旋风水膜除尘器与入口风速相对应的局部阻力系数:

CLS 型,$\xi=2.8$；CLS-Y 型,$\xi=2.5$。

表 5.9　CLS 型立式旋风水膜除尘器主要性能

型号	入口风速 /(m/s)	风量 /(m³/h)	耗水量 /(L/s)	喷嘴数	阻力 /Pa(mmH₂O)	
					X 型	Y 型
CLS-D315	18	1 600	0.14	3	550(55)	500(50)
	21	1 900			760(76)	680(68)
CLS-D443	18	3 200	0.20	4	550(55)	500(50)
	21	3 700			760(76)	680(68)
CLS-D570	18	4 500	0.24	5	550(55)	500(50)
	21	5 250			760(76)	680(68)
CLS-D634	18	5 800	0.27	5	550(55)	500(50)
	21	6 800			760(76)	680(68)
CLS-D730	18	7 500	0.30	5	550(55)	500(50)
	21	8 750			760(76)	680(68)

续表

型号	入口风速 /(m/s)	风量 /(m³/h)	耗水量 /(L/s)	喷嘴数	阻力 /Pa(mmH₂O)	
					X 型	Y 型
CLS-D793	18	9 000	0.33	6	550(55)	500(50)
	21	10 400			760(76)	680(68)
CLS-D888	18	11 300	0.36	6	550(55)	500(50)
	21	13 200			760(76)	680(68)

2. 麻石水膜除尘器

在处理含有腐蚀性成分的含尘气体时,钢制的湿式除尘器往往遭受腐蚀,使用寿命短,采用厚度为 200~250 mm 的麻石(花岗石)砌成的立式水膜除尘器,可以有效地解决腐蚀问题。用它处理含有二氧化硫的锅炉烟气,寿命长达几十年。该除尘器在锅炉烟气净化中应用较广。

麻石水膜除尘器上部设有一圈溢流槽,利用溢流水沿筒体内壁形式均匀的水膜。表 5.10 和表 5.11 列出了我国已在使用的麻石水膜除尘器的主要性能参数及使用结果。图 5.41 为麻石水膜除尘器结构图。

表 5.10　麻石水膜除尘器的性能参数

型号	性能	进口烟气速度 /(m/s)				设备重 /t
		15	18	20	22	
MCLS-1.30		23 200	27 800	30 900	34 000	3.33
MCLS-1.60		27 200	32 600	36 300	39 500	41.50
MCLS-1.75		29 500	34 500	39 400	43 400	—
MCLS-1.85	烟气量 /(m³/h)	37 800	45 300	50 400	55 600	47.30
MCLS-2.50		75 600	91 000	10 100	11 100	—
MCLS-3.10		104 000	125 000	138 700	—	—
MCLS-4.00		108 000	126 000	144 000	15 800	243.7
阻力 /Pa(mmH₂O)		579(59)	844(86)	1 030(105)	1 246(127)	

表 5.11　麻石水膜除尘器性能实测结果

序号	项目	使用单位			
		上海某印染厂	广州某印染厂	浙江某印染厂	湖北某印染厂
1	锅炉蒸发量 /(t/h)	10	40	—	—
2	燃烧方式	机抛	煤粉喷然	—	—
3	处理烟气量 /(m³/h)	22 000	75 000	30 000	55 400
4	筒体材料	麻石	麻石	麻石	麻石
5	筒体外径 /m	1.8	2.29	1.8	2.35

续表

6	筒体内径 /m	1.6	1.55	1.3	1.85
7	筒体高度 /m	2.67	8.5	8.4	—
8	装置总高 /m	4.25	12.00	10.00	13.9
9	有效截面积 /m²	1.44	—	1.33	2.02
10	进口烟道截面积 /m²	0.32	—	0.44	0.70
11	进口烟气速度 /(m/s)	20	24	18.3	22
12	筒体内烟气上升速度 /(m/s)	5.12	—	5	5.72
13	进口烟气温度 /℃（k）	180（453）	180（453）	—	—
14	出口烟气温度℃（k）	150（423）	103（376）	—	—
15	耗水量 /(t/h)	1.5~1.7	15	3.6	—
16	进口烟气含尘浓度 /(mg/m³)	1 400	30 289	—	—
17	出口烟气含尘浓度（mg/m³）	330	1 246	—	—
18	除尘效率 /%	79.5	95.8	90	90
19	烟气阻力 /Pa（mmH₂O）	785（80）	765（78）	481（49）	

注：筒体内径的确定应使气流上升速度保持 4.5~5.0 m/s 为宜。

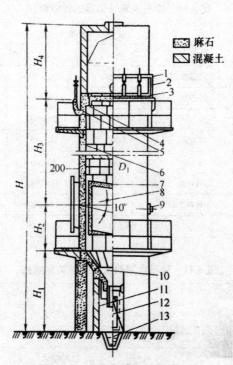

图 5.41　麻石水膜除尘器结构图

1—环形集水管　2—扩散管　3—挡水檐　4—水越入区
5—溢水槽　6—筒体内壁　7—烟道进口　8—挡水槽
9—通灰孔　10—锥形灰斗　11—水封池　12—插板门　13—灰沟

（七）文丘里除尘器

湿式除尘器要得到较高的除尘效率,必须造成较高的气液相对运动速度和非常细小的液滴,文丘里除尘器就是为了适应这个要求而发展起来的。

文丘里除尘器又称为文氏管除尘器,是一种典型的高能耗高效湿式除尘器。含尘气体以高速通过喉管,水在喉管处注入并被高速气体雾化,尘粒与液(水)滴之间相互碰撞使尘粒沉降。这种除尘器结构简单,对 0.5~5.0 μm 的尘粒除尘效率可达 99% 以上,但运转费用较高。该除尘器常用于高温烟气降温和除尘,也可以用于吸收气体污染物。早期设计的一种称为 PA 型文丘里除尘器如图 5.58 所示。现在经改的文丘里除尘器的形式很多,应用也很广泛。从 20 世纪 70 年代开始,有的工厂把蒸汽和热水用于文丘里除尘器中,除尘效率提高到 99.9%。

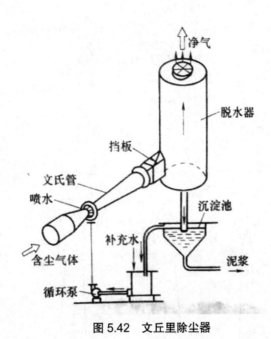

图 5.42　文丘里除尘器

文丘里除尘器由文丘里管(简称文丘管)和脱水器两部分组成。文丘管由进气管、收缩管、喷嘴、喉管、扩散管、连接管组成。脱水器也叫除雾器,上端有排气管,用于排出净化后的气体;下端有排尘管道接沉淀池,用于排出泥浆。

文丘里除尘器的除尘过程,可分为雾化、凝聚和脱水三个过程,前两个过程在文氏管内进行,后一个过程在脱水器内完成。含尘气体由进气管进入收缩管后流速增大,在喉管气体流速达到最大值。在收缩管和喉管中气液两相之间的相对流速很大。从喷嘴喷射出来的水滴,在高速气流冲击下雾化,气体湿度达到饱和,尘粒表面附着的气膜被冲破,使尘粒被水湿润。尘粒与水滴,或尘粒与尘粒之间发生激烈的凝聚。在扩散管中,气流速度减小,压力回升,以尘粒为凝聚核的凝聚作用加快,凝聚成较大的含尘水滴,更易于被捕集。粒径较大的含尘水滴进入脱水器后,在重力、离心力等作用下,尘粒与水分离,达到除尘之目的。

文丘管的结构形式是除尘效率高低的关键。文丘管结构形式有多种,如图 5.43 所示。

从断面形状分,有圆形和矩形两类。按喉管构造分,有喉管部分无调节装置的定径文氏管,有喉头部分无调节装置的定径文氏管,有喉头部分装有调节装置的调径文氏管。调径文氏管,要严格保证净化效率,需要随气体流量变化调节喉径以保持喉管气速不变。喉管的调节方式,圆形文氏管一般采用重砣式;矩形文氏管可采用翼板式、滑块式和米粒式(R-D 型)。按水雾化方式分,有预雾化(用喷嘴喷成水滴)和不预雾化(供助高速气流使水雾化)两类方式。按供水方式分,有径向内喷、径向外喷、轴向喷雾和溢流供水四类。溢流供水是在收缩管顶部设溢流水箱,使溢流水沿收缩管壁流下形成均匀的水膜。这种溢流文氏管,可以起到清除干湿界面上黏灰的作用,各种供水方式皆以利于水的雾化并使水滴布满整个喉管断面为原则。

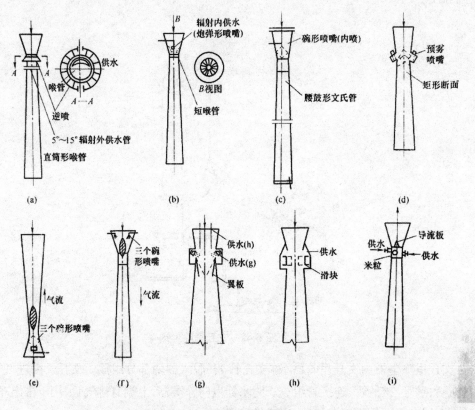

图 5.43　文氏管结构形式

(a)~(c)圆形定径　(d)矩形定径　(e)、(f)重砣式调径(倒装和正装)
(g)~(i)矩形调径(翼板式、滑块式、米粒式)

　　文丘里除尘器是一种典型的高效高能耗除尘器。当阻力为 7.5 kPa,耗水量为 0.5~1.5 L/m³ 时,对 1 μm 粉尘的除尘效率也能达到 97%。它结构简单、体积小、布置灵活、投资费用低,可处理高温高湿及粉尘比电阻过大过小的含尘气体。其缺点是阻力大,一般为 3~9 kPa,存在泥浆处理问题。

五、湿式除尘器的运行管理

　　湿式除尘器的运营管理应注意如下问题。

（1）各类湿式除尘器装置启动前应先供水，而后再启动除尘系统的引风机；系统停机时则应先停系统引风机，然后再停止供水。

（2）在正常运行期间应保持连续不断地供水。在严寒地区使用时应避免将设备安置在室外；确实需在室外安置时，必须采取切实可行的防冻措施，确保设备正常运行。

（3）根据各类湿式除尘器的特点和要求，调整和控制好供水系统的供水压力和水量或水槽内的水位，使除尘器在最佳状态下运行。

（4）定期清洗喷嘴、筛板、排污阀及除雾装置等，防止堵塞。

（5）定期检查喷淋洗涤的洗液酸碱度，控制其 pH 为 6~9，若超出此范围应排放，防止洗液对设备的腐蚀或堵塞。

（6）除尘装置停机大修时，应全面检查除尘器本体、筛板、填料层、塑料小球、喷嘴、除雾装置及供水水泵等设备腐蚀、破损或堵塞情况，应修复的修复，该更换的更换。

（7）湿式洗涤除尘装置长期停用时，应对设备内的各部件进行彻底的清洗，放空除尘器内及有关容器和管路的储水后封存。

第五节　除尘设备的选择

除尘器的种类和形式很多，具有不同的性能和使用范围。正确的选择除尘器并进行科学的维护管理，是保证除尘设备正常运转并完成除尘任务的必要条件。如果除尘器选择不当，就会使除尘设备达不到应有的除尘效率，甚至无法正常运转。

一、除尘装置的选择原则

选择除尘器时，必须全面考虑以下因素：除尘效率、压力损失、设备投资、占用空间、操作费用及对维修管理的要求等，其中最主要的是除尘效率。一般来说，选择除尘器时应该注意一下几个方面的问题。

（一）排放标准和除尘器进口含尘浓度

在除尘系统中设置除尘器的目的是为了保证排至大气的气体含尘浓度能够达到排放标准的要求。因此，不同行业和大气污染物产生装置的粉尘排放标准是选择除尘器的首要依据的要求。依照排放标准，根据除尘器，根据除尘器进口气体的含尘浓度，确定除尘器的除尘效率。要达到同样的排放标准，进口含尘浓度越高，要求除尘器的除尘效率也必须高。若废气的含尘浓度较高时，在静电除尘器或袋式除尘器前应设置低阻力的初级净化设备。一般来说，对于文丘里、喷淋塔等洗涤式除尘器的理想含尘浓度应在 10 g/m^3 以下；对于袋式除尘器的理想含尘浓度 0.2~10 g/m^3；静电除尘器的理想含尘浓度应在 30 g/m^3 以下。

（二）粉尘的性质

粉尘的物理性质对除尘器性能具有较大的影响。其中，黏性大的粉尘容易黏结在除尘器表面，不宜采用干法除尘，也不宜采用过滤除尘器和静电除尘器，最好采用湿式除尘器；对于纤维性和疏水性粉尘不宜采用湿法除尘；比电阻过大或过小的粉尘不宜采用电除尘。处理磨损性粉尘时。旋风除尘器内壁应衬垫耐磨材料,袋式除尘器应选用耐磨滤料;处理具有爆炸性危险的粉尘,必须采取防爆除尘器。

另外,选择除尘器时,必须了解处理粉尘的粒径分布和除尘器的分级效率。表 5.12 列出了用标准二氧化硅粉尘($P = 2\,700\ \text{kg/m}^3$)进行实验得出不同除尘器的分级效率,可供选用除尘器时参考。一般情况,当粒径较小时,应选择湿式、过滤式或电除尘器;当粒径较大时,可以选择机械式除尘器。

表 5.12　除尘器的分级效率

除尘器名称	全效率	不同粒径的分级效率				
		0~5 μm	5~10 μm	10~20 μm	20~44 μm	>44 μm
带挡板的沉降室	56.8	7.5	22	43	80	90
普通的旋风除尘器	65.3	12	79	57	82	91
长椎体旋风除尘器	94.5	40	33	92	99.5	100
喷淋塔	84.2	72	96	98	100	100
电除尘器	97.0	90	94.5	97	99.5	100
文丘里除尘器	99.5	99	99.5	100	110	100
袋式除尘器	99.7	99.5	100	100	100	100

注:括号中的数值为粒子的粒径分布。

(三)含尘气体性质

气体温度和其他性质也是选择除尘设备时必须考虑的因素。对于高温、高湿的气体不宜采用袋式除尘器;如果气体中含有 SO_2、NO_2 等有害气态污染物时,可以适当考虑用湿式除尘器,但要注意设备的防腐蚀问题。对于气体中含有 CO 等易燃的气体时,应将 CO 转化为 CO_2 后在进行除尘。

(四)处理风量(Q)

处理风量是指除尘设备在单位时间内所能净化气体的体积量。单位为每小时立方米(m^3/h)或每小时标立方米(Nm^3/h)。是袋式除尘器设计中最重要的因素之一。根据风量设计或选择袋式除尘器时,一般不能使除尘器在超过规定风量的情况下运行,否则,滤袋容易堵塞,寿命缩短,压力损失大幅度上升,除尘效率也要降低;但也不能将风量选的过大,否则增加设备投资和占地面积。合理的选择处理风量常常是根据工艺情况和经验来决定的。

(五)过滤速度

过滤速度是设计和选择袋式除尘器的重要因素,它的定义是过滤气体通过滤料的速度,或者是通过滤料的风量和滤料面积的比。单位用 m/min 来表示。

袋除尘器过滤面积确定了,那么其处理风量的大小就取决于过滤速度的选定,公式为:

$$Q = V \times S \times 60 (\text{m}^3/\text{h}) \tag{5.27}$$

式中　Q——处理风量

　　　V——过滤风速（m/min）

　　　S——总过滤面积（m²）

注明：过滤面积（m²）= 处理风量（m³/h）/（过滤速度（m/min）× 60）

袋式除尘器的过滤速度有毛过滤速度和净过滤速度之分,所谓毛过滤速度是指处理风量除以袋除尘器的总过滤面积,而净过滤速度则是指处理风量除以袋除尘器净过滤面积。

为了提高清灰效果和连续工作的能力,在设计中将袋除尘器分割成若干室（或区）,每个室都有一个主气阀来控制该室处于过滤状态还是停滤状态（在线或离线状态）。当一个室进行清灰或维修时,必需使其主气阀关闭而处于停滤状态（离线状态）,此时处理风量完全由其他室负担,其他室的总过滤面积称为净过滤面积。也就是说,净过滤面积等于总过滤面积减去运行中必须保持的清灰室数和维修室数的过滤面积总和。

（六）气体的含尘浓度

若气体的含尘浓度较高时,可用机械除尘器;含尘浓度较低时,可用文丘里除尘器或袋式除尘器;若进口气体的含尘浓度较多,而要求出口气体的含尘浓度低时,可采用多级除尘器串联的组合方式除尘。在电除尘器或袋式除尘器前应设置低阻力的初级净化设备,除去粗大的尘粒,降低了后面除尘器入口粉尘浓度,可为防止电除尘器由于粉尘浓度过高产生的电晕闭塞;可以减少洗涤式除尘器的泥浆处理量;可以防止文丘里除尘器喷嘴堵塞和减少喉管磨损等。

（七）设备投资和运行费用

在选择除尘器时还要必须考虑设备的位置、可利用空间、环境条件等要素。期间既要考虑设备的一次投资（设备费、安装费和工程费等）,还必须考虑易损配件的价格、动力消耗、日常运行和维修费用等,同时还要考虑除尘器的使用寿命、回收粉尘的利用价值等因素。选择除尘器时要结合本地区和使用单位的具体情况,综合考虑各方面的因素。需要指出的是:任何除尘系统的一次性投资只是总费用一部分,所以,仅将一次性投资作为选择系统的准则是不全面的,还需要考虑其他费用,以袋式除尘器为例,一次性投资和年运行费用的细目及所占比例见表5.13。

表 5.13　袋式除尘器的一次性投资及年运行费用

一次投资		年运行费用	
细目	所占比例（%）	细目	所占比例（%）
除尘器本体	30~70	劳务	20~40
烟道及烟囱	10~30	动力	10~20
基础及安装	5~10	滤布及部件更换	10~30
风机及电动机	10~20	装置杂项开发	25~35
规划及设计	1~10		

表 5.14 是各种除尘器的综合性能表,可供设计选用除尘器时作为参考。

表 5.14 各种除尘器的综合性能

除尘器名称	适用的粒径范围 /μm	除尘效率	压力损失	设备费用	运行费用	投资和运行费用的比例
重力沉降室	>50	<50	50~130	低	低	
惯性除尘器	20~50	50~70	300~800	低	低	
旋风除尘器	5~30	60~70	800~1 500	中	中	1:1
冲击水浴除尘器	1~10	80~85	600~1 200	中	中	1:1
旋风水膜除尘器	>5	90~98	800~1 200	中	中	3:7
文丘里除尘器	0.5~1	90~98	4 000~10 000	低	高	3:7
电除尘器	0.5~1	95~98	50~130	高	中	3:1
袋式除尘器	0.5~1	95~99	1 000~1 500	较高	较高	1:1

二、各类除尘器的适用范围

(一)机械式除尘器

机械式除尘器造假比较低,维护管理方便,耐高温,耐腐蚀性,适宜温量大的烟气。但对粒径在 5 μm 尘粒去除率较低,当气体含尘浓度高时,这类除尘器可作为初级除尘,以减轻二级除尘的负荷。

重力沉降室适宜尘粒粒径较大,要求除尘效率较低,场地足够大的情况;惯性除尘器适宜排气量较小,要求除尘效率较低的地方;旋风除尘器适宜要求除尘效率较低的地方,主要用于 1~20 r/h 的锅炉烟气的处理。

(二)湿式除尘器

湿式除尘器结构比较简单,投资少,除尘效率比较高,能除去小粒径粉尘;并且可以同时除去一部分有害气体,如火电厂烟气脱硫除尘一体化等。其缺点是用水量比较大,泥浆和废水需进行处理,设备及构筑物易腐蚀,寒冷地区要注意防冻。

(三)过滤式除尘器

过滤式除尘器以袋式除尘器为主,其除尘效率高。能除掉微细的尘粒。对处理气体变化适应性强,最适宜处理有回收价值的细小颗粒物。但袋式除尘器的投资比较高,允许使用的温度低,操作时气体的温度需要高于露点温度,否则,不仅会增加除尘器的阻力,甚至由于湿尘黏附在滤袋表面而使除尘器不能正常工作。当尘粒浓度超过尘粒爆炸下限时也不能使用袋式过滤器。

袋式除尘器广泛应用于各种工业生产的除尘过程,大型反吹风布袋除尘器,适用于冶炼厂、铁合金、钢铁厂等除尘系统的除尘;大型低压脉冲布袋除尘器,适用于建材、粮食、化工、机械等行业的粉尘净化;中小型脉冲布袋除尘器,适用于建材、粮食、制药、烟草、机械、化工等行业的粉尘净化;单机布袋除尘器,适用于各局部扬尘点如输出系统、库顶、库底等部位的粉尘净化。

　　颗粒层除尘器适宜于处理高温含尘气体,也能处理比电阻较高的粉尘。当气体温度和气量变化较大时也能适用。其缺点是体积较大。清灰装置较复杂,阻力较高。

(四)电除尘器

　　电除尘器具有除尘效率高,压力损失低,运行费用较低的优点。电除尘器的缺点是投资大、设备复杂、占地面积大,对操作、运行、维护管理都有较高的要求。另外,对粉尘的比电阻也有要求。目前,电除尘器主要用于处理气量大,对排放浓度要求较严格,又有一定维护管理水平的大企业,如燃煤发电厂、建材、冶金等行业。

三、主要污染行业废气净化除尘器的选择

(一)钢铁工业的治理对象及除尘设备的选择

表 5.15　钢铁工业的治理对象及除尘设备的选择

	治理对象	宜食用的除尘设备
烧结厂	烧结原料准备系统	冲击式除尘器、泡沫除尘器、脉冲袋式除尘器
	混合料系统	冲击式除尘器
	烧结机废气	大型旋风除尘器和电除尘器
	整料系统	大风量袋式除尘器或电除尘器
	球团竖护烟气	袋式除尘器或电除尘器
	炉钱矿槽	袋式除尘器
炼铁厂	高炉出铁场	袋式除尘器
	碾泥机室	袋式除尘器
	吹氧转炉烟气	文丘里洗涤器或电除尘器
炼钢厂	电炉烟气	袋式除尘器或电除尘器
	轧机排钢	冲激式除尘器或袋式除尘器
轧钢厂	火焰清理机废气	湿式电除尘器
	铅浴炉烟气	袋式除尘器或文丘里洗涤器
	矿热电炉废气	袋式除尘器和文丘里洗涤器
铁合金厂	高铁电炉废气	反吹风袋式除尘器
	铝铁电炉废气	喷淋除尘器和反西风袋式除尘器
	硫铁车间回转窑废气	旋风除尘器和电除尘器
耐火材料厂	竖窑烟气	旋风除尘器和电除尘器或袋式除尘器
	回转窑废气	旋风除尘器和电除尘器或袋式除尘器
	回音烟气	袋式除尘器

(二)有色冶金工业

　　有色冶金工业的治理对象及除尘设备的选择见表 5.16。

表 5.16　有色冶金工业的治理对象及除尘设备的选择

不同类型工业	治理对象	室内选用的除尘设备
氧化铝厂	氧化铝生产炉窑废气	多管除尘器或电除尘器
	碳素电极生产废气	袋式除尘器
重有色金属炼铁厂	烟气除尘（干法）	旋风除尘器、袋式除尘器和电除尘器
	烟气除尘（湿法）	水膜旋风除尘器、冲击式除尘器、自激式除尘器等
稀有金属炼钢厂	金属粉尘	旋风除尘器、袋式除尘器
	含镀废气	旋风除尘器、袋式除尘器或电除尘器、高效温氏除尘器
	钼精矿焙烧烟气	袋式除尘器或旋风除尘器—电除尘器组合
有色金属加工厂	轻有色金属加工废气	袋式除尘器或电除尘器
	重有色金属加工废气	旋风除尘器和袋式除尘器

（三）电力工业

电力工业主要是燃煤电厂锅炉烟气的治理,采用的除尘设备有旋风除尘器、电除尘器、袋式除尘器等。

（四）建材工业

建材工业的治理对象及除尘设备的选择见表 5.17。

表 5.17　建材工业的治理对象及除尘设备的选择

	治理对象	宜选用的除尘设备
水泥厂	燃烧工艺废气 烘干工业废气 粉磨工艺废气 破碎机粉尘 仓库粉尘	增湿塔 - 电除尘器系统或空气冷却塔 - 玻璃袋式除尘器系统 旋风除尘器 - 玻璃袋式除尘器或旋风除尘器 - 电除尘器组合 旋风除尘器 - 防爆型袋式除尘器或旋风除尘器 - 防爆型电除尘器组合
陶瓷工业	坯料制备过程废气 成型工艺过度废气 烧结废气 辅助材料加工过程废气	旋风除尘器、回转反吹风扁袋除尘器 旋风除尘器、CCJ 冲激式除尘机组,袋式除尘器 袋式除尘器 脉冲袋式除尘器

（五）化学工业和石油化学工业

表 5.18　化学工业和石油化学工业的治理对象及除尘设备的选择

	治理对象	宜选用的除尘设备
氮肥工业	尿素粉尘	湿法喷淋回收

磷肥工业	磷矿加工过程废气（干法）	旋风除尘器 - 袋式除尘器组合
	磷矿加工过程废气（湿法）	旋风分离 - 水膜除尘或旋风分离 - 泡沫除尘
	高炉钙镁磷肥废气	旋风除尘器 - 袋式除尘器组合或旋风除尘器 - 电除尘器组合
石油工业	催化粉尘	旋风除尘器 - 电除尘器组合

（六）机械工业

机械工业的治理对象及除尘设备的选择见表 5.19

表 5.19　机械工业的治理对象及除尘设备的选择

	治理对象	待选设备
机械设备	混砂机、落砂机、清理机	回转反吹风袋式除尘器或气箱脉冲袋式除尘器
机床设备	车床,磨床,据床	除尘回转反吹袋式除尘器或单机袋式除尘机组
物料破碎、筛分及输送设备	破碎机、筛分设备,输送机、包装机	除尘脉冲袋式除尘器,回转反吹袋式除尘器或单机袋式除尘

四、除尘设备在工业中的合理选择

根据国外经验,除尘设备有三种不同层次的选择:首选是防尘,也就是像各种疾病一样,预防总是比治疗合算,比如装卸料、皮带转运时加个流槽,就可以大幅度减少粉尘或烟尘产生和处理量;在处理钢渣等散状料时,采用局部密闭,使产生的粉尘、烟尘在其中循环消耗其动能后,粉尘就大部分自然沉降下来。这类机械防尘、除尘在国外被称为无动力除尘,在大多少场合中的大部分粉尘都适合采用无动力除尘;至少要先采用无动力除尘预处理。

其次是辅助采用喷水雾或泡沫除尘。直接喷雾一方面可以使粉尘颗粒润湿后,相互粘接、凝聚、长大,然后就容易于大气分离;另一方面对于温度比较高的烟气,直接喷雾实现蒸发冷却就可以用少量水使烟气冷却,体积收缩,速度降低也有利于除尘。过去的教科书、设计手册都说喷雾除尘只适合处理 50 μm 以上的粉尘,除尘效率只有 40%~70%。实践经验证明,由于喷雾技术的进步,通过喷雾系统可以去除 10 μm 以上的粉尘接近 100%、1 μm 以上的粉尘也能去除 90%~95%。

因此从节能减排和降低成本的角度考虑,一定要先考虑无动力除尘和直接喷雾除尘,实在不得已时才考虑第三个选择:就是通风除尘。因为只要选择通风除尘,就一定要有高耗能的风机和除尘器,节能降低成本就比较难。采用通风除尘系统时也要先考虑能耗低的电除尘,最后考虑布袋除尘器。按此思路反思我们的除尘设备实际选择顺序,就可以发现一些值得改进的问题:比如转炉二次除尘、高炉出铁场除尘、装卸料除尘等许多类似应用,粉尘颗粒80%、甚至 90% 以上都是 10 μm 以上,但在我国几乎绝大多数采用通风除尘、并且用布袋除尘器,就出现解决了减排问题,但运行费用都很高。

四、案例分析——面粉厂行业如何选择除尘器设备

目前,面粉行业的建设已经进入更新换代的时期,原来老旧的面粉机械被现代的新设备更替,使用面粉机械的厂家越来越多,面粉机械在生产过程中,如送料、筛分、成品的包装、运输等过重中会出现大量的粉尘,因此必须安装除尘器设备来进行净化处理,那么,面粉厂行业如何选择除尘器设备。

在现代的面粉厂除尘器设备中,一般选用脉冲布袋除尘器,应该考虑到以下几点:

(一)在吸风点的选择上,要突出重点

"照顾全面"就是在风机负荷允许的前提下,尽可能把所有的设备都纳入风网中去。"突出重点"是要绝对保证除尘风网中主要设备的吸风效果。如:去石机、平回筛、打麦机、吸风分离器、提升机上下机头、清粉机等。对于绞龙和刮板输送机及下脚箱、计量设备等,可减少吸风点和吸风量,必要时甚至可以取消吸风点,以保证重点设备的吸风效果。

(二)设备的漏风现象

由于除尘器存在漏风现象,将外界大量的冷空气吸进除尘器内,使除尘器局部空气温度急剧下降,空气中的水分析出,从而产生结露现象。造成除尘器漏风的原因很多,有除尘器壳体在制作安装过程中存在漏焊现象造成漏风,有卸料器密封不严造成漏风,有非标管道在安装过程中存在漏焊现象造成漏风,有除尘器与非标管道法兰连接处密封不严造成漏风等等。

(三)除尘器管道堵塞的问题

收尘管道尺寸和管道风速:收尘管道尺寸的确定取决于被处理风量和管道风速,风量一般变化不大,因此管道尺寸确定的主要参数是管道风速。风速较小,可降低能耗,但是粉尘可能沉积在管道内,甚至引起管道堵塞。收尘管道发生堵塞故障,多数是由于管道风速过低造成的。相反管道风速高时,不仅能耗增大,还会加大管道磨损,特别是管道拐弯处,管道风速建议取(18~23)m/s。

(四)除尘器的设计

布袋除尘器的设计中,一般选择低压脉冲布袋除尘器的较多,高压除尘器的占地面加大,除尘器的投资相对高些。在设计的选用中,一般会根据总风量和厂家提供的低压脉冲除尘器的产品说明选用。面粉厂除尘器选型主要的设计参数包含、滤袋的材质、过滤风速、除尘面积和清灰方法等,这些技术参数相互制约,在选择时要充分考虑。

第三篇　气态污染物的治理技术

第六章　气态污染物的治理方法

第一节　液体吸收法

一、吸收法的基本原理

（一）吸收的概念

利用吸收剂将混合气体中的一种或多种组分有选择地吸收分离过程称作吸收。具有吸收作用的物质称为吸收剂，被吸收的组分称为吸收质，吸收操作得到的液体称为吸收液或溶液，剩余的气体称为吸收尾气。

根据吸收过程中发生化学反应与否，将吸收分为物理吸收和化学吸收。物理吸收是指在吸收过程中不发生明显的化学反应，单纯是被吸收组分溶于液体的过程，如用水吸收 HCl 气体。化学吸收是指吸收过程中发生明显化学反应，如用氢氧化钠溶液吸收 SO_2，用酸性溶液吸收 NH_3 等气体。

吸收法净化气态污染物就是利用混合气体中各成分在吸收剂中的溶解度不同，或与吸收剂中的组分发生选择性化学反应，从而将有害组分从气流中分离出来。由于化学反应增大了吸收的传质系数和吸收推动力，加大了吸收速率，因此对于废气流量大、成分比较复杂、吸收组分浓度低的废气，大多采用化学吸收。

液体吸收净化气态污染物的特点是：处理的废气量大，污染物浓度低，有较高的吸收率和吸收速度，常伴有气液相化学反应；吸收了污染物的溶液需要处理，以免造成二次污染；吸收过程中得到的副产品，往往是价格低廉的产品，难于补充吸收的费用。吸收过程广泛应用于 SO_2、NO_2、HCl、HF、SiF_4、NH_3 和 H_2S 等有害气体的治理。

（二）吸收平衡

假定某一个容器中盛有液体（如图 6.1 所示），在液体上面有一定的气体空间，液体中溶解某种气体，达到平衡状态时，同一时间里溶解于液体中的气体分子数等于从液体中解脱出来的气体分子数。

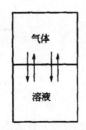

图 6.1　气液平衡

　　气体组分能溶于吸收剂中是吸收操作的必要条件。溶解于吸收剂中的气体量不仅与气体、液体本身性质有关,而且还与液体温度及气体的分压有关。在一定温度下,气体的分压越大,溶解于吸收剂中的气体量就越多。亨利定律表明了气体中某种组分的分压与液体中含有该组分的浓度之间的平衡关系,用公式表示为:

$$p_A = Hx_A \tag{6.1}$$

式中　P_A——物质 A 在气相中的平衡分压,Pa;

　　　　H——亨利常数;

　　　　x_A——物质 A 在液相中的摩尔分数。

(三)吸收流程

　　根据吸收剂与废气在吸收设备中的流动方向,可将吸收工艺分为逆流操作、并流操作和错流操作。

　　逆流操作是指被吸收气体由下向上流动,而吸收剂则由上向下流动,在气、液逆向流动的接触中完成传质过程。并流操作是指被吸收气体与吸收剂同时由吸收设备的上部向下部流动。错流操作是指被吸收气体与吸收剂呈交叉方向流动。在实际吸收工艺流程中一般采用逆流操作。

　　根据对吸收剂的再生与否,将吸收过程分为非循环过程(如图 6.2 所示)和循环过程(如图 6.3 所示)。非循环过程中对吸收剂不进行再生,而循环过程中吸收剂可以循环使用。

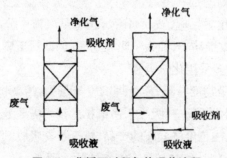

图 6.2　非循环过程气体吸收流程

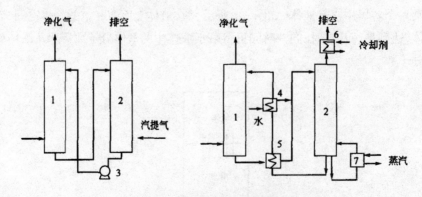

图 6.3　循环过程气体吸收流程

1—吸收塔　2—解吸塔　3—泵　4—冷却器　5—换热器　6—冷凝器　7—再沸器

二、吸收剂

（一）常用的吸收剂

水是常用的吸收剂，用水可以吸收废气中能溶于水的组分，如 SO_2、HCl、HF、NH_3 及煤气中的 CO_2 等。碱金属和碱土金属的盐类、铵盐等属于碱性吸收剂，能与酸性气体发生化学反应，因此可以除去 SO_2、NO_x、HCl、HF 等组分。硫酸、硝酸等属于酸性吸收剂，可以用来吸收 SO_3、NO_x 等。有机吸收剂可以吸收有机废气，如聚乙烯醚、二乙醇胺等。表 6.1 列出了工业上净化有害气体所用的吸收剂。

表 6.1　常见气体的吸收剂

有害气体	吸收过程中所用的吸收剂
SO_2	H_2O，NH_3，$NaOH$，Na_2CO_3，Na_2SO_3，$Ca(OH)_2$，$CaCO_3$，CaO，碱性硫酸铝，MgO，ZnO，MnO
NO_x	H_2O，NH_3，$NaOH$，Na_2SO_3，$(NH_4)_2SO_3$
HF	H_2O，NH_3，Na_2CO_3
HCl	H_2O，NH_3，Na_2CO_3
Cl_2	$NaOH$，Na_2CO_3，$Ca(OH)_2$
H_2S	NH_3，Na_2CO_3，二乙醇胺
含 Pb 废气	CH_3COOH，$NaOH$
含 Hg 废气	$KMnO_4$，$NaClO$，浓 H_2SO_4，$KI\text{-}I_2$

（二）吸收剂的选择

一般来说，选择吸收剂的基本原则如下所述。

（1）具有比较适宜的物理性质，如黏度小，较低的凝固点，适宜的沸点，比热容不大，不起泡等；同时还要求具有低的饱和蒸气压，以减少吸收剂的损失；要求对有害成分的溶解度要大，以提高吸收效率，减少吸收液用量和设备尺寸。

（2）具有良好的化学性质，如不易燃，热稳定性高，无毒性；同时还要求吸收剂对设备的腐蚀性小，以减少设备费用。

（3）廉价易得，最好能就地取材，易于再生重复使用。

（4）有利于有害物质的回收利用。

在选择吸收剂时要根据吸收剂的特点权衡利弊,有的吸收剂虽然具有很好的性能,但不易得到或价格昂贵,使用就不经济。有的吸收剂虽然吸收能力强,吸收容量大,但不易再生或再生时能耗较大,在选择时应慎重。

三、吸收工艺与设备

(一)吸收工艺

典型的吸收净化流程包括吸收剂的冷却、新吸收剂的加入以及吸收液取出去再生加工或经处理后排放。为了降低吸收温度,还常在吸收塔内安置冷却管,以移走热量。

由于处理的气态污染物各异,因而在工艺上应考虑不同的配置。例如,燃烧烟气往往有烟尘,这些烟尘带入吸收塔内很可能造成堵塞,因而要考虑先除尘。若烟气温度较高,直接进入吸收塔会使塔内液相温度升高,不利于吸收操作,这时应考虑先冷却。吸收前设一预洗涤塔既可降温又可除尘,是常用的方法。

由于吸收后排放气温度低,使热力抬升作用减少,扩散能力降低,尤其在不利的气象条件下,容易加重对地面空气的污染。因此,在有条件的情况下,应尽量升高吸收后尾气的排放温度,例如有废热可供利用时,可将吸收后尾气加热后排空,以增加废气的热力抬升高度,有利于污染物在大气中的扩散。

(二)吸收设备

目前工业上常用的吸收设备可分为表面吸收器、鼓泡式吸收器和喷洒式吸收器三大类。

1. 表面吸收器

凡能使气液两相在固定的接触面上进行吸收操作的设备均称为表面吸收器。常见的表面吸收器如填料塔、液膜吸收器、水平液面的表面吸收器等。净化气态污染物普遍使用的是填料塔,特别是逆流填料塔。

(1)填料塔

填料塔是一种筒体内装有环形、波纹形或其他形状的填料,吸收剂自塔顶向下喷淋于填料上,气体沿填料间隙上升,通过气液接触使有害物质被吸收的净化设备。

(2)填料塔的特点

填料塔具有如下优点:①吸收效果比较可靠;②对气体变动的适用性强;③可用耐腐蚀材料制作,结构简单制作容易;④压力损失较小(490 Pa/m 塔高)。

填料塔具有如下缺点:①当气流过大时发生液泛而不易操作;②吸收液中含固体或吸收过程中产生沉淀时,使操作发生困难;③填料数量多,质量大,检修不方便。

(3)逆流填料吸收塔

图 6.4 是典型的逆流填料吸收塔示意图。废气由塔底进入塔体,自下而上穿过填料层,最后由塔顶排出。吸收剂由塔顶通过分布器均匀地喷淋到填料层中,并沿着填料层向下流动,从塔底排出塔外。在废气沿塔上升的同时,与吸收剂在填料层中充分接触,污染物浓度逐渐降低,而塔顶喷淋的总是新鲜的吸收液,因而吸收传质的平均推动力大,吸收效果好。

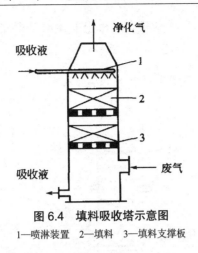

图 6.4　填料吸收塔示意图

1—喷淋装置　2—填料　3—填料支撑板

2. 鼓泡式吸收器

鼓泡式吸收器内均有液相连续的鼓泡层,分散的气泡在穿过鼓泡层时有害组分被吸收。常见的设备有鼓泡塔、湍球塔和各种板式吸收塔。净化气态污染物中应用较多的是鼓泡塔和筛板塔。

（1）鼓泡式吸收塔

图 6.5 是简单的连续鼓泡式吸收器示意图。气体由下面的多孔板进入,通过支撑板上面的液体时形成鼓泡层。

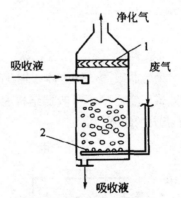

图 6.5　鼓泡吸收塔示意图

1—雾沫分离器　2—气体分布管

鼓泡塔的优点是:塔不易堵塞;压力损失小。其主要缺点是受气流速度影响大,当气流速度过小时,不能发挥应有的效能;当气流速度过大时,吸收效率降低。

（2）筛板式吸收塔

图 6.6 所示的是筛板式吸收塔示意图。沿塔高装有塔板,两相在每块塔板上接触。塔板分为错流式、穿流式、气液并流式等几种。在错流式板式吸收塔内,气体和液体以错流的方式运动,塔板上装有专门的溢流装置,使液体从上一块塔板流到下一块塔板,而气体不通过溢流装置从塔底进入,从塔顶排出。在穿流式板式吸收塔内,气体从塔底进入,从塔顶排

出,液体流动的方向则相反。气液两相在塔板上的接触是以完全混合的方式进行的。在气液并流式板式吸收塔内,气、液的流动方向是一致的。

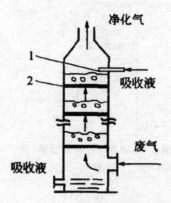

图 6.6　筛板吸收塔示意图
1—进液管　2—筛板

板式塔的优点是:结构简单,空塔速度高;气体处理量大;增加塔板数可提高净化效率或者处理浓度较高的气体。板式塔的主要缺点是:安装要求严格;操作弹性小,气量急剧变化时不能操作;压力损失较大(980~1 960 Pa/ 板)

3.喷洒式吸收器

用喷嘴将液体喷射成为许多细小的液滴,以增大气液相的接触面,完成传质过程。比较典型的设备是空心喷洒吸收器和文丘里吸收器。

(1)空心喷洒吸收器

图 6.7 所示是几种空心喷洒吸收器示意图。在吸收器中,气体通常是自下而上流动,而液体则是由装在塔顶的喷射器呈喇叭状喷洒。当塔体比较高时,可将喷洒器分层放置,也可以采用图 6.8 所示的组合喷洒方式。空心喷洒吸收器结构简单,造价低廉,阻力小,但吸收效率不是很高,因此应用受到了极大的限制。

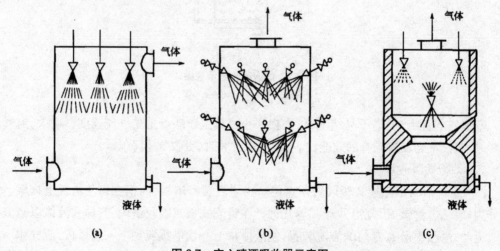

图 6.7　空心喷洒吸收器示意图
(a)竖直向下喷雾　(b)倾斜向下喷雾(喷嘴分两层放置)　(c)下部收缩

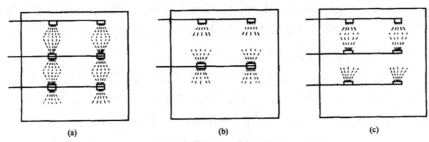

图 6.8　空心喷洒吸收器中喷嘴的组合方式示意图

（2）文丘里吸收器

文丘里吸收器结构简单,设备体积小,处理气量大,净化效率高,具有同时除尘、吸收气体和降温的特性,但其阻力大,动力消耗大。因此,在净化一般气态污染物时应用受到限制,比较适宜净化含尘废气。

四、吸收设备的选择

吸收设备是实现气相和液相传质的设备,选择时要充分了解生产任务的要求,以便于选择合适的吸收设备。一般可从物料的性质、操作条件和对吸收设备自身的要求三个方面来考虑。

（一）物料的性质

对于易起泡沫、高黏性的物料系统易选择填料塔;对于有悬浮固体、有残渣或易结垢的物料,可选用大孔径筛板塔、十字架形浮阀塔或泡罩塔;对于有腐蚀性的物料宜选用填料塔,也可以选择无溢流筛板塔;对于在吸收过程中有大量的热量交换的系统,宜选用填料塔。

（二）操作条件

对气相处理量大的系统宜选用板式塔,而气相处理量小的则用填料塔;对于有化学反应的吸收过程,或处理系统的液气比较小时,选用板式塔比较有利;对要求操作弹性较大的系统,宜采用浮阀塔或泡罩塔;对于传质速率由气相控制的系统宜选用填料塔。

（三）对吸收设备的要求

对吸收设备的一般要求是:吸收设备处理废气能力大;净化效率高(达到规定分离要求的塔高要低);气液比值范围宽,操作稳定;压力损失小;结构简单,造价低,易于加工制造、安装和维修等。

第二节　吸附法

一、吸附原理

（一）吸附的概念

由于固体表面上存在着分子引力或化学键力,能吸附分子并使其浓集在固体表面上,这种现象称为吸附。将具有吸附作用的固体物质称为吸附剂,被吸附的物质称为吸附质。

根据吸附过程中吸附剂和吸附质之间作用力的不同,可将吸附分为物理吸附和化学吸附。在吸附过程中,当吸附剂和吸附质之间的作用力是范德华力时称为物理吸附;当吸附剂和吸附质之间的作用力是化学键时称为化学吸附。

物理吸附的特点是:①吸附剂和吸附质之间不发生化学反应;②吸附过程进行较快,参与吸附的各相之间迅速达到平衡;③物理吸附是一种放热过程,其吸附热较小,相当于被吸附气体的升华热,一般为 20 kJ/mol 左右;④吸附过程可逆,无选择性。

化学吸附的特点是:①吸附剂和吸附质之间发生化学反应,并在吸附剂表面生成一种化合物;②化学吸附过程一般进行缓慢,需要很长时间才能达到平衡;③化学吸附也是放热过程,但吸附热比物理吸附热大得多,相当于化学反应热,一般在 84~417 kJ/mol;④具有选择性,常常是不可逆的。

在实际吸附过程中,物理吸附和化学吸附一般同时发生,低温时主要是物理吸附,高温时主要是化学吸附。

吸附法净化气态污染物就是使废气与大比表面多孔的固体物质相接触,将废气中的有害组分吸附在固体表面上,从而达到净化的目的。

表 6.2　物理吸附和化学吸附比较

比较项目	物理吸附	化学吸附
吸附热	小(21~63 kJ/mol),相当于 1.5~3 倍凝聚热	大(42~125 kJ/mol),相当于化学反应热
吸附力	范德华力(分子间力),较小	未饱和化学键力,较大
可逆性	可逆,易脱附	不可逆,不能或不易脱附
吸附速度	快	慢(因需要活化能)
被吸附物质	非选择性	选择性
发生条件	如适当选择物理条件(温度、压力、浓度),任何固体、流体之间都可发生	发生在有化学亲和力的固体、流体之间
作用范围	与表面覆盖程度无关,可多层吸附	随覆盖程度的增加而减弱,只能单层吸附
等温线特点	吸附量随平衡压力(浓度)正比上升	关系较复杂
等压线特点	吸附量随温度升高而下降(低温吸附、高温脱附)	在一定温度下才能吸附(低温不吸附,高温下有一个吸附极大点)

(二)吸附过程

吸附方法的广泛应用促进了吸附理论的发展,为了阐明吸附过程的实质相继提出了各种理论和学说,如位势论、BET 学说、毛细管凝聚学说、静电学说、电吸附学说和朗格缪尔化学学说等。目前尚没有一种理论能概括各种吸附现象。

吸附的全过程可分为外扩散、内扩散、吸附和脱附四个过程。

外扩散过程是吸附质分子从气流主体穿过吸附剂颗粒周围气膜,扩散到吸附剂表面的过程,是吸附全过程的第一步。

内扩散过程是吸附质分子进入吸附剂微孔中并扩散到内表面的过程。

吸附过程是经过外扩散和内扩散到达吸附剂内表面的吸附质分子被吸附在内表面的过程。

脱附过程是部分被吸附的分子离开吸附剂的内表面和外表面,进入气膜层,并反扩散到气相主体中的过程。

(三)吸附平衡

吸附过程是一种可逆过程,在吸附质被吸附的同时,部分已被吸附的物质由于分子的热运动而脱离固体表面回到气相中去。当吸附速度与脱附速度相等时,就达到了吸附平衡。此时,吸附虽然仍在进行,但被吸附物质的量不再增加,可以认为吸附剂失去了吸附能力。为使吸附剂恢复吸附能力,必须使吸附质从吸附剂上解脱下来,这种过程称为吸附剂的再生。吸附法净化气态污染物应包括吸附及吸附剂再生的全部过程。

(四)吸附量

在一定条件下单位质量吸附剂上所吸附的吸附质的量称为吸附量,用“kg 吸附质 /kg 吸附剂”来表示,也可以用质量分数表示。它是衡量吸附剂吸附能力的重要物理量,因此在工业上被称为吸附剂的活性。

吸附剂的活性有静活性和动活性两种表示。吸附剂的静活性是指在一定条件下,达到平衡时吸附剂的平衡吸附量。吸附剂的动活性是指在一定的操作条件下,吸附一段时间后,从吸附剂层流出的气体中开始出现吸附质的吸附量。

(五)影响气体吸附的因素

影响吸附的因素很多,主要有操作条件、吸附剂和吸附质的性质、吸附质的浓度等。

1. 操作条件的影响

操作条件主要是指温度、压力、气体流速等。对物理吸附而言,在低温下对吸附有利,而对于化学吸附过程,提高温度对吸附有利。从理论上讲,增加压力对吸附有利,但压力过高不仅增加能耗,而且在操作方面需要更高的要求,在实际工作中一般不提倡。当气体流速过大时,气体分子与吸附剂接触时间短,对吸附不利。若气体流速过小,处理气体的量相应变小,又会使设备增大。因此气体流速要控制在一定的范围之内,固定床吸附器的气体流速一般控制在 0.2~0.6 m³/s 范围内。

2. 吸附剂性质的影响

衡量吸附剂吸附能力的一个重要概念是“有效表面积”,即吸附质分子能进入的表面积。被吸附气体的总量随吸附剂表面积的增加而增加。吸附剂的孔隙率、孔径、颗粒度等均影响比表面积的大小。

3. 吸附质性质的影响

除吸附质分子的临界直径的影响以外,吸附质的相对分子质量、沸点和饱和性等也对吸附量有影响。如用同一种活性炭吸附结构类似的有机物时,其相对分子质量越大、沸点越高,吸附量就越大。而对于结构和相对分子质量都相近的有机物,其不饱和性越高,则越易被吸附。

4.吸附质浓度的影响

吸附质在气相中的浓度越大,吸附量也就越大。但浓度大必然使吸附剂很快饱和,再生频繁。因此吸附法不宜净化污染物浓度高的气体。

（六）吸附法的特点

吸附法净化气态污染物的优点是:①净化效率高;②能回收有用组分;③设备简单,流程短,易于实现自动控制;④无腐蚀性,不会造成二次污染。

可以使用吸附法净化的气态污染物有:低浓度的 SO_2 烟气、NOx、H_2S、含氟废气、酸雾、含铅及含汞废气、恶臭、沥青烟及碳氢化合物等。

二、吸附剂

（一）吸附剂的种类和性质

吸附剂的种类很多,可分为天然和合成吸附剂。天然矿产品如活性白土和硅藻土等经过适当的加工,就可以形成多孔结构,可直接作为吸附剂使用。合成无机材料吸附剂主要有活性炭、活性炭纤维、硅胶、活性氧化铝及合成沸石分子筛等。近年来还研制出多种大孔吸附树脂,与活性炭相比,它具有选择性好、性能稳定、易于再生等优点。

目前,工业上广泛采用的吸附剂主要有以下几种。

1.活性炭

活性炭是应用最早,用途较为广泛的一种优良吸附剂。它是由各种含碳物质如煤、木材、果壳、果核等炭化后,再用水蒸气或化学试剂进行活化处理,制成孔穴十分丰富的吸附剂。制备活性炭最好的原料是椰子壳,其次是核桃壳和桃核等。

活性炭是一种具有非极性表面、疏水性和亲有机物的吸附剂,常常被用来吸附回收空气中的有机溶剂(如苯、甲苯、丙酮、乙醇、乙醚、甲醛等),还可以用来分离某些烃类气体,以及用来脱臭等。活性炭的主要缺点是具有可燃性,使用温度一般不超过 200 ℃。在实际工作中,对活性炭的技术指标有一定的要求,见表6.3。

表6.3　活性炭的技术指标范围

堆密度 /（kg/m³）	灰分 /%	水分 /%	孔容 /（cm³/g）	比表面积 /（m²/g）	平均孔径 /nm	比热容 /[kJ/kg·℃]	着火点 /℃
200~600	0.5~80	0.5~2.05	0.01~0.1	600~1 700	0.7~1.7	0.84	300

炭分子筛是最新发展的一种孔径均一的新品种,具有良好的选择性。活性炭纤维是一种新型的高效吸附剂,它是用超细的活性炭微粒与各种纤维素、人造丝、纸浆等混合制成各种不同类型的纤维状活性炭。微孔范围在 0.5~1.4 nm,比表面积大,有较大的吸附量和较快的吸附速率。主要用于吸附各种无机和有机气体、水溶性的有机物、重金属离子等,特别对一些恶臭物质的吸附量比颗粒活性炭要高出 40 倍。

2.活性氧化铝

活性氧化铝是由氧化铝的水合物加热脱水而形成的多孔物质,其晶格构型分为 α 型、γ

型和中间型,其中起吸附作用的主要是 γ 型。活性氧化铝吸附极性分子,无毒,机械强度大,不易膨胀,比表面积大,宜在 200~250 ℃下再生,其技术指标参见表 6.4。在污染物控制技术中常用于石油气的脱硫及含氟废气的净化。

表 6.4　活性氧化铝的技术指标

堆密度 /(kg/m³)	最高稳定温度 /℃	孔容 /(cm³/g)	比表面积 /(m²/g)	平均孔径 /nm	比热容 /[kJ/kg·℃]	再生温度 /℃
608~928	500	0.5~2.0	210~360	1.8~4.8	0.88~1.04	200~250

3. 硅胶

硅胶是用硅酸钠与酸反应生成硅酸凝胶($SiO_2 \cdot nH_2O$),然后在 115~130 ℃下烘干、破碎、筛分而制成各种粒度的产品。硅胶具有很好的亲水性,当用硅胶吸附气体中的水分时,能放出大量的热,使硅胶容易破碎,但吸附量很大,可达自身质量的 50%。在工业上主要用于气体的干燥和从废气中回收烃类气体,也可用作催化剂的载体。工业用硅胶的主要技术指标参见表 6.5。

表 6.5　工业用硅胶的主要技术指标

堆密度 /(kg/m³)	SiO_2 含量 /℃	比表面积 /(m²/g)	比热容 /[kJ/kg·℃]
800	99.5	600	0.92

4. 沸石分子筛

应用最广的沸石分子筛是具有多孔骨架结构的硅酸盐结晶体。按 SiO_2 和 Al_2O_3 的单元比不同,将分子筛分为 A 型、X 型和 Y 型。A 型的比值等于 2,X 型的比值为 2.3~3.3,Y 型的比值为 3.3~6。按孔径从小到大的顺序,A 型沸石分子筛又分为 3A、4A 和 5A 型。

分子筛具有许多孔径均匀的微孔,比孔径小的分子能进入孔穴而被吸附,比孔径大的分子被拒之孔外,因此具有强的选择性。与其他吸附剂相比较,沸石分子筛具有如下特点:①具有很高的吸附选择性;②具有很强的吸附能力;③是强极性吸附剂,对极性分子特别是对水分子具有强的亲和力;④热稳定性和化学稳定性高。

分子筛可以从废气中选择性地除去 NO_x、H_2O、CO_2、CO、CS_2、SO_2、H_2S、NH_3、CCl_4 和烃类等气态污染物。

(二)吸附剂的选择

1. 吸附剂的基本要求

(1)大的比表面积和孔隙率

由于吸附作用主要发生在空穴的表面上,空穴越多,内表面越大,则吸附性能越好。

(2)良好的选择性

由于不同的吸附剂因其组成和结构不同,所表现出的优先吸附能力就不同,只有具有良好的选择性,才能经济有效地净化气态混合物。

（3）易于再生

吸附法净化气态污染物应包括吸附和吸附剂再生的全部过程。

（4）机械强度大,化学稳定性强,热稳定性好;

（5）原料来源广泛,价格低廉。

不同的吸附剂其适用范围不同,工业上常用吸附剂的适用范围见表6.6。

表 6.6　不同吸附剂的应用范围

吸附剂	应用范围
活性炭	苯、甲苯、二甲苯、丙酮、乙醇、乙醚、甲醛、汽油、煤油、光气、乙酸、乙酯、苯乙烯、氯乙烯、恶臭物质、H_2S、Cl_2、CO、CO_2、SO_2、NOx、CS_2、CCl_4、$HCCl_3$、H_2CCl_2
浸渍活性炭	烯烃、胺、酸雾、碱雾、硫醇、SO_2、H_2S、Cl_2、HF、HCl、NH_3、Hg、$HCHO$、CO_2、CO
活性氧化铝	H_2O、SO_2、H_2S、HF、$CmHn$
浸渍活性氧化铝	$HCHO$、HCl、酸雾、Hg
硅胶	H_2O、NOx、SO_2、C_2H_2
分子筛	H_2O、NO_x、CO_2、CO、CS_2、SO_2、H_2S、NH_3、$CmHn$、CCl_4
泥煤、褐煤、风化煤	恶臭物质、NH_3、NO_x
浸渍泥煤、褐煤、风化煤	NO_x、SO_2、SO_x
焦炭粉粒	沥青烟
白云石粉	沥青烟

2.吸附剂的选择

在实际工作中,选择的吸附剂要完全满足吸附剂的基本要求往往是很难的,只能在全面衡量后择优选用。选择时可按下述方法进行。

（1）初步选择选择吸附剂除要有一定的机械强度外,最主要的是对分离组分具有良好的选择性和较强的吸附能力。对于极性分子,可优先考虑使用分子筛、硅胶和活性氧化铝。对于非极性分子或相对分子质量较大的有机物,应选用活性炭。因为活性炭对碳氢化合物具有良好的选择性和较强的吸附能力。对分子较大的吸附质,应选用活性炭和硅胶等孔径较大的吸附剂,而对于分子较小的吸附质,则应选用分子筛,因分子筛的选择性更多地取决于微孔的大小。在选择吸附剂时还必须注意的一点是,吸附质分子的大小必须小于微孔的大小。

当污染物的浓度较大而净化要求不高时,可采用吸附能力适中而价格便宜的吸附剂。当污染物浓度较高而净化要求也很高时,考虑用不同的吸附剂进行两级吸附处理。

（2）活性与寿命实验对初步选出的一种或几种吸附剂应进行活性和寿命实验。活性实验一般在小试阶段进行,而对活性较好的吸附剂一般应通过中试进行寿命实验。

（3）经济评估对初步选出的几种吸附剂进行经济估算,从中选用费用低,效果较好的吸附剂。

（三）吸附剂的再生

吸附剂的容量有限，当吸附剂达到饱和或接近饱和时，必须对其进行再生操作。常用的再生方法有升温再生、降压再生、吹扫再生、置换脱附和化学转化再生等。

（1）升温再生，根据吸附剂的吸附容量在等压下随温度升高而降低的特点，使热气流与床层接触直接加热床层，使吸附质脱附，吸附剂恢复吸附性能。加热方式有过热水蒸气法、烟道气法、电加热和微波加热法等。

（2）降压再生，再生时压力低于吸附操作的压力，或对床层抽真空，使吸附质解吸出来，再生温度可与吸附温度相同。

（3）吹扫再生，向再生设备中通入不被吸附的吹扫气，降低吸附质在气相中的分压，使其解吸出来。操作温度越高，通气温度越低，效果越好。

（4）置换再生，采用可吸附的吹扫气，置换床中已被吸附的物质，吹扫气的吸附性越强，床层解吸效果越好。

（5）化学再生，向床层中通入某种物质使其与被吸附的物质发生化学反应，生成不易被吸附物质而解吸下来。

影响吸附剂再生的因素与影响气体吸附的因素相同，主要有温度、压力、吸附质的性质和气相组成、吸附剂的化学组成和结构等。当影响吸附的因素主要是温度和压力等操作条件时，一般是通过降低温度和增大压力来提高吸附量，对这类吸附剂进行再生时可以采用升温再生法、降压再生法和吹扫再生法；当影响吸附的因素主要是吸附质的性质和气相组成或吸附剂的化学组成和结构等时，通常采用置换再生或化学再生法。

在实际工作中，人们一方面要求吸附容量大、吸附效率高，另一方面又要求易于再生，这是一对对立统一的矛盾。因为吸附能力越强，就可能越不易再生。因此在选择吸附剂时要考虑吸附容量和再生两方面的因素。表 6.7 列出了活性炭上易于再生和难以再生的物质，作为选择吸附剂时的参考。

表 6.7　活性炭上易于再生和难以再生的物质

活性炭上易于再生的物质	苯、甲苯、混合二甲苯、氯苯；甲醇、乙醇、丁醇、异丙醇；酮类、脂肪烃、芳香烃；乙酸乙酯、乙酸丁酯；二硫化碳、四氯化碳、四氢呋喃、汽油等
活性炭上难以再生的物质	丙烯酸、丙烯酸乙酯、丙烯酸丁酯、丙烯酸异丁酯、丁酸、二丁胺、二亚乙基三胺、甲基乙基吡啶

三、常用的吸附设备

目前所使用的吸附净化设备主要有固定床吸附器、移动床吸附器和流化床吸附器三种类型。

（一）固定床吸附器

按照吸附器矗立的方式，可将固定床吸附器分为立式、卧式两种；按照吸附器的形状可将其分为方形、圆形两种。固定床吸附器的特点是结构简单，价格低廉，特别适合于小型、分散、间歇性污染源排放气体的净化。固定床吸附器的缺点是间歇操作,为保证操作正常运行,在设计流程时应根据其特点,设计多台吸附器互相切换使用。

图6.9是方形立式吸附器示意图。吸附剂床层高度在0.5~2.0 m 的范围内,吸附剂填充在栅板上。为了防止吸附剂漏到栅板的下面,在栅板上放置两层不锈钢网。使吸附剂再生的常用方法是从栅板的下方将饱和蒸汽通入床层。为了防止吸附剂颗粒被带出,在床层上方用钢丝网覆盖。在处理腐蚀性流体混合物时可采用由耐火砖和陶瓷等防腐蚀材料制成的具有内衬的吸附器。

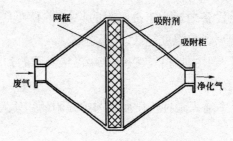

图6.9　方形立式吸附器示意图

图 6.10 是卧式吸附器示意图。其壳体为圆柱形,封头为椭圆形,一般用不锈钢或碳钢制成。吸附剂床层高度为 0.5~1.0 m。卧式吸附器的优点是流体阻力小,从而减少动力消耗。其缺点是由于吸附剂床层横截面积大,易产生气流分配不均匀现象。

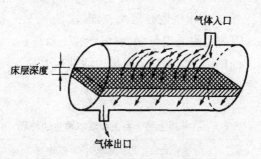

图 6.10　常用圆形卧式吸附器示意图

(二)移动床吸附器

在移动床吸附器中,固体吸附剂在吸附床中不断移动,固体吸附剂由上向下移动,而气体则由下向上流动,形成逆流操作。移动床吸附器的结构如图 6.11 所示,主要由吸附剂冷却器、吸附剂加料装置、吸附剂卸料装置、吸附剂分配板和吸附剂脱附器等部件组成。

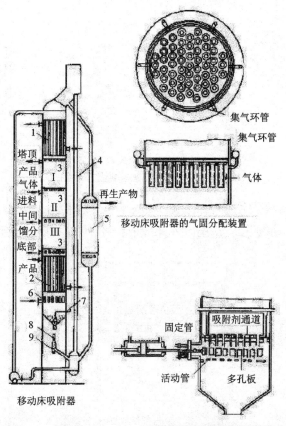

集气环管

集气环管

气体

再生产物

移动床吸附器的气固分配装置

吸附剂通道

固定管

活动管

多孔板

移动床吸附器的吸附剂控制机构

塔顶产品气体进料中间馏分底部产品

移动床吸附器

图 6.11　移动床吸附器示意图

Ⅰ—吸附段　Ⅱ—精馏段　Ⅲ—脱附段

1—冷却器　2—脱附塔　3—分配板　4—提升管　5—再生器

6—吸附剂控制机械　7—固粒料面控制器　8—密封装置　9—出料阀门

　　吸附剂冷却器是一种立式列管换热器,经脱附后的吸附剂从设备顶部的料斗进入冷却器,进行冷却降温后经分配板进入吸附段。

　　吸附剂加料装置般分为机械式和气动式两类。常见的机械式加料器有闸板式、星形轮式、盘式,如图 6.12 所示,其中最简单的是闸板式。

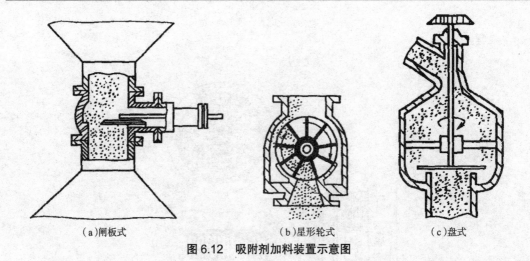

（a）闸板式　　　　　　（b）星形轮式　　　　　（c）盘式

图 6.12　吸附剂加料装置示意图

　　吸附剂卸料装置是用来控制吸附剂移动速度的装置。最常见的卸料装置是由两块固定板和一块移动板组成，移动板借助于液压机械来完成在两块固定板间的往复运动，如图 6.13 所示。

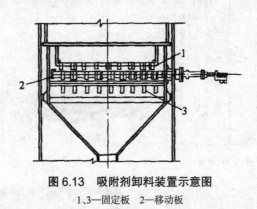

图 6.13　吸附剂卸料装置示意图

1、3—固定板　2—移动板

　　吸附剂分配板的作用是使吸附剂颗粒沿设备的截面均匀地分布。常见的有带有胀接短管的管板形式和排列孔数逐渐减少的孔板系列分配板，如图 6.14 所示。

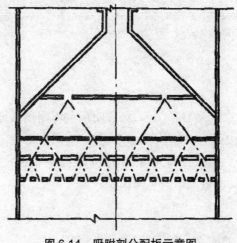

图 6.14　吸附剂分配板示意图

吸附剂脱附器为胀接在两块管板中的直立管束。吸附剂和水蒸气沿管程移动,并在管隙间通入加热介质(如水蒸气等)。

移动床吸附的工作原理是:吸附剂从设备顶部进入冷却器,降温后经分配板进入吸附段,借重力作用不断下降,并通过整个吸附器。净化气体从分配板下面引入,自下而上通过吸附段,与吸附剂逆流接触,净化后的气体从顶部排出。当吸附剂下降到汽提段时,由底部上来的脱附气与其接触进一步吸附,将较难脱附的气体置换出来,最后进入脱附器对吸附剂进行再生。

移动床吸附器的特点是:①处理气量大;②适用于稳定、连续、量大的气体净化;③吸附和脱附连续完成,吸附剂可以循环使用;④动力和热量消耗大,吸附剂磨损大。

(三)流化床吸附器

在设备中流体以不同的流速通过细颗粒固定床层时,就出现如图 6.15 所示的流化状态。当气体以很小的流速从下向上穿过吸附剂床层时,固体颗粒静止不动。随着气体流速的逐渐增大,固体颗粒会慢慢地松动,但仍然保持互相接触,床层高度也没有变化,这种情况便是固定床操作。随着气速的继续增大,颗粒作一定程度的移动,床层膨胀,高度增加,称为临界流化态。当气速大于临界气速时,颗粒便悬浮于气体之中,并上下浮沉,这便是流化状态。

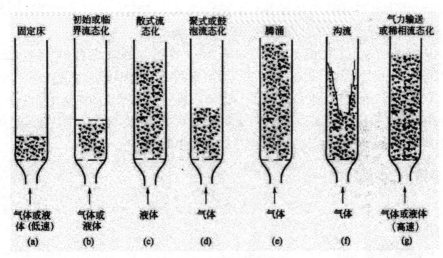

图 6.15　流化状态示意图

按照流化体系的不同,将流化床吸附器分为气固、液固流化床和气、液、固三相流化床。图 6.16 是典型的气固流化床吸附器,它由带有溢流装置的多层吸附器和移动式脱附器所组成。在脱附器的底部直接用蒸汽对吸附剂进行脱附和干燥,吸附和脱附过程在单独的设备中分别进行。

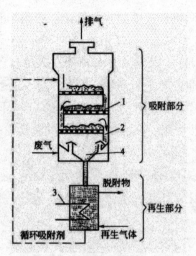

图 6.16　流化床吸附器示意图

1—扩大段　2—吸附段　3—筛板　4—锥体

废气从进口管以一定的速度进入锥体,气体通过筛板向上流动,将吸附剂吹起,在吸附段完成吸附过程。吸附后的气体进入扩大段,由于气流速度降低,固体吸附剂又回到吸附段,而净化后的气体从出口管排出。

由于流化床操作过程中,气体与吸附剂混合非常均匀,床层中没有浓度梯度,因此,当使用一个床层不能达到净化要求时,可以使用多床层来实现。

流化床吸附器的优点:①由于流体与固体的强烈搅动,大大强化了传质系数;②由于采用小颗粒吸附剂,并处于运动状态,从而提高了界面的传质速率,使其适宜于净化大气量的污染废气;③由于传质速率的提高,使吸附床的体积减小;④由于强烈的搅拌和混合,使床层温度分布均匀;⑤由于固体和气体同处于流动状态,可使吸附与再生工艺过程连续化操作。流化床吸附器的最大缺点是炭粒经机械磨损造成吸附剂的损耗。

四、吸附工艺流程

实用的工艺流程主要有间歇式、半连续式和连续式流程三种形式,可根据生产过程中的需要进行选择。

(一)间歇式流程

一般由单个吸附器组成,如图 6.17 所示。适用于废气排放量较小、污染物浓度较低、间歇式排放废气的净化。当排气间歇时间大于吸附剂再生所需要的时间时,可在原吸附器内进行吸附剂再生;当排气间歇时间小于再生所需要的时间时,可将吸附器内的吸附剂更换,对失效吸附剂集中再生。

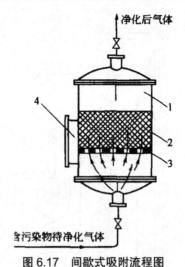

图 6.17　间歇式吸附流程图

1—固定床吸附器　2—吸附剂　3—气流分布板　4—人孔

（二）半连续式流程

半连续式流程是应用最普遍的一种吸附流程,可用于净化间歇排放气也可以用于连续排放气的净化。流程可由两台或三台吸附器并联组成,如图6.18所示。在用两台吸附器并联时,其中一台进行吸附操作,另一台则进行再生操作,适应于再生周期小于吸附周期的情形。当再生周期大于吸附周期时,则需要三台吸附器并联使用,其中一台进行吸附,一台进行再生,而第三台则进行冷却或其他操作,以备使用。

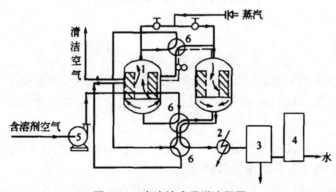

图 6.18　半连续式吸附流程图

1—吸附塔　2—冷却器　3—分离器　4—废水处理装置
5—风机　6—换向阀

（三）连续式流程

当废气是连续性排放时,应使用连续式流程,如图6.19所示。该流程一般由连续性操作的流化床吸附器和移动床吸附器等组成,其特点是吸附与吸附剂的再生同时进行。

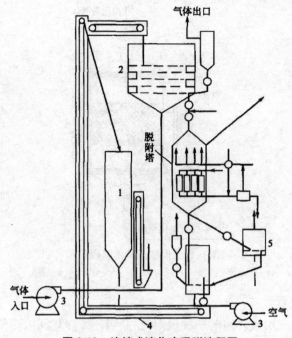

图 6.19　连续式流化床吸附流程图

1—料斗　2—流化床吸附器　3—风机
4—皮带传送机　5—再生塔

第三节　催化转化法

一、催化作用

催化法净化气态污染物是使气态污染物通过催化剂床层,经历催化反应,变成无害物质或转化成其他易于除去的物质的方法。催化净化法已成为废气治理技术中一项重要的、有效的技术。

催化剂在化学反应过程中所起的作用成为催化作用。工业上通常根据催化剂和反应物系的状态将催化剂作用分为均相和多相两类。

当催化剂和反应物同处在一个由溶液或气体混合物组成的均匀体系中时,其催化作用称为均相催化作用。而当催化剂与反应物处在不同的相时(通常催化剂呈固体,反应物为液体或气体),其催化作用称为多相催化作用。催化转化法净化气体污染物,就属于多相催化作用。

在多相催化作用中,反应物在催化剂表面上的接触是极为重要的。这种接触导致了反应物在催化剂表面上的吸附,并使它的化学键松弛,催化反应正是在接触面上发生的,因而也称固体催化剂为触媒。

催化作用有两个显著的特征。其一,催化剂只能加速化学反应的速度,缩短到达平衡的时间,而不能使平衡移动,也不能使热力学上不可能发生的反应发生。其二,催化作用有特殊的选择性。

二、催化剂及其性能

催化剂是能够改变化学反应速度,而本身的化学性质在化学反应前后不发生变化的物质。

(一)催化剂的组成

工业用固体催化剂中,主要包含活性物质,除此之外还有助催化剂和载体。

活性物质是催化剂组成中对改变化学反应速度起作用的组分。活性物质也可以作催化剂单独使用,如将 SO_2 氧化为 SO_3 时所用的 V_2O_5 催化剂。表 6.8 列出了净化气态污染物所用的几种常见催化剂。

表 6.8 净化气态污染物所用的几种常见催化剂的组成

用途	主要活性物质	载体
有色冶炼烟气制酸,硫酸厂尾气回收制酸等	V_2O_5 含量 6%~12%	SiO_2(助催化剂 K_2O 或 Na_2O)
硝酸生产及化工等工艺尾气	Pt、Pd 含量 0.5%	Al_2O_3
	$CuCrO_2$	Al_2O_3-MgO
碳氢化合物的净化	Pt、Pd、Rh	Ni、NiO、Al_2O_3
	CuO、Cr_2O_3、Mn_2O_3、稀土金属氧化物	Al_2O_3
汽车尾气净化	Pt(0.1%)	硅铝小球、蜂窝陶瓷
	碱土、稀土和过渡金属氧化物	α-Al_2O_3、γ-Al_2O_3

助催化剂是存在于催化剂基本成分中的添加剂。这类物质单独存在时本身没有催化活性,当它与活性组分共存时,就能显著地增强催化剂的催化活性。如将 SO_2 氧化为 SO_3 时,在所用的 V_2O_5 催化剂中加入 K_2SO_4,可以使 V_2O_5 的催化活性大大提高。

载体是承载活性物质和助催化剂的物质。其基本作用是提高活性组分的分散度,使催化剂具有较大的表面积,且可以改善催化剂的活性、选择性等催化性能。载体还能使催化剂具有一定的形状和粒度,能增强催化剂的机械强度,如图 6.20 所示。常用的载体材料有硅藻土、硅胶、分子筛、氧化铝等。

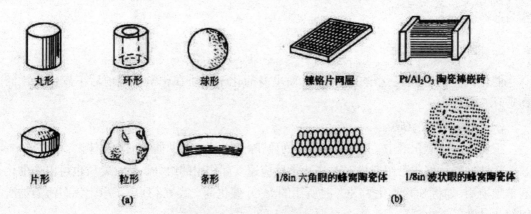

图 6.20　不同形状的催化剂示意图
a. 颗粒催化剂　b. 催化剂模屉（1in=2.54 cm）

（二）催化剂的性能

催化剂的性能主要是指催化剂的活性、选择性及稳定性等。

1. 催化剂的活性

催化剂的活性是衡量催化剂催化性能大小的标准。活性大小的表示方法分为两类：一类是工业上用来衡量催化剂生产能力的大小；另一类是实验室里用来筛选催化剂活性物质。

工业催化剂的活性是用在一定条件下单位体积或单位质量的催化剂在单位时间内所得到的产品的产量来表示。

$$A = \frac{m_1}{t m_2} \tag{6.2}$$

式中　A——催化剂的活性，kg/（h·g）

　　　m_1——产品的质量，kg

　　　m_2——催化剂的质量，kg

　　　t——反应时间，h

在实验室里，通常采用催化剂的比活性来表示。比活性是催化剂单位面积上所呈现的催化活性。若催化剂的表面积为 S，总活性为 A，则比活性 A_0 可用下式表示：

$$A_0 = \frac{A}{S} \tag{6.3}$$

式中　A_0——催化剂的比活性，kg/（h·m²）

　　　S——催化剂比表面积，m²/g

2. 催化剂的选择性

如果化学反应可能同时向几个平行方向发生，催化剂只对其中的某个反应起加速作用的性能，称为催化剂的选择性。一般可用原料通过催化剂的床层后，得到的目标产物量与参加反应的原料量的比值来表示，可用下式计算。

$$B = \frac{n_1}{n_0} \times 100\% \tag{6.4}$$

式中　B——催化剂的选择性；

n_1——所得到目标产物的量,mol;

n_0——参加反应原料的量,mol。

3. 催化剂的稳定性

催化剂在化学反应过程中保持活性的能力称为催化剂的稳定性。稳定性应包括热稳定性、机械稳定性和抗毒性,通常用使用寿命来表示催化剂的稳定性。

影响催化剂性能的因素很多,但归纳起来主要有催化剂的老化和中毒两个方面。所谓老化是指催化剂在正常工作条件下逐渐失去活性的过程。一般来说,温度越高,老化速度就越快。所谓中毒是指反应物料中少量的杂质使催化剂活性迅速下降的现象。致使催化剂中毒的物质称为催化剂的毒物。催化剂中毒分为暂时性中毒和永久性中毒,前者用通水蒸气等简单方法可以恢复其活性,后者则不能。催化剂中毒的原因是由于活性表面被破坏或其活性中心被其他物质所占据,导致催化剂的活性和选择性迅速下降。

易使催化剂中毒的毒物有 HCN、CO、H_2S、S、As、Hg、Pb 等。如 0.16% 的砷可以使铂的活性降低 50%;0.01% 的氰氢酸可以使镍的活性完全丧失,因此在选择催化剂时要考虑其抗毒性。

(三)催化剂的选择

通常对催化剂的要求是:①具有极高的净化效率,使用过程中不产生二次污染;②具有较高的机械强度;③具有较高的耐热性和热稳定性;④抗毒性强,具有尽可能长的寿命;⑤化学稳定性好、选择性高。

一般来说,贵金属催化剂的活性较高,选择性高,不易中毒,但价格昂贵。非贵金属催化剂的活性较低,有一定的选择性,价格便宜,但易中毒,热稳定性也差。在大气污染控制中,目前使用较多的是铂、钯等贵金属,其次是含锰、铜、铬、钴、镍等金属氧化物,以及稀土元素,目前在延长使用寿命,提高活性等方面的研究有了一定的进展,有的已投入使用。

(四)催化剂的制备方法

制备催化剂的方法是将活性组分负载于载体上。目前常用的负载方法大致可以分为三种,即浸渍法、混捏法和共沉淀法,其中最常用的是浸渍法。

将活性组分制成溶液,浸渍已成型的载体,再经过干燥和灼烧制得催化剂的方法称为浸渍法。混捏法是将活性组分原材料与载体的原材料采用物理的方法混捏在起,处理成型后再制得催化剂的方法。共沉淀法是采用化学共沉淀的方法获得载体材料和活性组分的混合物,再制成催化剂的方法。

三、催化反应器

催化转化法净化气态污染物所采用的气固催化反应器主要有固定床反应器和流化床反应器。这里只介绍固定床反应器。

固定床反应器的主要优点是:①反应速率较快;②催化剂用量较少;③操作方便(流体停留时间可以严格控制,温度分布可以适当调节);④催化剂不易磨损。固定床反应器的主要缺点是传热性能差。

按照反应器的结构可将固定床反应器分为管式、搁板式和径向反应器等。按反应器的温度条件和传热方式又分为等温式、绝热式和非绝热式反应器。绝热式反应器又分为单段式和多段式。

(一)单段绝热反应器

单段绝热反应器的结构如图 6.21 所示。反应气体从圆筒体上部通入,经过预分布装置,均匀地通过催化剂层,反应后的气体经下部引出。

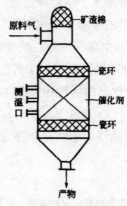

图 6.21　单段绝热反应器示意图

单段绝热反应器结构简单,造价低廉,气体阻力小,反应器内部体积得到充分利用,但床层内温度分布不均匀。适用于气体中污染物浓度低,反应热效应小,反应温度波动范围宽的情况。在催化燃烧、净化汽车排放气以及喷漆、电缆等行业中,控制有机溶剂污染大多采用单段绝热反应器。

(二)多段绝热反应器

多段式绝热反应器是将多个单层绝热床串联起来,如图 6.22 所示。热量由两个相邻床层之间引入或引出,使各单个绝热床的反应能控制在比较合适的温度范围内。

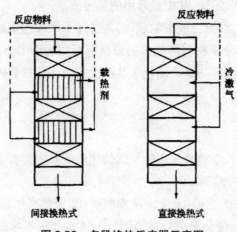

图 6.22　多段绝热反应器示意图

(三)管式固定床反应器

管式固定床反应器属于非绝热式反应器,其结构与管式换热器相似,如图 6.23 所示,根据催化剂填装的部位不同,将管式固定床反应器分为多管式和列管式。在多管式反应器中,催化剂装填在管内,载热体或冷却剂在管外流动;在列管式反应器中,催化剂装在管间,载热体或冷却剂由管内通过。根据换热介质的不同,将管式固定床反应器分为外换热式和自换热式。外换热式是以热水或烟道气为换热介质;而自换热式是以原料气为换热介质。

与多管式反应器相比,列管式反应器催化剂装载量大,生产能力强,传热面积大,传热效果好,但在管间装填催化剂不太方便。若催化剂的寿命较长,要求换热条件好时可以使用管式反应器。

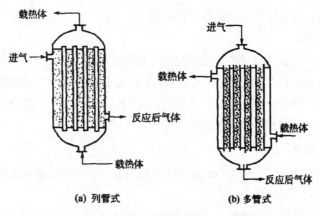

图 6.23　管式固定床反应器示意图

(四)径向固定床反应器

在径向固定床反应器中,流体流动方向如图 6.24 所示。由于反应气流是径向穿过催化剂,它与轴向反应器相比,具有气流流程短、阻力降小、动力消耗少的特点。可以采用较细颗粒的催化剂,使催化剂的有效面积增大,有利于提高净化效率。

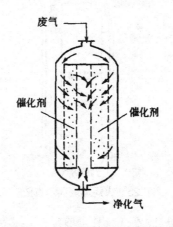

图 6.24　径向固定床反应器示意图

第四节　其他方法

一、燃烧法

燃烧法是对含有可燃性有害组分的混合气体进行氧化燃烧或高温分解,使有害组分转化为无害物的方法。燃烧法的工艺简单,操作方便,现已广泛应用于石油工业、化工、食品、喷漆、绝缘材料等主要含有碳氢化合物(HC)废气的净化。燃烧法还可以用于 CO、恶臭、沥青烟等可燃有害组分的净化。有机气态污染物燃烧后生成 CO_2 和 H_2O,因此该方法不能回收有用的物质,但可以利用燃烧时放出的热。

燃烧法分为直接燃烧、热力燃烧和催化燃烧。

(一)直接燃烧法

直接燃烧也称为直接火焰燃烧,是把废气中可燃的有害组分当作燃料直接烧,从而达到净化的目的。该方法只能用于净化可燃有害组分浓度较高或燃烧热值较高的气体。如果可燃性组分的浓度高于燃烧上限,可以混入适量的空气进行燃烧;如果可燃组分的浓度低于燃烧下限,可以加入定量的辅助燃料维持燃烧。

1. 燃烧过程及设备

浓度较高的废气可采用窑炉等设备进行直接燃烧,甚至可以通过定装置将废气导入锅炉进行燃烧。

在石油和化学工业中,主要是"火炬"燃烧。图 6.25 是火炬燃烧器示意图,它是将废气直接通入烟囱,在烟囱末端进行燃烧。当气流混合良好和氢碳比在 0.3 以上时有助于燃烧彻底。若燃烧时火焰呈蓝色,说明操作良好;若火焰呈橙黄色,并拖着一条黑烟尾巴,说明操作不良。对于不完全的燃烧反应,可以在烟囱顶部喷入蒸气加以消除。

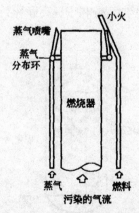

图 6.25　火炬燃烧器示意图

火炬燃烧的优点是安全简单、成本低。其主要缺点一是燃烧后产生大量的烟尘对环境造成二次污染,二是不能回收热能而造成热辐射。在实际操作中应尽量减少火炬燃烧。

2. 直接燃烧的特点

（1）直接燃烧不需要预热,燃烧的温度在 1 100 ℃左右,可烧掉废气中的炭粒,燃烧完全的最终产物是 CO_2、H_2O 和 N_2 等;

（2）燃烧状态是在高温下滞留短时间的有火焰燃烧,能回收热能;

（3）适用于净化可燃有害组分浓度较高或燃烧热值较高的气体。

（二）热力燃烧法

热力燃烧是利用辅助燃料燃烧放出的热量将混合气体加热到要求的温度,使可燃有害组分在高温下分解成为无害物质,以达到净化的目的。热力燃烧所使用的燃料一般为天然气、煤气、油等。

1. 热力燃烧过程

热力燃烧过程可分为三个步骤:首先是辅助燃料燃烧,其作用是提供热量,以便对废气进行预热;第二步是废气与高温燃气混合并使其达到反应温度;最后是废气中可燃组分被氧化分解,在反应温度下充分燃烧。

2. 热力燃烧条件和影响因素

温度和停留时间是影响热力燃烧的重要因素。对于大部分物质来说,温度在740~820 ℃,停留时间在此期间 0.1~0.3 s 内可反应完全;大多数的碳氢化合物在 590~820 ℃范围内即可完全氧化,但 CO 和炭粒则需要较高的温度和较长的停留时间才能燃烧完全。不同的气态污染物,在燃烧炉中完全燃烧所需的温度和停留时间不同,一些含有有机物的废气在燃烧净化时所需的反应温度和停留时间见表 6.9 所示。

表 6.9 废气燃烧净化所需的反应温度和停留时间

废气净化范围	燃烧炉停留时间 /s	反应温度 /℃
碳氢化合物（销毁 90% 以上）	0.3~0.5	680~820
碳氢化合物 +CO（销毁 90% 以上）	0.3~0.5	680~820
臭味 （销毁 50%~90%） （销毁 90%~99%） （销毁 99% 以上）	0.3~0.5 0.3~0.5 0.3~0.5	540~650 590~700 650~820
白烟（雾滴）	0.3~0.5	430~540
黑烟（炭粒）	0.7~1.0	760~1 100

3. 热力燃烧装置

热力燃烧可以在专用的燃烧装置中进行,也可以在普通的燃烧炉中进行。

进行热力燃烧的专用装置称为热力燃烧炉。热力燃烧炉的主体结构包括燃烧器和燃烧室两部分。燃烧器的作用是使辅助燃料燃烧生成高温燃气;燃烧室的作用是使高温燃气与废气湍流混合达到反应所需的温度,并使废气在其中的停留时间达到要求。热力燃烧炉又分为配焰燃烧炉和离焰燃烧炉两类。

图 6.26 是配焰燃烧炉示意图。它是将燃烧分配成许多小火焰,布点成线。废气被分成许多小股,并与火焰充分接触,这样可以使废气与高温燃气迅速达到完全的湍流混合。配焰方式的最大缺点是容易造成火焰熄灭。因此,当废气中缺氧或废气中含有焦油及颗粒物等情况时不宜使用配焰燃烧炉。

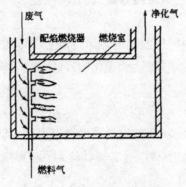

图 6.26　配焰燃烧炉示意图

离焰燃烧炉是将燃烧与混合两个过程分开进行,辅助燃料在燃烧器中进行火焰燃烧,燃烧后产生的高温燃气在炉内与废气混合并达到反应温度,如图 6.27 所示。

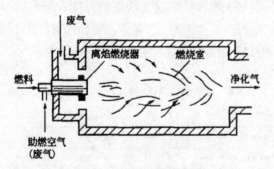

图 6.27　离焰燃烧炉示意图

离焰燃烧器的特点是可用废气助燃,也可以用空气助燃,对于氧含量低于 16% 的废气依然适用;对燃料种类的适应性强,既可用气体燃料,也可用油作燃料;火焰不易熄灭,且可以根据需要调节火焰的大小。

4. 热力燃烧的特点

热力燃烧的主要优点:

(1)需要进行预热,温度范围控制在 540~820 ℃,可以烧掉废气中的炭粒,气态污染物最终被氧化分解为 CO_2、H_2O 和 N_2 等;

(2)燃烧状态是在较高温度下停留一定时间的有焰燃烧;

(3)可适用于各种气体的燃烧,能除去有机物及超细颗粒物;

(4)热力燃烧设备结构简单,占用空间小,维修费用低。

热力燃烧的主要缺点是操作费用高,易发生回火,燃烧不完全时产生恶臭。

(三)催化燃烧法

催化燃烧是指在催化剂存在的条件下,废气中可燃组分能在较低的温度下进行燃烧。目前,催化燃烧法已应用于金属印刷、绝缘材料、漆包线、炼焦、油漆、化工等多种行业中有机废气的净化。催化燃烧法的最终产物为 CO_2 和 H_2O,无法回收废气中原有的组分,因此操作过程中能耗大小及热量回收的程度将决定催化燃烧法的应用价值。

表 6.10　催化燃烧法的适用范围

适用行业	工序	废气主要成分
化工	各种装置排放法尾气,真空喷射器废气	甲醇、甲乙酮、苯酚、丙烯
合成树脂加工	制造及干燥工序废气	苯乙烯、甲苯、丁二烯、丙烯腈、异丙醇
印刷	胶版印刷机、照相印刷机排出的废气	甲苯、甲乙酮、甲基异丁基甲酮、甲醇、醋酸乙酯
汽车制造	喷漆室、烘干室排出的废气	甲醛、甲基异丁基甲酮、甲醇、溶纤剂、甲烷
铸造	壳型铸造排出的废气	酚、苯酚
纤维加工	加工、干燥排出的废气	甲苯、甲醇、丙酮、甲乙酮、醋酸乙酯
建筑材料	铝合金窗框烘干室废气,石板制造工序排出的废气	甲醇、苯酚、异丙醇、甲基异丁基甲酮、甲苯、二甲苯、丙酮、甲乙酮
水处理	粪、尿贮存槽	硫醇、三甲胺
其他	薄膜磁化工序废气,纸加工工序废气,清漆制造工序废气	甲苯、二甲苯、甲醇、醋酸乙酯

表 6.11　可用催化燃烧净化处理的物质

序号	物质类别	物质名称
1	烷烃类	甲烷、乙烷、丙烷等
2	炔、烯烃类	乙炔、乙烯、丙烯等
3	环烷烃类	环戊烷、环己烷等
4	芳香族	苯、甲苯、二甲苯等
5	醇类	甲醇、乙醇、丙醇等
6	醚类	甲醚、乙醚等
7	醛类	甲醛、乙醛、丙烯醛等
8	酮类	丙酮、甲乙酮、甲基异丁酮
9	有机酸及脂类	醋酸、乳酸、酪酸、丙烯酸等
10	酚类	苯酚、甲酚
11	可燃气体	氢、一氧化碳等
12	含氮化合物	氨、氰酸、丙烯腈、苯胺、氮苯
13	胺类化合物	甲胺、乙胺、三甲胺
14	含氮化合物	吲哚、粪臭素等
15	含硫化合物	硫化氢、甲硫醇、乙硫醇、甲硫醚等

通常催化燃烧的处理温度为 200~400 ℃，空速取 15 000~25 000 h⁻¹，滞留时间取 0.24~0.14 s。催化燃烧适用范围，也即可用此法净化处理的物质见表 6.10 及表 6.11。

1. 催化燃烧的催化剂

用于催化燃烧的催化剂以贵金属 Pt、Pd 使用最多，因为这些催化剂的活性好，使用寿命长。中国由于贵金属资源稀少，研究较多的为稀土催化剂，目前已研制使用的催化剂见表 6.12。

表 6.12　催化剂性能

催化剂	活性组分含量 /%	90% 转化温度 /℃	最高使用温度 /℃
Pt-Al$_2$O$_3$	0.1~0.5	250~300	650
Pd-Al$_2$O$_3$	0.1~0.5	250~300	650
Pd-Ni、Cr 丝或网	0.1~0.5	250~300	650
Pd- 蜂窝陶瓷	0.1~0.5	250~300	650
Mn、Cu-Al$_2$O$_3$	5~10	350~400	650
Mn、Cu、Cr-Al$_2$O$_3$	5~10	350~400	650
Mn-Cu、Co-Al$_2$O$_3$	5~10	350~400	650
Mn、Fe-Al$_2$O$_3$	5~10	350~400	650
锰矿石颗粒	25~35	300~350	500
稀土元素催化剂	5~10	350~400	700

催化燃烧的催化剂主要有以 Al$_2$O$_3$ 为载体的催化剂和以金属为载体的催化剂。前者现已使用的有蜂窝陶瓷钯催化剂、蜂窝陶瓷铂催化剂、γ-Al$_2$O$_3$ 粒状催化剂、γ-Al$_2$O$_3$ 稀土催化剂等。后者已经使用的有镍铬丝蓬体球钯催化剂、铂钯 / 镍铬带状催化剂、不锈钢丝网钯催化剂等。

2. 催化燃烧工艺流程和设备

催化燃烧基本工艺流程如图 6.28 所示，主要由预热器、热交换器、反应器及预处理设备组成。催化燃烧工艺流程有分建式和组合式两种。在分建式流程中，预热器、热交换器、反应器均作为独立设备分别设立，其间用管路连接，一般用于处理气流量较大的场合。组合式流程是将预热器、热交换器、反应器组合安装在同一设备中，即所谓的催化燃烧炉，一般适用于气流量较小的场合。

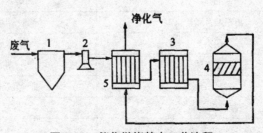

图 6.28　催化燃烧基本工艺流程

1—预处理　2—鼓风机　3—预热器　4—反应器　5—换热器

　　无论是分建式还是组合式工艺,其流程的组成具有下列共同点:①进入催化燃烧装置的气体首先要经过预处理,除去粉尘、液滴及有害组分,避免催化床层的堵塞和催化剂中毒;②进入催化床层的气体必须预热,使其达到起燃温度,只有达到起燃温度催化反应才能进行;③由于催化反应放出大量的热,因此燃烧尾气的温度很高,对这部分热量必须加以回收利用。

　　进行催化燃烧的设备即催化燃烧炉,如图6.29所示。主要包括预热与燃烧部分,预热部分除设置加热装置外,还应保持一定长度的预热区,以使气体温度分布均匀。为防止热量损失,对预热段应予以良好保温。

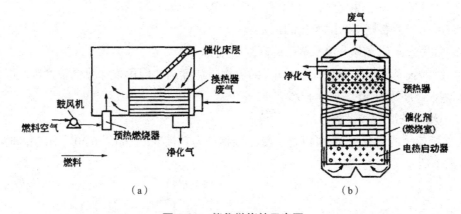

图6.29　催化燃烧炉示意图
(a)催化燃烧炉　(b)立式催化燃烧炉

3. 催化燃烧的特点

催化燃烧的优点是:

(1)需要预热,温度控制在200~400 ℃,为无火焰燃烧,安全性好;

(2)燃烧温度低,辅助燃料消耗少;

(3)对可燃性组分的浓度和热值限制较小,但组分中不能含有尘粒、雾滴和易使催化剂中毒的气体。

催化燃烧的主要缺点是催化剂的费用高。

二、冷凝法

冷凝法是利用物质在不同温度下具有不同的饱和蒸气压的性质,采用降低系统的温度或提高系统的压力,使处于蒸气状态的污染物冷凝并从废气中分离出来的过程。适用于净化浓度大的有机溶剂蒸气。还可以作为吸附、燃烧等净化高浓度废气时的预处理,以便减轻这些方法的负荷。

(一)冷凝法基本原理

1. 冷凝法的原理

在气液两相共存体系中,蒸气态物质由于凝结变为液态物质,液态物质由于蒸发变为气态物质。当凝结与蒸发的量相等时即达到了平衡状态。相平衡时液面上的蒸气压力即为该温度下与该组分相对应的饱和蒸气压。若气相中组分的蒸气压小于其饱和蒸气压时,液相组分继续蒸发;若气相中组分的蒸气压大于其饱和蒸气压时,蒸气就将凝结为液体。

同一物质饱和蒸气压的大小与温度有关,温度越低,饱和蒸气压值就越小。对于含有一定浓度的有机物废气,若将其温度降低,废气中有机物蒸气的浓度不变,但与其相应的饱和蒸气压值随温度的降低而降低。当降到某一温度时,与其相应的饱和蒸气压值就会低于废气组分分压,该组分就凝结为液体。在一定压力下,一定组分的蒸气被冷却时,刚出现液滴时的温度称为露点温度。冷凝法就是将气体中的有害组分冷凝为液体,从而达到了分离净化的目的。

2. 冷凝法的特点

(1)适宜净化高浓度废气,特别是有害组分单纯的废气;

(2)可以作为燃烧与吸附净化的预处理;

(3)可用来净化含有大量水蒸气的高温废气;

(4)所需设备和操作条件比较简单,回收物质纯度高。但用来净化低浓度废气时,需要将废气冷却到很低的温度,成本较高。

(二)冷凝法流程和设备

根据所使用的设备不同,可以将冷凝法流程分为直接冷凝(如图 6.30 所示)和间接冷凝(如图 6.31 所示)两种。

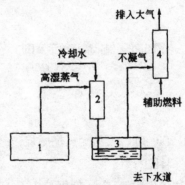

图 6.30　直接冷凝流程

1—真空干燥炉　2—接触冷凝器　3—热水池　4—燃烧净化炉

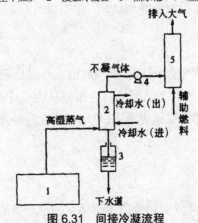

图 6.31　间接冷凝流程

1—真空干燥炉　2—冷凝器　3—冷凝液贮槽　4—风机　5—燃烧净化炉

冷凝法所用的设备主要分为表面冷凝器和接触冷凝器两大类。

表面冷凝器将冷却介质与废气隔开,通过间壁进行热量交换,使废气冷却。典型的设备如列管式冷凝器、喷淋式蛇管冷凝器等(如图6.32和6.33所示)

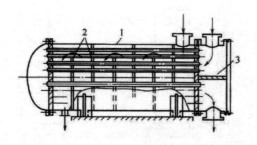

图6.32 列管式冷凝器示意图

1—壳体 2—挡板 3—隔板

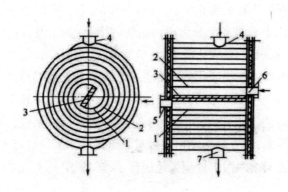

图6.33 喷淋式蛇管冷凝器示意图

1、2—金属片 3—隔板 4、5—冷流体连接管 6、7—热流体连接管

在使用这一类设备时,可以回收被冷凝组分,但冷却效率较差。

接触冷凝器是将冷却介质与废气直接接触进行热量交换的设备(如图6.34所示),如喷淋塔、填料塔、板式塔、喷射塔等均属于这一类设备。冷却介质不仅可以降低废气的温度,而且可以使废气中的有害组分溶解。使用这类设备冷却效果好,但冷凝物质不易回收,易造成二次污染,必须对冷凝液进一步处理。

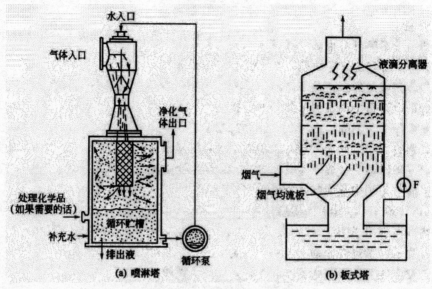

图 6.34　接触冷凝器示意图

三、生物净化法

生物净化法是利用微生物的生化反应,使废气中的气态污染物降解,从而达到净化的目的。生物净化法主要用于有机和部分无机污染物的净化,如苯及其衍生物、醇、酮、酚、脂肪酸、吲哚、噻唑衍生物、氨和胺、二硫化碳等,在废气脱臭方面已有较多的应用,对烟气脱硫和脱氮也有良好的应用前景。生物净化的主要优点是流程和设备简单,一般不消耗有用原料,运行能耗和费用较低、安全可靠、无二次污染。由于生化反应速率较低,因此设备体积较大。

按照工作介质不同,生物净化方法可分为微生物悬浮液法、活性污泥法、微生物膜法、堆肥法和土壤法等。近年来,国外利用绿化地带对道路机动车废气进行土壤处理的试验;国内上海曾应用土壤法对建筑物内污水处理设施进行了排气脱臭的工程尝试。

第七章　典型气态污染物的净化技术

第一节　硫氧化物的净化技术

一、硫氧化物的来源及危害

硫氧化物是硫的氧化合物的总称。通常硫有四种氧化物,即二氧化硫(SO_2)、三氧化硫(SO_3)、三氧化二硫(S_2O_3)、一氧化硫(SO);此外还有两种过氧化物:七氧化二硫(S_2O_7)和四氧化硫(SO_4)。在大气中比较重要的是 SO_2 和 SO_3,其混合物用 SO_x 表示。硫氧化物是全球硫循环中的重要化学物质。它与水滴、粉尘并存于大气中,由于颗粒物(包括液态的与固态的)中铁、锰等起催化氧化作用,而形成硫酸雾,严重时会发生煤烟型烟雾事件,如伦敦烟雾事件,或造成酸性降雨。SO_x 是大气污染、环境酸化的主要污染物。化石燃料的燃烧和工业废气的排放物中均含有大量 SO_x。目前采用燃料脱硫、排烟脱硫等技术来降低或消除硫氧化物(主要是 SO_2)的排放。也有用高烟囱扩散的方法,使排放源附近的 SO_x 浓度降低,但这会污染远离污染源地区,故只是权宜之计。

SO_2 和 SO_3 都是呈酸性的气体,SO_2 主要是燃烧煤所产生的大气污染物,易溶于水,在一定条件下可硫氧化物氧化为 SO_3,之后溶于雨水中,就是酸雨了。大气中的硫氧化物大部分来自煤和石油的燃烧,其余来自自然界中的有机物腐化。硫氧化物对人体的危害主要是刺激人的呼吸系统,吸入后,首先刺激上呼吸道黏膜表层的迷走神经末梢,引起支气管反射性收缩和痉挛,导致咳嗽和呼气道阻力增加,接着呼吸道的抵抗力减弱,诱发慢性呼吸道疾病,甚至引起肺水肿和肺心性疾病。如果大气中同时有颗粒物质存在,颗粒物质吸附了高浓度的硫氧化物、可以进入肺的深部。因此当大气中同时存在硫氧化物和颗粒物质时其危害程度可增加三到四倍。

二氧化硫是主要的大气污染物,曾经在一些国家造成过多起重大的大气污染事件,因此国内外对 SO_2 控制技术进行了大量的研究,目前研究的烟气脱硫方法已有 100 多种,其中用于工业的有十几种。烟气中因 SO_2 含量不同,可分为两种:一般 SO_2 含量在 2% 以上的为高浓度烟气,只要来自于金属冶炼及化工过程;而 SO_2 含量在 2% 以下的为低浓度烟气,主要来自燃料燃烧过程。高浓度 SO_2 烟气直接用来制取硫酸,因此,这里仅讨论燃烧烟气中低浓度 SO_2 的净化方法。这类烟气的特点是 SO_2 浓度低,大多数为 0.1%~0.5%,排放量大。

二、烟气脱硫方法

烟气脱硫方法通常有两种分类方法:一是根据脱硫过程中生成物的处置分为抛弃法和回收法;二是根据脱硫剂的形态分为干法和湿法。

　　目前抛弃法在技术上比较成熟,经济上也容易被接受。干法是利用固体吸附剂或催化剂脱除烟气中的 SO_2;湿法则是采用水或碱性吸收液或含触媒离子的溶液吸收烟气中的 SO_2。干法脱硫净化后烟气温度降低很少,由烟囱排入大气时利于扩散,生成物容易处理,但反应速度较慢;而湿法脱硫效率高,反应速度也快,但生成物是液体或泥浆,处理较为复杂,而且烟气在吸收过程中的温度降低很多,不利于高烟囱扩散或稀释;喷雾干燥法是将吸收剂浆液喷入烟流中进行吸收,高温烟气使吸收液中水分蒸发,生成物呈干粉状,易于收集。

　　表7.1汇集了常用的烟气脱硫方法。

　　本任务将主要介绍锅炉烟气脱硫方法的基本原理、工艺流程和设备。合理选取脱硫工艺需要考虑环境、经济、社会等多方面因素。

表7.1　主要烟气脱硫方法

方法分类		方法名称	脱硫剂	中间反应	产物
吸收法	石灰石/石灰法	湿式石灰石/石灰-石膏法	$CaCO_3$、$Ca(OH)_2$	氧化	石膏
		湿式石灰-亚硫酸钙法		-	亚硫酸钙
		喷雾干燥法		-	石膏
	氨法	氨酸法	NH_3、铵盐	酸化	二氧化硫、硫酸铵
		氨-亚铵法		-	亚硫酸铵
		氨-硫铵法		氧化	硫酸铵
	钠法	亚钠循环法	Na_2CO_3、$NaOH$、Na_2SO_4	热再生	浓二氧化硫
		亚钠法		-	亚硫酸钠
		钠盐-酸分解法		酸化	浓二氧化硫
		钠碱-石膏法		石灰复反应	石膏
	铝法	碱性氧化铝-石膏法	碱性氧化铝	石灰复反应	石膏
		碱性硫酸铝-二氧化硫法		热再生	浓二氧化硫
	金属氧化物法	氧化镁法	$Mg(OH)_2$	热再生	浓二氧化硫
		氧化锌法	ZnO	热再生	浓二氧化硫
		氧化锰法	MnO_2	电解	锰、硫酸
吸附法 分子筛吸附法		活性炭吸附法	活性炭 加热再生	洗涤再生	稀硫酸
				浓二氧化硫	
		分子筛	加热再生	浓二氧化硫	
催化转化法	催化氧化法	干式氧化法	V_2O_5(催化剂)	吸收	硫酸
		湿式氧化法	水、稀硫酸	石灰石复反应	石膏
	催化还原法	斯科特法	二异丙醇胺	热再生,克劳斯反应	硫黄

(一)石灰/石灰石法

　　石灰石资源丰富,成本低廉,是最早用于烟气脱硫的吸收剂,目前仍为广泛采用。石灰/

石灰石法又可以分为湿式石灰／石灰石-石膏法、改进的石灰／石灰石法和喷雾干燥法。

1. 湿式石灰／石灰石-石膏法

这种方法是将 SO_2 烟气送入吸收塔内，用石灰石浆液（一般含量 5%~10%）作为吸收剂，在塔内与烟气接触，吸收 SO_2，生成石膏。该法优点是原料易得、价格低廉；缺点是容易发生设备堵塞和磨损。

（1）反应原理

石灰石或石灰浆液吸收烟气中的二氧化硫，先生成亚硫酸钙，然后再氧化为硫酸钙。吸收过程在吸收塔内主要反应如下：

$$Ca(OH)_2+SO_2 \rightarrow CaSO_3 \cdot \frac{1}{2}H_2O+\frac{1}{2}H_2O$$
$$CaCO_3+SO_2+\frac{1}{2}H_2O \rightarrow CaSO_3 \cdot \frac{1}{2}H_2O+CO_2 \uparrow$$
$$CaCO_3 \cdot \frac{1}{2}H_2O+SO_2+\frac{1}{2}H_2O \rightarrow Ca(HSO_3)_2$$

因烟气中有氧，已生成的亚硫酸钙和亚硫酸氢钙氧化成硫酸钙，反应如下：

$$2CaSO_3 \cdot \frac{1}{2}H_2O+O_2+3H_2O \rightarrow 2CaSO_4 \cdot 2H_2O$$
$$Ca(HSO_3)_2+\frac{1}{2}O_2+H_2O \rightarrow CaSO_4 \cdot 2H_2O+SO_2 \uparrow$$

（2）工艺流程及设备

石灰／石灰石浆液吸收法脱硫工艺流程简单，如图 7.1 所示。石灰浆液在制备槽中配置，送入循环槽，由循环泵送到吸收塔顶部喷淋。吸收 SO_2 后，得到含亚硫酸钙和硫酸钙的混合浆液由塔底流回循环槽。将 pH 调整到 4 左右经泵送入氧化塔，向氧化塔内鼓入空气，进行氧化得到石膏。所得的石膏浆料经过增稠、离心过滤和清洗获得石膏产品。滤液除去杂质后送至石灰石浆液制备槽。常用的吸收设备有喷淋塔、湍球塔、筛板塔、文丘里洗涤器等。

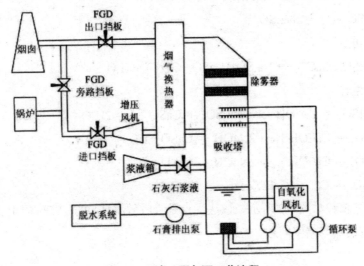

图 7.1 石灰／石灰石工艺流程

结垢和堵塞是影响吸收塔操作的最大问题。为防止固体沉积、结晶析出以保证吸收效率,在操作中应注意以下几点:将浆液 pH 控制在 6 左右;保持适当的气、液、固比例,以免水分蒸发使固体沉积或结晶析出;在吸收液中加入二水硫酸钙晶种,以提供足够的沉积面积,使溶解盐优先沉淀于其上,来控制因溶液过饱和而沉淀物析出而结垢。在选用吸收器时,应选用持液量大、气液间相对速度高、气液接触面积大,塔内构件少、压力降小的设备。

2. 改进的石灰 / 石灰石法

为了提高 SO_2 去除效率,克服湿式石灰 / 石灰石 - 石膏法的结垢问题,发展了改良的方法,即将吸收塔内的吸收介质改为清液以避免结垢问题,吸收 SO_2 之后的溶液用石灰石或石灰再生,生成石膏,再生后的吸收液循环使用。改良方法有很多,如加己二酸缓冲剂法、碱性氧化铝法以及双碱法等。这里简要介绍常用的双碱法。

所谓双碱法是采用碱性金属盐类(Na^+、K^+、NH_4^+ 等)或碱类水溶液吸收 SO_2,然后用石灰石或石灰再生吸收 SO_2 后的吸收液,将 SO_2 以亚硫酸钙或硫酸钙沉淀形式析出,获得高纯度石膏,再生后的吸收液返回吸收系统循环使用。设计中主要考虑固体容易析出及钠易回收。常用的是钠碱双碱法。

钠碱双碱法是用 Na_2CO_3 或 NaOH(第一碱)溶液进行吸收,反应后的吸收液用石灰石或石灰(第二碱)再生,制取石膏,再生的吸收液循环使用。

用氢氧化钠溶液吸收:

$$2NaOH+SO_2 \rightarrow Na_2SO_3+H_2O$$

用碳酸钠溶液吸收:

$$Na_2CO_3+SO_2 \rightarrow Na_2SO_3+CO_2 \uparrow$$

$$Na_2CO_3+SO_2 + H_2O \rightarrow 2NaHSO_3$$

在吸收过程中,一部分亚硫酸钠氧化为硫酸钠:

$$2Na_2SO_3+O_2 \rightarrow 2Na_2SO_4$$

用石灰石再生:

$$2NaHSO_3+CaCO_3 \rightarrow Na_2SO_3+CaSO_3+CO_2 \uparrow +H_2O$$

用石灰再生:

$$2NaHSO_3 + Ca(OH)_2 \rightarrow Na_2SO_3 + CaSO_3 \downarrow + 2H_2O$$

$$Na_2SO_3 + Ca(OH)_2 \rightarrow 2NaOH + CaSO_3 \downarrow$$

$$Na_2SO_4 + Ca(OH)_2 \rightarrow 2NaOH + CaSO_4 \downarrow$$

$$2CaSO_3 + O_2 \rightarrow 2CaSO_4 \downarrow$$

双碱法工艺梳程如图 7.2 所示。该法优点是吸收效率高,可达 95% 以上;吸收系统不产生沉淀物,没有结垢与堵塞问题。

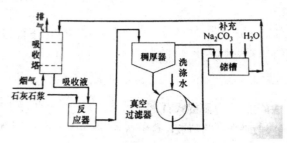

图 7.2　钠碱双碱法工艺流程

由于烟气中有氧,部分亚硫酸钠被氧化成硫酸钠,硫酸钠不易再生。因此需要补充 Na_2CO_3 或 NaOH,钠的补充量约为 0.05 mol/mol SO_2。另外,由于 Na_2SO_4 的存在降低了石膏质量,这也是双碱法的主要不足之处。

3. 喷雾干燥法

喷雾干燥法是 20 世纪 80 年代,由美国 Joy 公司和丹麦 Niro Atomizer 共同开发的,故又称 Joy/Niro 法。这种方法是以 $Ca(OH)_2$ 和 Na_2CO_3 溶液为吸收剂,经喷雾装置喷入反应器内,同烟气接触而吸收 SO_2,SO_2 在与碱性雾滴进行反应的同时也干燥了液滴,水分蒸发,到达反应器出口,形成的生物为干固体粉末连同未曾发生反应的吸收剂干化的颗粒及飞灰经除尘器进行气固的分离,排出尾气。因此该流程在吸收器内反应之后,将在除尘器内继续分离,如图 7.3 所示。

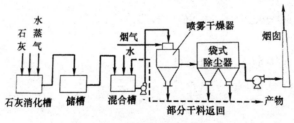

图 7.3　喷淋干燥法工艺流程

喷雾干燥法脱硫效率可达 70%~90%。该系统的关键是喷雾装置,通常用的有两种:喷嘴和离心转盘喷雾器。操作方式可以逆流,也可以并流。

喷雾干燥法的主要优点是工艺简单、设备少;运行可靠,生产过程中不会发生结垢和堵塞现象;生成物易处理;只要将排烟温度控制在适宜的范围内,不会产生严重的腐蚀问题;能量消耗低、投资省、运行费用小、耗水量低;对烟气量和 SO_2 浓度适应性较强;净化后的尾气温度较高,不必再加热,可以直接排放。影响 SO_2 去除的因素主要是 SO_2 吸收率和吸收剂利用率随烟气出口温度接近饱和温度的程度而提高,一般喷雾干燥法的操作温度在绝热饱和温度之上 11~28 k。还需要防止出口烟气接近湿饱和,避免在袋式除尘器中出现凝结问题。

目前喷雾干燥吸收法主要用于低硫煤脱硫操作中。

（二）金属氧化物法

一些金属氧化物如 MnO_2、ZnO 等可以吸收烟气中的 SO_2。下面以氧化镁法为例简要介绍金属氧化物法脱硫的基本反应及工艺流程。

氧化镁法是以氧化镁浆料吸收烟气中的 SO_2，生成 $MgSO_2$，加热可再生 MgO，再生获得高浓度 SO_2 用来生产硫酸和硫黄。氧化镁吸收脱硫的工艺过程包括四部分：烟气预处理、SO_2 吸收、固体分离与干燥和 $MgSO_3$ 再生。

1. 工艺过程中的主要化学反应

（1）烟气预处理

主要用于燃煤系统，主要去除飞灰，防止使循环使用的吸收剂遭受严重污染。烟煤飞灰含有钒和铁等化合物，它们是催化剂，促使下面副反应发生：

$$MgSO_3 + \tfrac{1}{2}O_2 \rightarrow MgSO_4$$

（2）SO_2 吸收

用氧化镁浆液，即 $Mg(OH)_2$ 做吸收剂，其主反应如下：

$$Mg(OH)_2 + SO_2 + 5H_2O \rightarrow MgSO_3 \cdot 6H_2O$$

$$MgSO_3 + SO_2 + H_2O \rightarrow Mg(HSO_3)_2$$

$$Mg(HSO_3)_2 + Mg(OH)_2 + 10H_2O \rightarrow 2MgSO_3 \cdot 6H_2O$$

副反应：

$$Mg(HSO_3)_2 + \tfrac{1}{2}O_2 + 6H_2O \rightarrow MgSO_4 \cdot 7H_2O + SO_2$$

$$MgSO_3 + \tfrac{1}{2}O_2 + 7H_2O \rightarrow MgSO_4 \cdot 7H_2O$$

$$Mg(OH)_2 + SO_3 + 6H_2O \rightarrow MgSO_4 \cdot 7H_2O$$

（3）干燥过程

$$MgSO_3 \cdot 6H_2O \rightarrow MgSO_3 + 6H_2O \uparrow$$

$$MgSO_4 \cdot 7H_2O \rightarrow MgSO_4 + 7H_2O \uparrow$$

（4）分解过程

$$MgSO_3 \rightarrow MgO + SO_2 \uparrow$$

$$MgSO_4 + \tfrac{1}{2}C \rightarrow MgO + SO_2 \uparrow + \tfrac{1}{2}CO_2 \uparrow$$

经熔烧干燥后的镁盐可得到氧化镁，同时放出 SO_2，焙烧炉排气中含有 10% 的 SO_2，经过除尘净化，可送至硫酸生产制造单元。焙烧温度对 MgO 性质影响较大，适宜的焙烧温度是 933~1 143 K。

2. 工艺流程与设备

氧化镁脱硫的工艺流程如图 7.4 所示。

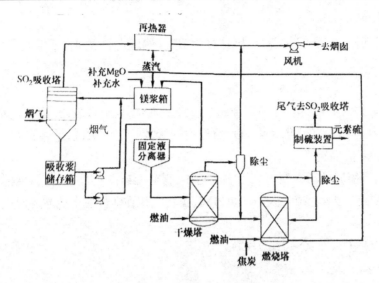

图 7.4 氧化镁法工艺流程

该工艺流程主要设备是文丘里吸收装置,常用的是开米科(Chmico)洗涤器,如图 7.5 所示。开米科洗涤器是一种组合式的文丘里吸收装置。其特点是气液接触好,净化效果高;处理气体量大,单台设备处理能力可达 250 m_N^3/s;无结垢故障,稳定性好,可长期连续运转。

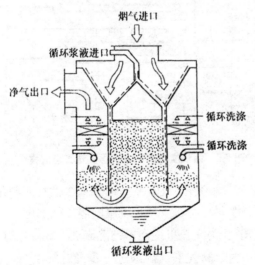

图 7.5 开米科洗涤器构造示意

但氧化镁法脱硫的缺点是要求预处理必须除尘除氯,大约有 8% 的 MgO 流失而产生二次污染。

(三)活性炭吸附法

低浓度 SO_2 除了用前面介绍的吸收法净化之外,也可以采用吸附净化法,常用的吸附剂是活性炭。活性炭吸附 SO_2,在干燥、无氧条件下主要是物理吸附,当有氧和水蒸气存在时会发生化学吸附。

1. 基本原理

烟气通过活性炭床时，SO_2、O_2 和 H_2O 被吸附，然后它们之间在活性炭表面上发生化学反应：

$$SO_2 + \tfrac{1}{2}O_2 + (n+1)H_2O \rightarrow H_2SO_4 \cdot nH_2O$$

如果用铜、铁、钴、镍、铬、和铈等金属盐浸渍活性炭，就可以发现：活性炭对 SO_2 的吸附能力提高了，这可能是有催化氧化 SO_2 的作用的缘故。一般来说，活性炭对 SO_2 的吸附容量是 40-140 g/kg 活性炭。

到达吸附平衡时的活性炭可以用水洗再生，得到稀硫酸；也可以用加热再生的方法，这样可得到高浓度的二氧化硫。因为加热过程，碳将沉积在活性炭上硫酸还原成二氧化硫，反应式如下：

$$2H_2SO_4 + C \rightarrow 2SO_2 + 2H_2O + CO_2 \uparrow$$

2. 工艺流程

活性炭吸附 - 水洗再生脱硫法又称鲁奇式活性炭吸附法，因为这种方法是由德国鲁奇化学协会和法兰克福的胡特惠逊公司开发的，其工艺流程如图 7.6 所示。

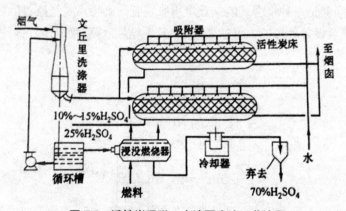

图 7.6　活性炭吸附－水洗再生法工艺流程

烟气首先经文丘里洗涤器除尘并冷却，然后进入一个活性炭吸附器。图 7.6 中是两个固定活性炭吸附器，一个吸附，另一个再生。平均吸附脱硫效率可达 80%。用水冲洗再生得到稀硫酸溶液进入循环液槽，作为文丘里洗涤器的洗涤液。在洗涤过程中，由于一部分水分蒸发而提高了硫酸浓度，可达 25% 左右。硫酸进一步经过浸没燃烧器、冷却器和过滤器除去杂质，最后可得到 65%~70% 的硫酸。

该工艺主要优点是工艺简单、运转方便、副反应少、无污水排放、可回收稀硫酸。但也有很多缺点，主要是由于活性炭吸附容量有限，所以需要较大的吸附设备，一次性投资高，吸附剂需要频繁再生。

我国湖北省松木坪电厂已成功地用活性炭吸附－水洗再生法处理低浓度 SO_2 烟气，脱硫率高达 90%。

（四）催化转化法

烟气中的 SO_2 可以在催化剂的作用下被氧化为 SO_3，再转变为硫酸回收利用；也可在催化剂作用下还原为 H_2S，再用特殊工艺回收硫黄。

下面就分别来讨论催化氧化和催化还原两种方法对 SO_2 的净化原理及工艺流程。

1. 催化氧化法脱硫

二氧化硫的催化氧化又可根据反应组分在催化转化过程中的物相分为干式和湿式两种。干式催化氧化是 SO_2 在固体催化剂表面被转化的过程；湿式催化氧化是 SO_2 被吸收液吸收后催化转化的过程。

（1）干式催化氧化法脱硫

有称气相催化法，多用于处理硫酸生产尾气和有色金属烟气制酸。

干式催化氧化法常以 V_2O_5 作催化剂，催化氧化 SO_2 使之成为 SO_3 再制酸。也就是说在该法中，SO_2 是在 V_2O_5 催化剂的表面发生氧化反应的：

$$SO_2 + \tfrac{1}{2}O_2 \rightarrow SO_3$$

这是一个放热可逆反应，其平衡关系为：

$$K_p = \frac{(SO_2)}{(SO_2)[O_2]^{\frac{1}{2}}} \tag{7.1}$$

平衡常数 K_p 是温度的函数，随温度的升高而减小，温度越低，平衡常数越大，SO_2 的平衡转化率也越高。当然温度低，反应速度就越缓慢。增加反应时间、增加催化剂用量，而实际转化率也可能不高。

为了使反应进行得快，最终的转化率高，因此在实际的操作中采用了变温措施。在反应初期，因为反应体系还远离平衡状态，为了加速反应，可采用高温操作。而在反应后期，当反应体系已接近平衡状态时，可采用低温操作，使反应向深度发展以获得最终的高转化率。当然对温度的选择要考虑到催化剂的催化活性温度范围。V_2O_5 的活性温度通常为 400-600 ℃，这也是实际生产的操作温度范围。图 7.7 表达了最适合的温度曲线，根据它们之间的相互关系来确定操作条件。

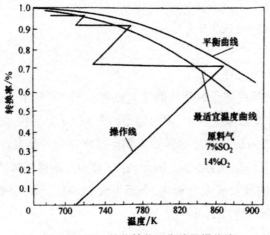

图 7.7　SO_2 催化转化平衡线及操作线

干式催化氧化法脱硫系统流程如图 7.8 所示。该系统是比较传统的制酸工艺,复杂而庞大。因为烟气在进入转化器前必须先经过除尘,转化生成的热量可利用锅炉的省煤器和空气加热器输送出来。由于烟气中的 SO_2 含量低,采用一次转化、一次吸收即可达到净化要求。但是所得的产品相对甚少,使用价值不大。因此该法多用于高浓度 SO_2 尾气的净化过程。

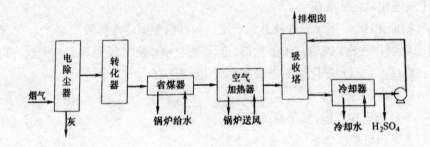

图 7.8　烟气脱硫的催化氧化流程

（2）湿式催化氧化法脱硫

又称液相催化法,是用含有铁(Fe^{3+})、锰(Mn^{2+})等金属离子的稀硫酸溶液(2%~3%)作吸收剂,吸收 SO_2 ,再经催化氧化转化为硫酸。因此,转化过程可分为两个步骤:吸收和氧化。

吸收反应:

$$Fe_2(SO_4)_3 + SO_2 + 2H_2O \rightarrow 2FeSO_4 + 2H_2SO_4$$

氧化反应:

$$2FeSO_4 + SO_2 + O_2 \rightarrow Fe_2(SO_4)_3$$

总反应式可写成:

$$2SO_2 + O_2 + 2H_2O \rightarrow 2H_2SO_4$$

铁离子作催化剂的湿式催化氧化法的工艺流程如图 7.9 所示,该法又称千代田法。该法要求烟气首先经过除尘器除去灰尘,同时增湿冷却到 60 ℃左右,然后再送入吸收塔用含 Fe^{3+} 的稀硫酸吸收,废气脱硫后经过除雾器由烟囱排出。由于烟气和吸收液中的氧不足以使 SO_2 充分氧化,多数只转化成 H_2SO_3 。因此,含有 H_2SO_3 的稀硫酸还需再进入氧化塔。氧化塔内通入压缩空气,使吸收液充分氧化,全部生成 H_2SO_4 。当 H_2SO_4 浓度达到 5% 时,导入结晶槽,加入石灰石粉反应生成石膏。

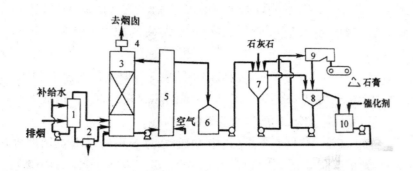

图 7.9　千代田法工艺流程

1—除尘塔　2—压滤器　3—吸收塔　4—除雾器　5—氧化塔
6—吸收液槽　7—结晶槽　8—增稠槽　9—离心分离器　10—母夜叉槽

该法工艺简单,运行可靠,无设备堵塞问题,还可获得石膏。但缺点是液气比要求大,一般为 40 L/m³;由于 SO₂ 在稀硫酸中溶解较小,故需要较大的液比,设备也就比较庞大;因稀硫酸液腐蚀性强,需用钛、铝等特殊材料制作,设备投资大。

2. 催化还原法脱硫

催化还原法脱硫是用 H₂S 或 CO 将 SO₂ 还原为硫,反应如下:

$$SO_2+2H_2S \rightarrow H_2O+3S$$

$$SO_2+2CO \rightarrow 2CO_2+S$$

该过程可以活性炭为催化剂。由于操作过程中有 H₂S 和 CO 二次污染问题及催化剂中毒问题尚未得到适宜的解决方法,因此催化还原法处理低浓度 SO₂ 气体还未达到实用阶段。对于炼油厂高浓度 H₂S 气体,可用克劳斯装置进行回收单质硫的操作。

第二节　氮氧化物的净化技术

一、氮氧化物的来源及危害

氮氧化物种类很多,有 NO、N₂O、NO₃、NO₂、N₂O₃、N₂O₄、N₂O₅ 等,总称 NOₓ。造成大气污染的主要是 NO 和 NO₂,主要来自燃料的燃烧过程、机动车排气及硝酸生产等过程。

天然排放的 NOₓ,主要来自土壤和海洋中有机物的分解,属于自然界的氮循环过程。人为活动排放的 NO,大部分来自化石燃料的燃烧过程,如汽车、飞机、内燃机及工业窑炉的燃烧过程,也来自生产、使用硝酸的过程,如氮肥厂、有机中间体厂、有色及黑色金属冶炼厂等。据 80 年代初估计,全世界每年由于人类活动向大气排放的 NOₓ 约 5 300 万吨。NOₓ 对环境的损害作用极大,它既是形成酸雨的主要物质之一,也是形成大气中光化学烟雾的重要

物质和消耗 O_3 的一个重要因子。

在高温燃烧条件下，NO_x 主要以 NO 的形式存在，最初排放的 NO_x 中 NO 约占 95%。但是，NO 在大气中极易与空气中的氧发生反应，生成 NO_2，故大气中 NO_x 普遍以 NO_2 的形式存在。空气中的 NO 和 NO_2 通过光化学反应，相互转化而达到平衡。在温度较大或有云雾存在时，NO_2 进一步与水分子作用形成酸雨中的第二重要酸分——硝酸（HNO_3）。在有催化剂存在时，如加上合适的气象条件，NO_2 转变成硝酸的速度加快。特别是当 NO_2 与 SO_2 同时存在时，可以相互催化，形成硝酸的速度更快。

此外，NO_x 还可以因飞行器在平流层中排放废气，逐渐积累，而使其浓度增大。NO_x 再与平流层内的 O_3 发生反应生成 NO 与 O_2，NO 与 O_3 进一步反应生成 NO_2 和 O_2，从而打破 O_3 平衡，使 O_3 浓度降低，导致 O_3 层的耗损。

二、烟气脱硝的方法

净化烟气中的氮氧化物又称为烟气脱氮，或烟气脱硝。净化烟气和其他工业废气中氮氧化物的方法也很多。按照净化作用原理可分为催化还原、吸收和吸附等三大类。而按工作介质又可分为干法和湿法两大类。以下按干、湿两大类来概括一下烟气脱氮的常用方法。

1. 干法

（1）催化还原法

有选择性催化还原法和非选择性催化还原法。

①选择性催化还原法：以氨或氯 - 氨为还原剂，将氮氧化物催化还原为氮。

②非选择性催化还原法：用 H_2、CO、H_2S、CH_4、其他可燃气体或尾气作还原剂进行催化还原，使 NO_2 转化为 N_2。

（2）吸附法

用活性炭或分子筛吸附 NO_x。

2. 湿法

（1）吸收法

可用水、酸、碱和熔融金属盐液吸收。

（2）氧化吸收法

NO 不易吸收，用强氧化剂将 NO 转化成 NO_2 再吸收。

（3）吸收还原法

用亚氯酸盐、高锰酸钾、亚硫酸盐、尿素等水溶液吸收 NO_2，并使其还原。

（4）络合吸收

用硫酸亚铁、亚硫酸钠、乙二胺四乙酸等溶液吸收，生成络合物。

对于来自各种污染源的 NO_x 常用的净化技术详见表 7.2。

表 7.2　来自各种污染源的 NO_x 净化法

净化方法		反应	备注
非选择性还原法		$2NO_2+4H_2 \rightarrow N_2+4H_2O$ $2NO_2+CH_2 \rightarrow N_2+CO_2+2H_2O$	国外许多硝酸装置采用，NO_x 为 $0.3\%\sim0.5\%$
选择性催化还原法	硫化氢法	$SO_2+2H_2S \rightarrow 2S+2H_2O$ $NO+H_2S \rightarrow S+\frac{1}{2}N_2+H_2O$	可与 SO_2 同时除去
	氨法	$6NO+4NH_3 \rightarrow 5N_2+6H_2O$ $6NO_2+8NH_3 \rightarrow 7N_2+12H_2O$	可与 NH_3 同时除去
	氯氨法	$2NO+Cl_2 \rightarrow 2NOCl$ $2NOCl+4NH_3 \rightarrow 2NH_4Cl+2N_2+2H_2O$	------
	一氧化碳法	$CO+NO \rightarrow \frac{1}{2}N_2+CO_2$ $2CO+SO_2 \rightarrow S+2CO_2$ $NO_2+CO \rightarrow NO+CO_2$	铜／氧化铝催化剂，可与 SO_2 同时除去
吸收法	碱法	$2MOH+H_2O_3 \rightarrow 2MNO_2+H_2O(NO+NO_2)$ $2MOH+2NO_2 \rightarrow MNO_2+MNO_3+H_2O$ （$M: Na^+, K^+, NH_4, Ca^{2+}, ...$）	------
	熔融盐法	$MCO_3+2NO_2 \rightarrow MNO_2+MNO_3+CO_2$ $2MOH+4NO \rightarrow N_2C+2MNO_2+H_2O$ $4MOH+6NO \rightarrow N_2+4MNO_2+H_2O$ （$M: Li^+, Na^+, K^+, ...$）	可与 SO_2 同时除去
	硫酸法	$SO_2+NO_2+H_2O \rightarrow H_2SO_4+NO$ $NO+NO_2+2H_2SO_4 \rightarrow 2NOHSO_4+H_2O$ $2ONOSO_4H+H_2O \rightarrow 2H_2SO_4+(NO+NO_2)$ $2NO_2+H_2O \rightarrow HNO_3+NO$ $NO+\frac{1}{2}O_2 \rightarrow NO_2$	可与 SO_2 同时除去
	氢氧化镁法	$Mg(OH)_2SO_4 \rightarrow MgSO_4+H_2O$ $Mg(OH)_2NO+NO_2 \rightarrow Mg(NO_2)_2+H_2O$	可与 SO_2 同时除去
吸附法		用分子筛，硅胶，活性炭，离子交换树脂吸附	------

（一）催化还原法

催化还原法净化气体中的氮氧化物，可根据还原剂是否与废气中的氧气发生反应分为非选择性催化还原法和选择性催化还原法。

1. 非选择性催化还原法

（1）反应原理

含氮氧化物的废气，在一定温度和催化剂的作用下，与还原剂发生反应，将其中的二氧化氮和一氧化氮还原为氮气，同时还原剂与废气中的氧气反应生成水和二氧化碳。还原剂可用氢、甲烷、一氧化碳和低碳氢化合物，通常使用的还原剂多为包含以上组分的混合气体。例如：合成氨释放气、焦炉气、天然气、炼油厂尾气和气化石脑油等，一般将这些气体通称为燃料气。

还原过程中发生的主要反应式：

$$\begin{cases} H_2+NO_2 \rightarrow H_2O+NO \\ 2H_2+O_2 \rightarrow 2H_2O \\ 2H_2+2NO \rightarrow 2H_2O+N_2 \end{cases}$$

$$\begin{cases} CH_4+4NO_2 \rightarrow 4NO+CO_2+2H_2O \\ CH_4+2O_2 \rightarrow CO_2+2H_2O \\ CH_4+4NO \rightarrow CO_2+2N_2+2H_2O \end{cases}$$

$$\begin{cases} CO+NO_2 \rightarrow CO_2+NO \\ 2CO+O_2 \rightarrow 2CO_2 \\ 2CO+2NO \rightarrow 2CO_2+N_2 \end{cases}$$

以上三组反应的第一步都是将有色的 NO_2 还原为五色的 NO,一般都称为"脱色流程"或"脱色反应"。第二步是燃烧,产生大量的热,当燃料充足时,可以将其中的氧全部燃烧掉,这一步反应速度很快。第三步反应,即 NO 被完全还原,这才是"消除流程"或"消除反应"。在这三组反应中的第一、第二步又总是比第三步反应速度要快,因而第三步反应总是在前两步反应完成后才能进行。

实际上,还原反应并不想上面所列的反应那么简单,在催化剂上也少量地发生以下副反应。例如用氢为原料时,氢与氧化氮反应能生成氨:

$$2NO + 5H_2 \rightarrow 2NH_3 + 2H_2O$$

$$2NO_2 + 7H_2 \rightarrow 2NH_3 + 4H_2O$$

当以甲烷为燃料时,甲烷与氧化氮反应也生成氨:

$$5CH_4 + 8NO + 2H_2O \rightarrow 5CO_2 + 8NH_3$$

$$7CH_4 + 8NO_2 \rightarrow 7CO_2 + 8NH_3 + 2H_2O$$

（2）催化剂

非选择性催化还原法所用的催化剂,基本上是铂(Pt)与钯(Pd),通常以约 0.5% 的含量载在载体上,载体多用氧化铝,也有将铂或钯镀在镍基合金上,制成网状再构成空心圆柱置于反应器中。

不同金属含量的铂、钯催化剂具有不同的活性。以氧化铝为载体,经试验证明铂含量 0.1% 0.6% 的几种不同催化剂中,催化剂的还原性随金属含量的增加而增加。反应温度在 500 ℃以下时,金属含量不同,催化剂的活性差别很大;金属含量增加到 0.4%,温度达到 500 ℃以上时,催化剂的活性差别就很小。

钯与铂比较,在 500 ℃以前铂的活性比钯要好,在 500 ℃以后,钯的活性超过铂。另外钯作催化剂时,作为还原剂的燃料气起燃温度低。在国际市场上,钯较铂便宜,所以在国外多用钯作催化剂,但钯的缺点是对磁比较敏感,高温时易氧化,国内钯的来源较少,因此多用铂为催化剂。

催化剂的载体一般用氧化铝 - 氧化硅型或氧化铝 - 氧化镁型。可制成球状、柱状和蜂窝状结构。其中球状载体加工方便,磨损轻,阻力更小,是常用的形状,其耐高温温度为 815 ℃。蜂窝状载体有效面积大,阻力小,可以允许更大的空间速度(单位时间内单位体积催化剂所能处理的气体体积),因此又逐渐引起人们的使用兴趣。为了进一步提高载体的耐热酸性,可在载体氧化铝表面上镀一层 ThO_2(二氧化钍)或 ZrO_2(二氧化锆)。

在非选择行催化还原法净化氮氧化物的过程中,影响净化效率的因素有以下几点。

①在净化过程中保持催化剂的活性,减少磨损,防止催化剂中毒和结炭,因此要求气流稳定;采取措施预先除去燃料中的硫、砷等有害杂质。

②空间速度应当适应:空间速度 v 也是衡量催化剂活性指标之一,对于相等体积的催化剂而言,空间速度高时,气体处理量大,催化剂相对用量减少。但空间速度过高时,与催化剂接触时间过短,反应不完全,转化率很低,脱除效果差。国内以铂、钯作催化剂在 500~800 ℃温度下,多采用空间速度在 11.1~27.8/s,能使氮氧化物浓度降到 410 mg/m³ 以下。

③选择适当的预热温度和反应温度:采用不同的燃烧气为还原剂时,其起燃温度不同,因而要求预热温度也不同。下面列出几种主要燃料气的起燃温度:氮气 140 ℃、一氧化碳 140 ℃、甲烷 450 ℃、丙烷 400 ℃、丁烷 380 ℃。当还原剂达不到要求的预热温度时,还原反应则不易进行。反应温度一般控制在 550~800 ℃,脱除效率最好,温度过低反应不完全;温度过高(例如超过 815 ℃),催化剂载体容易被破坏。

上述所谓起燃温度,就是在一定条件下,为保持反应的正常进行所需要的最低温度。对于给定的催化剂而言,其反应温度除了与起燃温度有关外,还与尾气中的氧含量有关。当起燃温度高、尾气中氧含量大时,反应温度就会高;反之,反应温度就会低。

④还原剂用量必须适量:根据化学反应式,每 1 mol H_2 可还原 1/2 mol 的 NO_2,可还原 1 mol 的 NO,可将 1/2 mol 的 O_2 燃烧掉,因此从理论上讲,还原剂的用量是可以计算的。而生产或实验中实际加入还原剂的量与理论计算量之比称为燃烧比。实践证明:燃烧比控制在 110%~120% 最为有效。还原剂量不足可严重影响 NO_x 的净化效果,但还原剂量过大也没什么好处,不仅原料消耗增加,还会引起催化剂表面积炭。

(3)工艺流程及其选择

非选择性催化还原脱氮流程分为一段反应和两段反应两种流程,如图 7.10 所示。两段流程的燃烧气分两次加入系统之中,设置两组反应器和两组废热锅炉。当然两段流程中也有不设置第二组废热锅炉而将第二段反应器出来的气体直接引入动力回收装置的,但此时要求涡轮机等动力装置的材料能耐受较高的温度,否则只能在动力回收装置之前加设废热锅炉以冷却从第二阶段反应器出来的气体温度。因此,在处理工艺选型安排时,必须考虑反应中由于氧的燃烧要放出大量的热,这是非选择性催化燃烧法的特征之一。

选择一段流程或两段流程主要取决于所用的还原剂的组分和所处理的尾气中的氧含量。但如前所述,球形氧化铝载体所能承受的最高温度为 815 ℃,否则将烧坏催化剂,所以以甲烷为还原剂,当尾气中含氧量超过 3% 时,不允许用一段流程。即在第一段反应器中先烧掉一部分氧,并完成把 NO_2 转变为 NO 的脱色反应,经废热锅炉将热量回收,冷却后再与另一部分燃烧气进入第二段反应器,在这些段内将氧烧完,并进行脱除反应。

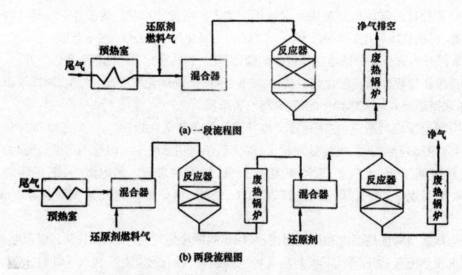

图 7.10　非选择性还原 NO_x 流程示意图

　　由于两段反应所需要的设备多,操作较复杂,催化剂用量又大,所以从还原剂选择和反应器设计方面要加以研究,力争在可能条件下选用一段流程。这就要求选择合适的还原剂以降低起燃温度,并设法提高催化剂的耐高温性能。

　　2. 选择性催化还原法

　　选择性催化还原法通常用氨(NH_3)作为还原剂,因为 NH_3 在铂催化剂(或非金属催化剂)上,在一定的温度范围内,只与气体混合物中的 NO_2 和 NO 进行反应,并将它们还原,且不与氧发生反应。这样反应中可不需烧去大量的氧,因而催化剂床与出口气体温度较低,从而避免了非选择性催化还原法在技术上存在的问题。

　　(1)反应原理

　　用选择性催化还原处理 NO_x,主要反应如下:

$$4NH_3+6NO \rightarrow 5N_2+6H_2O+1\ 809.7\ kJ$$
$$8NH_3+6NO \rightarrow 7N_2+12H_2O+2\ 735.3\ kJ$$

　　实际中也会有如下副反应:

$$4NH_3+3O_2 \rightarrow 2N_2+6H_2O+1\ 267.1\ kJ$$
$$2NH_3 \rightarrow N_2+3H_2-91.94\ kJ$$
$$4NH_3+5O_2 \rightarrow 4NO+6H_2O+907.3\ kJ$$

　　在催化反应时,氧化氮被还原的程度取决于上述诸反应速间的关系,即取决所用的催化剂、反应温度以及气体空间速度。温度过高氨氧化可进一步进行,甚至生成一些氧化氮;温度偏低会生成一些硝酸铵与亚硝酸铵粉尘或白色烟雾,并可能会堵塞管道,甚至引起爆炸。因此选择性催化还原流程要求的温度范围比非选择性催化还原要严格得多。

　　一般来说,发生 NH_3 的分解反应和氨被氧化为 NO 的反应都要在 350 ℃以上才能进行,到 450 ℃以上才激烈起来,温度再高,NH_3 还能被氧化成 NO_2,而在 350 ℃以下所发生的副反应只是与 O_2 生成 N_2 和水的反应。这样我们在工艺中把反应温度控制在 400 ℃以下,就只有主反应能够进行。再选择合适的催化剂,使主反应速度大大超过副反应的速度,以利于氮氧化物的脱除。

（2）催化剂

选择性催化还原法的催化剂,可以用贵金属催化剂,也可以用非贵金属催化剂。以 NH_3 为还原剂来还原 NO_x 的过程较易进行,因此非贵金属中的铜、铁、矾、铬、锰等也都有较好的活性。

（3）工艺流程和主要艺条件

氨催化还原法的一般流程为:含氮氧化物的尾气经除尘、脱硫、干燥后,进行预热,然后与经过净化的氨以一定比例在混合气内混合。一定温度的混合气体进入装有催化剂的反应器,在选定的温度下进行还原反应,反应后的气体经分离器除去氧化剂粉尘,经膨胀器回收动力后排出。在硝酸工厂尾气净化中经受了运行实践的考验,具有很高的活性和化学稳定性。

北京石油化工总厂东风化工厂的硝酸车间,生产能力为 24 000 t/ 年（100%HNO₃）,尾气量为 12 400 m³/h 时,尾气成分: NO₂ 0.216%（0.2%~0.4%）, N₂ 94.73%, H₂O 1.554%,尾气处理的氨选择性催化剂还原净化 NO_x,其流程装置如图 7.11 所示。

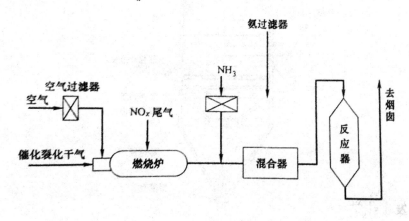

图 7.11　NH₃ 选择性催化还原 NO_x 流程图

流程的工艺条件:

反应器入口温度	220~260 ℃
加热炉温度	≤ 1 200℃
设计空间速度	16 200/h
实际空间速度	15 000~20 000/h
氨	过量 20%~40%[NH₃/NO_x 摩尔比 =1：（1.4~1.8）]

燃料气为精炼催化裂化干气,因原料来源不同等原因,组成变化较大,主要成分大致为: H₂ 10.9%~40.5%, N₂ 14.4%~21.5%, CH₄ 13.8%~19.2%, C₂H₆ 和 C₂H₄ 8.3%~15.8%, C₂H₂ 0.18%~8.60%, C₃H₆ 0.78%~24.80%, C₄H₈ 3.1%~12.5%。

还原剂: NH₃ 99.8%。

催化剂:8209 型 φ5 mm 球形。

催化剂床层高 300 mm(床层阻力 600~800 mmH$_2$O)。

氮氧化物的净化率在正常情况下为 80%~90%。

（4）反应器

用于催化还原的反应器一般采用固定床绝热反应器,其大小可根据处理气体量、空间速度和催化剂状况进行设计计算。一般做成圆筒形,用锥底或半圆底,反应器上部和下部均留出一定空间,中部为催化剂床层,催化剂可一层堆放,也可分为两至三层堆放。图 7.12 为一种反应器的示意图,在反应器的栅板上,装一层不锈钢网子,其上再铺一层厚度为 20~30 mm 的石英砂。石英砂上面装填计算所需的催化剂,催化剂上面再装置一层 20 mm 的石英砂,石英砂可保护催化剂免受气流的直接冲击,延长其寿命,减少催化剂碎片被气流带出。

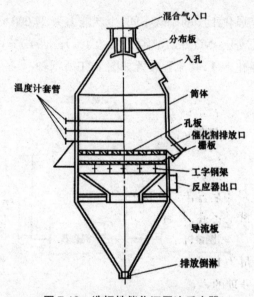

图 7.12　选择性催化还原法反应器

三、液体吸收法

液体吸收法净化氮氧化物时,可采用的吸收剂很多,如水、酸、碱、盐溶液都有吸收氮氧化物的能力,可因地制宜地进行选择。下面讨论几种液体吸收法的反应基本原理及有关工艺。

（一）水吸收法

用水吸收氮氧化物时,二氧化氮易溶于水,并与水反应生成硝酸和亚硝酸:

$$2NO_2 + H_2O \rightarrow HNO_3 + HNO_2$$

亚硝酸在一般情况下很不稳定,容易分解:

$$3HNO_2 \rightarrow HNO_3 + 2NO + H_2O$$

　　NO 不与水发生化学反应,在水中的溶解度也很低。水不仅不能吸收 NO,并且还在吸收 NO_2 的过程中放出 NO,因此水吸收法效果不好,不能用于烟气脱氮。但该法比较简单、经济,可用于含 NO_2 的少量废气的治理。

(二)酸吸收法

　　可用浓硫酸或稀硝酸作为吸收剂吸收氮氧化物。但两种吸收方法的作用原理是不同的。

　　浓硫酸吸收氮氧化物是化学吸收。浓硫酸与氮氧化物反应生成亚硝基硫酸,其反应式为:

$$NO + NO_2 + 2H_2SO_4 \rightarrow 2ONOSO_3H + H_2O$$

　　生成的亚硝基硫酸可用于硫酸生产及浓缩硝酸。在同时生产硫酸和和浓硝酸的企业中,可采用这种方法净化含氮氧化物废气。

　　稀硝酸吸收法基于氮氧化物在稀硝酸中溶解度大的原理,用稀硝酸吸收净化含氮氧化物废气,这一过程是物理吸收。

　　在吸收操作中,吸收剂用浓度为 15%~20% 的硝酸。

(三)碱性溶液吸收法

　　碱性溶液如 NaOH、Na_2CO_3、$Ca(OH)_2$ 等,可与 NO_2 反应生成硝酸盐和亚硝酸盐,与 H_2O_3 反应生成亚硝酸盐,反应式如下:

$$\begin{cases} 2NO_2 + 2NaOH \rightarrow NaNO_3 + NaNO_2 + H_2O \\ NO + NO_2 + 2NaOH \rightarrow 2NaNO_2 + H_2O \end{cases}$$

$$\begin{cases} 2NO_2 + Na_2CO_3 \rightarrow NaNO_3 + NaNO_2 + CO_2 \\ NO + NO_2 + Na_2CO_3 \rightarrow 2NaNO_2 + CO_2 \end{cases}$$

$$\begin{cases} 4NO_2 + 2Ca(OH)_2 \rightarrow Ca(NO_3)_2 + Ca(NO_2)_2 + 2H_2O \\ NO + NO_2 + Ca(OH)_2 \rightarrow Ca(NO_2)_2 + H_2O \end{cases}$$

　　由上列反应式中看出,NO 不与碱液反应,但是当 NO 与 NO_2 同时存在,则吸收反应能够进行。当氮氧化物中 NO_2 的量等于或大于 NO 的量时,吸收将会进行得比较完全。

　　通常将 NO_2 在 NO_x 中所占的百分比(以摩尔分数计),称为 NO_x 的氧化度。因此,可以说当氧化度等于或大于 50% 时,吸收较完全。若氧化度小于 50%,那么多余的 NO 就不能被吸收。所以,碱液吸收法不适合于净化以 NO 为主的燃烧废气,而比较适合于净化氧化度较高的硝酸尾气及硝化废气。

　　在应用碱液作吸收剂时,除了考虑吸收剂的吸收效果外,还要考虑其他操作问题。如用石灰乳吸收,石灰价格便宜,但 $Ca(OH)_2$ 溶解度小,未溶的石灰易堵塞管道,故不常用。氨水也可以吸收 NO_x,但生成物亚硝酸铵很不稳定,在某些条件会产生爆炸,使氨水吸收法使用受到限制。

　　碱性溶液吸收法采用较多的是以 NaOH 和 Na_2CO_3 溶液为吸收剂。Na_2CO_3 便宜,吸收净化费用低,但效果略低于 NaOH 吸收法。

（四）氧化吸收

氧化吸收法主要是用于以 NO 为主的氮氧化物净化过程,先将 NO_x 中的 NO 氧化,将废气的氧化度提高到易于吸收的程度,再进行吸收脱氧。常用的氧化剂有臭氧(O_3)、次氯酸钠($NaClO_2$)、过氧化氢(H_2O_2)、重铬酸钾($K_2Cr_2O_7$)等。例如主要反应:

$$2NO+NaClO_2+2NaOH \rightarrow NaNO_3+NaNO_2+NaCl+H_2O$$

还可用 44%~47% 的硝酸作氧化剂,其反应如下:

$$NO+2HNO_3 \rightarrow 3NO_2+H_2O$$

有许多催化剂对 NO 的氧化过程有显著的催化作用,其中活性炭最为廉价,而且在较低的温度下有良好的催化作用。但用活性炭为催化剂进行 NO 催化氧化时,要将温度控制在 573 K 以下,防止活性炭自燃。

氧化吸收法可以除去单纯用碱液吸收不能除去的 NO,因此在液体吸收法脱氮中很有意义。氧化吸收法因采用的氧化剂不同又可分成硝酸氧化法、活性炭催化氧化法、通氧吸收法、次氯酸盐法、高锰酸钾法、原子氧法等。

（五）吸收还原法

吸收还原法是将吸收到液相的 NO_x,通过还原反应,将其转化为氮气的方法。采用的吸收剂有尿素 $[CO(NH_2)_2]$、亚硫酸盐 $[(NH_4)_2SO_3]$ 或其他的等。吸收反应以 $(NH_4)_2SO_3$ 为例,方程式如下

$$2NO+2(NH_4)_2SO_3 \rightarrow 2(NH_4)_2SO_4+N_2 \uparrow$$

$$NO_2+4(NH_4)_2SO_3 \rightarrow 4(NH_4)_2SO_4+N_2 \uparrow$$

吸收还原法的脱氮效果很好。但要注意,当吸收液中存在亚硫酸氢铵时,会抑制亚硝酸铵的产生而不利于吸收。必要时可控制亚硫酸氢铵在吸收液中与亚硫酸铵的比例,反应如下:

$$NH_4HSO_3+NH_4OH \rightarrow (NH_4)_2SO_4+H_2O$$

图 7.13 是亚硫酸钠吸收还原法 NO_x 的工艺流程。该法不足之处是 NO_x 不能有效利用。

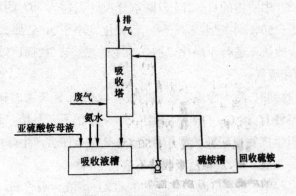

图 7.13　吸收还原法工艺流程

四、吸附法

净化氮氧化物常用的吸附剂有分子筛、硅胶、活性炭和含氨泥煤等。吸附法的优点是能比较彻底地除去废气中的 NO_x 回收利用。

（一）分子筛吸附法

在净化 NO_x 的工艺中，采用的分子筛吸附剂有氢型丝光沸石、氢型皂沸石、脱铝丝光沸石、13X 型分子筛等。这里仅介绍氢型丝光沸石吸附 NO_x 的原理。

丝光沸石分子筛为笼型孔洞骨架的晶体，脱水后微空间十分丰富，具有很高的比表面积（一般为 500~1 000 m²/g），可容纳相当数量的吸附质分子。同时内晶表面高度极化，微孔分布单一均匀，大小与普通分子相近，适合于吸附分离不同物质的分子。

丝光沸石具有很高的硅铝比，热稳定性及耐酸性强，其化学成分为 $Na_2Al_2Si_{10}O_{24} \cdot H_2O$ 用 H^+ 取代 Na^+ 即得氢型丝光沸石。

含 NO_x 的废气通过分子筛床层时，由于水和 NO_2 分子的极性较强，被选择性地吸附在主孔道内表面上，两者在表面上生成硝酸，并放出 NO。

$$3NO_2 + H_2O \rightarrow 2HNO_3 + NO \uparrow$$

放出的 NO 连同废气中的 NO 与氧气在分子筛表面上被催化氧化成 NO_2 而被吸附：

$$2NO + O_2 \rightarrow 2NO_2$$

经过一定床层高度后，尾气中的 NO_x 和水均被吸附。当温度升高时，由于吸附剂对 NO_x 的吸附能力降低，使被吸附的 NO_x 从分子筛孔道内表面脱附出来。用水蒸气可将沸石内表面上的 NO_x 置换解吸出来，脱吸后的分子筛经干燥后再生。该方法工艺流程如图 7.14 所示。

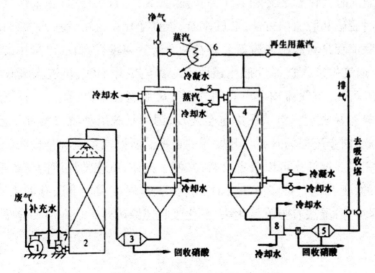

图 7.14　分子筛吸附法工艺流程

1—风机　2—冷却塔　3—除雾器　4—吸附器
5—分离器　6—加热器　7—循环水泵　8—冷凝冷却塔

（二）活性炭吸附法

活性炭对低浓度 NO_x 有很高的吸附能力，其吸附容量也高于分子筛和硅胶。因此也被用作净化硝酸尾气和其他含 NO_x 废气的吸附剂。解吸出来的 NO_x 可以回收。

某些特定的活性炭品种，可使氮氧化物还原为氮气，反应为：

$$2NO + C \rightarrow N_2 + CO_2$$

$$2NO_2 + 2C \rightarrow N_2 + 2CO_2$$

由于活性炭在 573 K 以上有自燃的可能，给吸附再生操作造成相当大的困难，便限制了它的应用。

但在净化硝酸厂的废气中，活性炭层作为催化剂进行氧化吸收净化效率很高，在前面也提及活性炭的催化作用。这种方法也称为活性炭催化法。

通常硝酸厂的废气中 NO 比 NO_2 高许多倍。NO_2 可用 NaOH 等碱液吸收，而 NO 却不能。为了使硝酸尾气通过碱液吸收除去 NO_x，可以采用活性炭作催化剂，提高硝酸尾气的氧化度。将一部分硝酸尾气通过活性炭层，操作条件为：温度 50 ℃（323 K），压力 101 325 Pa。在有氧的条件下，废气中 80%~90% 的 NO 转化成 NO_2。然后再同其余废气混合，使被处理的尾气中 NO 和 NO_2 体积相等，进入吸收塔用碱液吸收。活性炭催化法净化硝酸尾气效率高，通过上述工艺流程，可是废气的氮氧化物浓度降至 0.005%~0.010%。

五、烟气同时脱硫和脱氮的方法

（一）同时脱硫脱氮的方法

烟气中可能同时存在着 SO_2 和 NO_x，同时除去 SO_2、NO_2、NO 主要污染物有重要的意义。烟气同时脱硫和脱氮的方法，总的来看，根据净化系统可分为两大类：串联流程和同步流程。串联流程是将脱硫和脱氮分别在两个装置内进行，目前已采用的工艺流程如图 7.15 所示。烟气先进入选择性催化还原反应器内脱除 NO_x，再进入吸收器内再脱除 SO_2。由图 7.15 可知，串联流程可以利用现有脱硫脱氮技术进行组合，只要适当的改变操作条件就比较容易实现。但从图中也会发现，因为是脱硫和脱氮两种工艺的组合，整个流程长。因此，同步流程的研究与开发受到重视。所谓同步流程是指脱硫脱氮在一个反应器内同时完成。这样既可以节省投资，又便于操作，从化学反应的角度来看，同步脱硫脱氮是可行的，现在也有很多方法，同样分为干、湿两大类。干法有催化还原法、吸附法、电子束辐照法等；湿法有吸收氧化法、氧化吸收还原法等。现在简要介绍几种主要的方法。

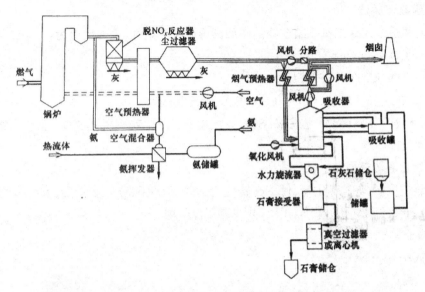

图 7.15 选择性催化还原脱氮与石灰石浆液吸收脱硫联合的工艺流程

(二)硫酸铜法

硫酸铜法以铅作为载体镀铜后,做成固定床反应器,含 SO_2 和 NO_x 废气通过反应器会发生以下反应。

首先是铜氧化:

$$Cu+\frac{1}{2}O_2 \rightarrow CuO$$

在 672 K 温度下,CuO 与 SO_2 反应生成 $CuSO_4$:

$$CuO+SO_2+\frac{1}{2}O_2 \rightarrow CuSO_4$$

$CuSO_4$ 和 CuO 作为催化剂,使氮氧化物被 NH_3 还原,即:

$$4NH_3+6NO \rightarrow 5N_2+6H_2O$$

$$8NH_3+6NO_2 \rightarrow 7N_2+12H_2O$$

$CuSO_4$ 失效时,可通过 H_2 使 $CuSO_4$ 再生,并收回 SO_2:

$$CuSO_4+2H_2 \rightarrow Cu+SO_2+H_2O$$

该法脱硫脱氮的效率可达 90%,并且可以回收 SO_2,工艺流程较串联流程短,如图 7.16 所示。

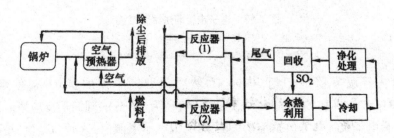

图 7.16 硫酸铜法脱硫脱氮工艺流程

(三)吸收还原法

吸收还原法是用含二价铁螯合物的碳酸钠溶液吸涤烟气,主要反应为:

$$Na_2CO_3 + SO_2 \rightarrow Na_2SO_3 + CO_2$$

$$NO + Fe \cdot EDTA \rightarrow Fe \cdot EDTA \cdot NO$$

$$Na_2SO_3 + Fe \cdot EDTA \cdot NO \rightarrow Fe \cdot EDTA + Na_2SO_4 + \frac{1}{2}N_2$$

SO_2 和 NO_x 经反应后生成 Na_2SO_4,并放出 N_2,净化效率可达 90%,但反应物的利用需进行适当处置。

(四)氧化吸收还原法

以臭氧或次氯酸作氧化剂,使 NO 转化为 NO_2;以亚硫酸盐和碳酸盐作吸收剂,吸收 NO_2 和 SO_2;再经还原反应,释放出 N_2,并获得石膏产物。

氧化步骤:

$$NO + O_3 \rightarrow NO_2 + O_2$$

吸收过程:

$$2NO_2 + CaSO_3 + CaCO_3 + 2H_2O \rightarrow Ca(NO_2)_2 + CaSO_4 \cdot 2H_2O + CO_2$$

$$CaSO_3 + SO_2 + H_2O \rightarrow Ca(HSO_3)_2$$

还原反应:

$$Ca(HSO_3)_2 + Ca(NO_2)_2 + H_2O \rightarrow N_2 + 2CaSO_4 \cdot 2H_2O$$

该法脱硫效率可达 95%,脱氮效率达 90%,但工艺复杂,生成物利用处理也很困难。

(五)电子束辐照法

电子束辐照法具有同步脱硫脱氮的方法属性。该方法在新日铁烧结排烟中进行了试用,处理的烟气量为 3 000~10 000 m³/h,烟气中含 SO_2 和 NO_x 约 0.02%,含尘浓度为 40 mg/m³,含氧量为 15.5%,温度为 150 ℃。试验系统如图 7.17 所示。

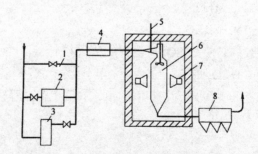

图 7.17　电子束辐照法试验系统
1—旁通管　2—热交换器　3—喷雾器　4—烟气分析装置
5—喷氨管　6—反应塔　7—电子束加热器　8—电除尘器

烟气首先经喷雾器冷却到 70~90 ℃,然后向烟气中投加氨 0.6%,使烟气中 $NH_3/SO_2=2.0$,$NH_3/NO_x=1$(体积比或摩尔比),进入直径为 2.6 m 的圆筒形反应塔。在反应塔两侧各设置一台电子束加热器(750 kV,60 mA),以电子束照射,这时 SO_2 生成硫酸,氮氧化物生成硝酸,再与 NH_3 反应生成硫酸铵和硝酸铵的复盐。反应为:

$$HNO_3+NH_3 \rightarrow NH_4NO_3$$
$$H_2SO_4+2NH_3 \rightarrow (NH_4)_2SO_4$$

当烟气温度为 70 ℃时，SO_2 净化效率达 95%，NO_x 净化效率为 80%。烟气温度为 90 ℃时，净化效率略有下降。电子束辐照法的设备费比普通的 SO_2 和 NO_x 的组合装置费用低一点，但电费要高 10%~20%。

六、汽车尾气中的 NO_x 的催化还原

随着城市交通的发展，在许多国家的大中城市中，汽车尾气所造成的大气污染，已引起了人们的重视。由于各项事业的发展，我国大城市中汽车数量也在逐年猛增，尾气的污染也受到了关注，控制和消除汽车尾气的污染也提到了日程上来。

（一）净化原理及方法

汽车及其他机动车排气中通常含氮氧化物 0.10%~0.20%，含 CO 约占 5%，同时还含有未燃烧的碳氢化合物（烃类）在 0.1% 以上。CO 和碳氢化合物是燃烧不完全所产生的，NO_x 则是汽缸中的高温条件所造成的。解决此类污染问题，一般从两个方面进行工作：一方面是改进内燃机的结构和燃烧，使燃料在最有利的条件下燃烧，以减少有害物质的排放；另一方面是用催化剂将排气中的有害物质除去。

若单从发动机的设计和制造上解决好燃料充分燃烧的问题，势将增加 NO_x 排放量，除非如日本有人尝试的那样，研究启用能起催化燃料作用的材料做发动机的汽缸和活塞组件，使燃料在较低温度下完全燃烧，才能同时减少碳氢化合物、CO 和 NO_x 的排放量。由于燃料燃烧的条件是随汽车的行驶状态在很大的范围内变化的，一般地说，最终都离不开对尾气的净化。

在催化剂的作用下，利用汽车排气中含有的 CO 为还原剂，可将氮氧化物还原为氮气，同时一氧化碳被氧化成二氧化碳。其反应如下：

$$NO_2+CO \rightarrow NO+CO_2$$
$$NO+CO \rightarrow \frac{1}{2}N_2+CO_2$$

另一方面，还没有氧化完全的一氧化碳和碳氢化合物，可以在催化剂的作用下，与新鲜空气继续起氧化作用，生成二氧化碳和水。

（二）催化剂

汽车尾气净化的关键是选择合适的催化剂。由于汽车内燃机的特殊工作条件和工作状况，对催化剂要求是相当严格的，催化剂应具备的条件如下。

（1）催化剂的性能必须适于在内燃机旁安装，要求催化反应器结构简单、质量轻、体积小等。

（2）催化剂的性能必须适应于经常、大幅度地气体流量、组成和温度的变化。

（3）催化剂必须有足够的机械强度，以防由于汽车行驶的振动和温度的急剧变化而破碎，致使催化剂的活性降低和堵塞管路。

（4）催化剂的活性在高温（800~1 000 ℃）和低温（150~200 ℃）下都比较高，用量要小，

可以便于安装。

（5）催化剂必须具有合适的孔隙结构和颗粒结构，以使尾气流过的阻力最小。

（6）希望催化器在除去尾气中的碳氢化合物和一氧化碳时，也能除去氮氧化物。

使氮氧化物还原的催化剂与非选择性还原法相同，为贵金属催化剂和金属氧化物催化剂两类。两者相比，贵金属催化剂活性要好得多。

而使碳氢化合物和一氧化碳完全氧化的催化剂有很多种，其中以钯催化剂的活性最好，其余的如 $Pt-Al_2O_3$、$MnO_2-Co_3O_4$、$MnO_2-Fe_2O_3$、$CuCr_2O_4$ 的活性也较好。实际使用的催化剂通常是多组分的。

（三）转化器与净化流程

用于汽车排气的转化器与一般的固定床反应器原理上相同，但由于是在特殊条件下使用，因此在设计上应实现结构简单、质量轻、体积小的要求。

前面已述及，汽车排气中的三类有害物质中，碳氢化合物和一氧化碳须用完全燃烧的方法除去，而氮氧化物则需要用还原方法除去，这样，欲同时去除上述三种气态污染物，一般就需要采用两段转化的方法。由于排气中含有还原性气体，因此碳氢化合物和一氧化碳可首先进行反应，然后再进行完全燃烧反应，这就是两段串联流程，如图7.18所示。在第一段转化器中，以还原氮氧化物为主，称为还原段转化器。第二段转化器用以氧化一氧化碳和碳氢化合物，称为氧化段转化器。由发动机排出的气体送至第一段转化器，在催化剂存在下，排气中的氮氧化物被一氧化碳还原；由自动调节阀供应新鲜空气，以调节转化器的温度，从转化器出来的气体送至第二段转化器，由空气泵供给足够的空气，使一氧化碳和碳氢化合物完全氧化燃烧，为了减少氧化氮的生成，流程中使一部分净化后的气体循环进入汽车发动机。这种流程实际上是用部分燃料作 NO_x 的还原剂，因而增加了燃烧消耗。两种催化剂床层的串联加大了发动机的背压而影响其性能。此外，NO_x 转化器要靠 CO 和 CH 的氧化反应来升温启动。

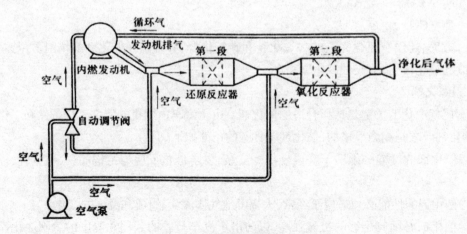

图7.18 汽车排气两段净化示意图

第三节　其他气态污染物净化技术

气态污染物种类很多,分别介绍几种工业废气的净化技术,主要有工业有机废气、含氟废气、酸雾、含重金属废气以及一些有毒有害废气的净化技术。

一、有机废气的净化技术

工业有机废气种类很多,在石油加工、有机合成、炼焦、印染、塑料、喷漆等生产过程都会排出各种有机废气;在涂料、印刷、感光胶片等生产过程大量使用有机溶剂,如苯类、酯类、醇类及汽油等,溶剂的挥发产生了以有机溶剂蒸气为主要污染物的废气。有机废气的净化方法有冷凝法、燃烧法、吸收法及生物处理法。

(一)有机废气的燃烧净化法

碳氢化合物和有机溶剂蒸汽均为可燃气体,燃烧后生成二氧化碳和水,产生的热量可利用。燃烧法又分为直接燃烧法、焚烧法和催化燃烧法。

1. 直接燃烧和焚烧法

直接燃烧法是当废气中含有足量的可燃物时,不需要外加燃烧剂就能自身点火燃烧的方法,为了保证稳定燃烧,废气的发热值应大于 $3\ 345\ kJ/m^3$。直接燃烧法常采用火炬燃烧器。在设计和使用时,要做到完全燃烧,防止对大气造成污染。这种方法的优点是设备简单,造价和运行费用低。缺点是浪费热能,在燃烧不完全时可能会造成一定的污染。焚烧法是废气中可燃物自身的热量不足以维持燃烧时,采用补充燃料的方法。焚烧法有三个重要的条件:有足够的燃烧温度、充足的氧和相当的停留时间。焚烧法一般在焚烧炉内进行。

2. 催化燃烧法

直接燃烧法和焚烧法都需要燃料本身或外加热量将温度升至燃点。催化燃烧是利用催化剂的作用降低可燃气体的燃烧温度,进行无焰燃烧,将有机废气氧化分解为 CO_2 和水蒸气的方法。催化燃烧机理很复杂,废气中可燃气体在 250~350 ℃温度下通过催化剂床层时,空中气的氧和可燃气体同时被吸附在催化剂表面上,并提高了催化剂的活性,在接触过程中产生一系列反应,从而废气转化为无害气体。

常用的燃烧催化剂是以金属网或蜂窝陶瓷作载体,用贵金属铂、钯做活性材料制成的。也可用 Cu、Mn、Cr、Fe、Co、Ni 等金属的氧化物做活性物质。国内产的稀土催化剂价格便宜,制造容易,且具有良好的活性和稳定性,可用来净化苯、甲苯、二甲苯、乙醇、乙酸乙酯、汽油等有机蒸汽,还可净化恶臭和一氧化碳等有害气体。

催化燃烧法适用于净化油漆、化工厂废气以及恶臭气体,但不能用于处理含有机氯和有机硫的化合物,因为这些化合物燃烧后会造成二次污染并使催化剂中毒。而有些气体沸点高,若这些气体的相对分子质量很大,也不能用催化燃烧法来处理,因为燃烧产物会使催化剂表面发生堵塞。

(二)吸附回收有机溶剂法

吸附回收有机溶剂法的作用原理是以活性炭作为吸附剂吸附含苯类蒸气,然后用高温蒸汽解吸,活性炭再生后继续吸附。解吸出来的有机气体和水蒸气通过冷凝法冷凝,最后将有机溶剂与水分离。吸附回收有机溶剂流程如图 7.19 所示。

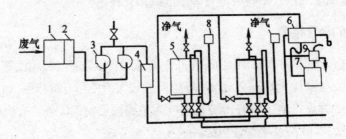

图 7.19 吸附回收溶剂法流程
1—过滤器 2—阻火器 3—风机 4—冷凝器 5—吸附(解吸)器 6—列管式冷凝器
7—油水分离器 8—储水槽 9—列管式冷凝器

含苯废气先经过滤器除尘,再进入阻火器消去燃烧的运动火种。阻火器一般是粒度为 5 mm、厚度为 100~150 mm 的砾石层。废气由风机送入冷凝器降温至 30 ℃ 以下,在进入固定床吸附器净化。解吸用的水蒸气温度约为 120 ℃,5~10 min 可解吸出吸附量的 80%。解吸后混合蒸汽经列管式冷凝器冷却。

利用活性炭可吸附回收多种有机溶剂蒸汽,操作条件详见表 7.3。

表 7.3 各种有机蒸气吸附、解吸条件

气体种类	吸收剂和吸附段数	吸附温度 /℃	气体初始温度 /(g/m³)	炭层高 /m	吸附时间 /h	解吸蒸气压力 /kPa	解吸时间 /h	冷凝液处理方法
汽油蒸气	活性炭,一段	25~30	18~20	0.65	1	108~117	0.5	分层
乙醇蒸气	活性炭,一段	15~30	2.5~30.0	1.5	10~11	98	3.0~3.5	混合液精馏
二氯甲烷蒸气	活性炭,一段	------	100~1 600	1.2	32	39~59	3.0	分层
二氯甲烷和甲醇蒸气	活性炭,二段	一段 60 一段 20	15	0.86	3	103	1	分层
丙酮和乙醇蒸气	活性炭,二段	一段 60 一段 20	10	0.63	3	103	1	混合液精馏
乙醇、甲醇、乙醚蒸气	活性炭,二段	一段 60 一段 20	乙醇 2.5 甲醇 1.25 乙醚 1.15	0.56	7	294	1	混合液精馏
乙醇、苯、醋酸乙酯、醋酸丁酯蒸气	活性炭,二段	一段 70 一段 35~40	乙醇 2.85 苯 2.85 醋酸乙酯和醋酸丁酯 2.85	0.6	1	147~196	0.75	分层后下层混合液精馏

（三）除臭

恶臭物质种类繁多，来源极广。但是它主要是由有机物的加热或燃烧、有机物挥发、肉类加工废弃物等处理过程产生的。恶臭物质不仅刺激人的感官，令人厌恶，而且有些恶臭污染物又是有毒有害物，因此各国都颁布了恶臭污染防治法规。除臭的方法有燃烧法、催化燃烧法、药剂吸收氧化法、掩蔽法、吸附法及生物脱臭法等。这里简要介绍几种常用技术。

1. 药剂吸收法

这是一种常用的脱臭方法，以酸、碱等作吸收液，通过吸收塔将臭气中的恶臭物质以盐的形式移至收液中再做处理。常用的吸收液列于表 7.4 中。

表 7.4　不同恶臭物质可选用的吸收液

恶臭物质	吸收液	恶臭物质	吸收液
氨	乙醛水溶液	甲醛	水
胺类	乙醛水溶液或水	酚	水
氢氰酸	次氯酸钠溶液	甲醛	亚硫酸
丙烯醛	氢氧化钠与次氯酸钠混合溶液	甲硫醇	氢氧化钠与次氯酸钠混合溶液
光气	氢氧化钠溶液		

2. 活性炭吸附法

活性炭对多数恶臭物质有较好的吸附性，尤其是优质椰壳活性炭对恶臭物质吸附容量很高。吸附器内吸附剂床层一般为 13 mm，若恶臭浓度较高时，床层可适当加厚，为 25~50 mm，单位面积床层的气体流量取 732 m³/（h·m²），净化效率为 90%~97%。若臭气中含有粉尘，应在吸附前进行过滤除尘，以免堵塞活性炭层，增大阻力导致吸附效率下降。

活性炭吸附时间可用下式计算：

$$t = 1.72 \times 10^6\, xm/\eta Q M_r C \qquad\qquad (7.2)$$

式中　t——吸附时间，h；

x——活性炭饱和吸附容量，%

η——吸附效率，%；

m——活性炭质量，kg；

Q——处理的废气量，m³/h；

M_r——污染物的平均相对分子质量；

C——污染物的浓度。

一般活性炭更换周期为 1 年，脱臭用活性炭解吸物难以回收利用，活性炭量少，可用完后废弃。

3. 催化燃烧除臭法

催化燃烧法与直接燃烧法和吸附法比较，有许多优点。理论上，各种有机物都可以在高温（800 ℃以上）下完全氧化为 CO_2、水和其他组分的氧化物，这就是通常所说的直接燃烧法。由于污染气体中有机组分含量低,而风量却很大,这不仅需要额外添加燃料,而且要在高温下处理,故不常用;吸附法虽然装置比较简单,操作也容易,但由于吸附容量的限制,需要大量吸附剂,吸附和再生要切换进行使用,因此设备庞大、费用高。催化燃烧法是在催化剂作用下,用空气将有害物质转化为无害物质。此法可以在150~350 ℃的低温下操作,不产生二次污染。故此,国外正在大力研究催化脱臭装置和脱臭催化剂,并进入实际应用阶段。

由于恶臭气体的种类很多,反应能力也不一样,所以为达到不同的目的,在一个流程中可以有一台、两台以至三台催化反应器串联工作,每台反应器中填装不同的催化剂。

图7.20为三台反应器串联的脱臭流程,用于处理含有硫化氢、有机硫和碳氢化合物等臭气。三台反应器分别填装不同的催化剂,在反应器Ⅰ中硫化氢与催化剂接触而被除去;脱去硫化氢的气体进入热交换器3,预热到100~150 ℃,再将气体送入预热器4,在此将气体加热到250~300 ℃,然后送入反应器Ⅱ,脱除有机硫;脱除有机硫后的气体,还含有碳氢化合物和含氮化合物,这些臭味物质在反应器Ⅲ中除去,从反应器Ⅲ中出来的气体已经达到完全脱臭的目的,回收热能之后,排入大气,不会再造成污染。

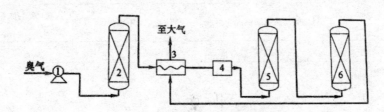

图7.20　催化燃烧脱臭流程

1—鼓风机　2—反应器　3—热交换器　4—预热器　5—反应器二　6—反应器三

在上述流程中,只要选择好适当的催化剂,可用于某些炼油厂、农药厂、食品厂等臭气处理。

处理臭气的催化剂按活性组分有以氧化铝为载体的贵金属Pt和Pd,以及氧化铜和CO_3O_4、MnO_2、NiO和V_2O_5等为主的氧化物催化剂;按形状分,有无定形颗粒状、球形颗粒状、整体蜂窝状、网状、丝蓬状和透气板等多种催化剂。据报道,载有0.2%Pt的氧化铝催化剂,在空间速度为20 000~40 000/h和500 ℃以下,可将大多数有机化合物脱臭净化到浓度在0.000 1%以下。

二、含氟废气的净化技术

(一)含氟废气的来源及其性质

含氟废气主要含氟化氢(HF)和四氟化硅(SiF_4),主要来自冶金、核工业、玻璃陶瓷工业、磷肥、氟塑料生产业等。

氟是最活泼的元素,能与硅、碳等多种元素化合,并能使多种化合物分解形成氟化物。氟在大气中能与水蒸气迅速反应,生成氟化氢。

氟化氢是无色、有强刺激性和腐蚀性的有毒气体,极易溶于水,形成氢氟酸。

四氟化硅是无色窒息性气体,极易溶于水,也能与氟化氢反应,生成氟硅酸:

$$3SiF_4 + 2H_2O \rightarrow 2H_2SiF_6 + SiO_2$$

$$SiF_4 + 2HF \rightarrow H_2SiF_6$$

四氟化硅能与金属氟化物水溶液反应,生成氟硅酸盐,也能与氨水等碱性溶液反应:

$$3SiF_4 + 4NH_3 + (n+2)H_2O \rightarrow 2(NH_4)_2SiF_6 + SiO_2 \cdot nH_2O \downarrow$$

氟是人体的微量元素之一,但长期过量摄入,会在体内积累引起呼吸道疾病,使骨骼变异、瘫痪、丧失劳动能力。氟对农作物的毒性比 SO_2 大 10~1 000 倍,过量的氟污染会导致颗粒不收。在含氟废气中,HF 最多,毒性也最大,通常所说的氟污染主要是指氟化氢而言。含氟废气净化也分干法和湿法两大类,即吸收和吸附。

(二)吸收法净化含氟废气

1. 水吸收法

用水吸收净化含氟废气,主要基于 HF 和 SiF_4 都易溶于水的特性。HF 溶于水生成氢氟酸,温度越低,其溶解度越大。当气相中 HF 浓度为 116 mg/m³ 时,分压约为 13.33 Pa,在此条件下,吸收可得到 50% 的氢氟酸溶液。氢氟酸的酸性较弱,但腐蚀性很强。

水吸收 HF 是气膜阻力控制的过程。吸收设备有喷雾塔、填料塔、文丘里洗涤器、湍球塔、喷射式吸收器等。图 7.21 是喷射吸收器净化含氟废气流程图,氟化物吸收液可回收制取氟盐,如冰晶石(Na_3AlF_6)、氟硅酸钠、氟化钠等。水吸收法净化氟化物的效率一般在 90% 以上,在操作要注意反应过程有硅胶析出而出现的设备堵塞以及腐蚀问题。

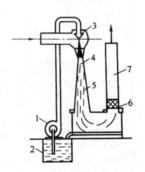

系统图 7.21 喷射吸收净化含氟废气流程图
1—水泵 2—循环水池 3—喷嘴 4—喉管 5—扩散管 6—除雾器 7—排气筒

2. 碱液吸收法

碱吸收法是采用碱性物质 NaOH、Na_2CO_3、NH_4OH 来吸收含氟尾气。该法多以回收冰晶石为主,主要反应原理如下:

碳酸钠溶液吸收含氟烟气,主反应是:

$$HF + Na_2CO_3 \rightarrow NaF + NaHCO_3$$

$$2HF + Na_2CO_3 \rightarrow 2NaF + H_2O + CO_2$$

在循环吸收过程中,当吸收液氟化钠浓度达到 22 g/L 以上时,加入定量的铝酸钠($NaAlO_2$)溶液,并且继续吸收含氟烟气,则会发生下列反应,生成冰晶石:

$$6NaF + 4NaHCO_3 + NaAlO_2 \rightarrow Na_3AlF_6 \downarrow + 4Na_2CO_3 + 2H_2O$$

$$6NaF + 2CO_2 + NaAlO_2 \rightarrow Na_3AlF_6 \downarrow + 2Na_2CO_3$$

含氟废气主要来自磷肥和制铝工业生产过程,吸收、吸附种类很多,表7.5列出了含氟烟气常用的净化方法。

表 7.5　含氟烟气净化方法分类

工业类型	系统	吸收或吸附剂	回收方法	回收产品
磷肥产业	一次烟气净化系统	氨水吸收 水吸收	氨碱法 氟硅酸钠法 氟化钠法 氟化铝法 合成法	冰晶石和硅胶 氟硅酸钠 氟化钠和水玻璃 氟化铝 冰晶石
铝工业	一次烟气净化系统	水吸收	氟氯酸法 直接合成法	冰晶石 冰晶石
		碳酸钠溶液吸收	碳酸氢钠法 塔内合成法	冰晶石 冰晶石
		工业氯化铝吸附	吸附法	氟化铝
	二次烟气净化系统	水吸收 碳酸钠溶液吸收	石灰中和 送一次净化系统	废弃 冰晶石

(三)吸附法净化含氟废气

吸附法净化含氟废气最早用于铝厂含氟废气的净化,这种方法的特点是:净化效率高,一般在98%以上;吸附剂是氧化铝,吸附氟化氢后不需要再生,可直接用于生产中,替代部分冰晶石;工艺流程简单;不存在废水二次污染和设备的腐蚀问题。与湿法相比,吸附法的基建投资和运行费用都比较低,而且不存在保温防冻问题,可适用于各种气候条件。吸附法不适合用来净化沸点低的四氟化硅。

氧化铝颗粒细、微孔多、比表面大,又是两性化合物,是较好的吸附剂。HF 是酸性气体,沸点高(292.54 K),分子极性强,容易被氧化铝吸附。该吸附过程主要是化学吸附,同时伴有物理吸附。吸附等温线如图 7.22 所示。

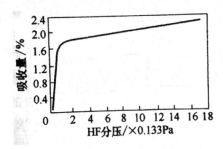

图 7.22 Al_2O_3 对 HF 的吸附等温线

被吸附的 HF 与 Al_2O_3 表面化学反应为：

$$Al_2O_3 + 6HF \rightarrow 2AlF_3 + 3H_2O$$

上述反应当温度为 400 K 时，l gk=37.2；当温度为 1 250 K 时，l gk=1.64。由此可见，低温时有利于该反应向右进行。在一定温度下，反应速度也随着 HF 浓度提高而增大。

由于表面化学反应速度很高，故吸附过程受气膜控制。因此，吸附设备用输送床和沸腾床，使氧化铝表面不断更新，有效地减小气膜阻力，有利于吸附。

输送床净化工艺流程如图 7.23 所示。输送床为管状，即反应管。烟气通过反应管的速度一般是：垂直管大于 10 m/s；水平管大于 13 m/s，以防止物料沉积；两相接触时间一般大于 1 s；气固比 70~80 g/m³。由铝电解槽排出的含氟烟气经排气管进入反应管，从反应管出来的烟气经过袋滤器（或电除尘器等）进行固气分离。净化后的烟气由袋滤器出来，通过风机进入高烟囱然后排入大气。输送床吸附法工艺简单，运行可靠，便于管理。

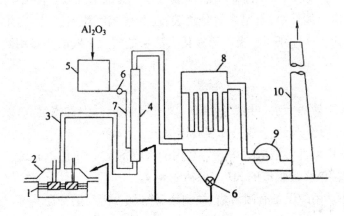

图 7.23 输送床净化含氟废气工艺流程

1—电解槽 2—集气罩 3—排气管 4—反应管 5—料仓 6—定量给料器 7—加料管 8—袋滤器 9—风机 10—烟囱

沸腾床吸附流程如图 7.24 所示。含氟烟气由沸腾床底部进入，以 0.28 m/s 左右的速度穿过床上的氧化铝沸腾床层，Al_2O_3 床厚 40 mm。气体携带着 Al_2O_3 粉末经袋滤器过滤净化后排走。

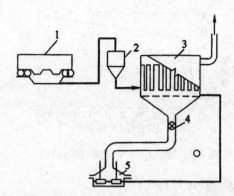

图 7.24　沸腾床净化含氟废气工艺流程

1—氧化铝槽车　2—料仓　3—带袋滤器的沸腾床反应器　4—排烟器　5—预焙电解槽

三、酸雾的净化

(一)酸雾来源

酸雾主要来源于化工、冶金、轻工、纺织、机械制造业的制酸、酸洗、电镀、电解、酸蓄电池充电及各种用酸过程。常见的酸雾有硫酸雾、盐酸雾和铬酸雾等。

酸雾的形成一是因为酸溶液的表面蒸发,酸分子进入空气中,吸收水分而凝并成细小酸雾;另一种原因是酸溶液内有化学反应,形成气泡,气泡浮至液面爆破,酸滴飞溅形成酸雾。

(二)酸雾净化方法及设备

酸雾是液体气溶胶,可以用颗粒状污染物的净化方法来处理。但由于雾滴细,而且密度小,一般除尘技术不能奏效,需要高效分离装置(如静电沉积装置)。由于酸雾有较好的物理、化学活性,因此可以用吸收、吸附等净化方法来处理。一般酸雾多用液体吸收或过滤法处理。

1. 吸收法

由于一般酸均易溶于水,可以水吸收。该法简单易行,但耗水量大,效率低。产生的含酸废液浓度低,利用价值小,一般是处理后排掉。

碱溶吸收是用碱性溶液吸收中和。常用的吸收剂是 10% 的 Na_2CO_3 溶液, 4%~6% 的 NaOH 和氨的水溶液。吸收液的 pH 应保持在 8~9。

酸雾吸收法常用的设备有喷淋塔、填料塔、筛板塔、文丘里洗涤器等。一般吸收操作的控制条件是:

喷淋塔:液气比 0.2~1.5 kg/m³;空塔气速 0.2~1.0 m/s,不大于 2.5 m/s;停留时间 1~2 s。

填料塔:液气比 0.2~2.0 kg/m³;空塔气速 0.3~1.0 m/s。

文丘里洗涤器:液气比 0.3~1.5 kg/m³;喉管气速 30~80 m/s;气体压降为 200~3 000 Pa。

2. 过滤法

若酸雾雾滴较大,可用过滤法来净化。酸雾过滤器的滤层由聚乙烯丝网填充或聚氯乙烯板网交错叠置而成。也可用其他填料,如鲍尔环制作。酸雾在填料层中,因惯行碰撞和拦截等效应被截留,聚积到一定量,受重力作用向下流动进入集酸液槽中被捕集。铬酸雾、硫酸盐雾用过滤法净化效果都很好,铬酸雾的捕集效率可达 98%~99%,硫酸烟雾的捕集效率可达 90%~98%。

四、其他有毒气体的净化技术

生产过程中散发出来的有毒气体种类很多,本项目任务中主要介绍 H_2S、汞蒸气的净化技术。

(一)H_2S 气体的净化

1.H_2S 的来源及特性

H_2S 是无色、有臭味的有毒气体,其沸点为 -60 ℃,在标准状况下密度为 1.54 kg/m³。当温度为 20 ℃、压力为 101 324 Pa 时,在水中的溶解度为 6 g/L。H_2S 是一种嗅觉阈值极低的恶臭物质,其浓度为 0.000 5 mL/m³ 时就会被人们所觉察。

H_2S 对人体的危害是强烈地刺激眼睛、呼吸道及神经系统。高浓度 H_2S 能干扰氧在体内的输送及代谢功能,甚至使人窒息死亡。因此,H_2S 是重点治理的污染物和恶臭物质。

H_2S 来源极为广泛。人为产生的 H_2S 主要来源于炼油、炼焦、煤气、制革、染料、人造纤维和橡胶业,年排放量达 300 万 t。污水处理过程中产生的臭气中含有 H_2S。

低浓度的 H_2S 废气,可用前面介绍的有关脱臭方法来净化。在天然气、工业煤气以及合成气不仅要求脱硫效率高并且能回收硫酸盐或单质硫。下面介绍常用的工业净化 H_2S 工艺。

2.真空碳酸钠法

该法是用碳酸钠溶液吸收硫化氢,吸收液经过真空蒸馏再生而循环使用。工艺流程如图 7.25 所示。

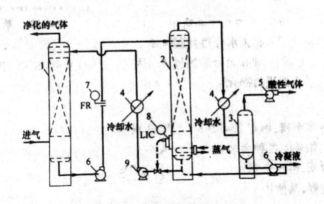

图 7.25　真空碳酸钠法流程

1—吸收塔　2—再生塔　3—冷凝液接受器　4—冷却器
5—真空泵　6、9—泵　7—流量控制器　8—液位控制器

含 H_2S 废气先送入吸收塔,在吸收塔内用 3~5 g/L 的 Na_2CO_3 溶液吸收 H_2S 气体,化学反应为:

$$NaCO_3 + H_2S \rightarrow NaHCO_3 + NaHCO_3 + NaHS$$

吸收塔可采用填料塔,液气比为 9.6~24.0 kg/m³,H₂S 的去除效率可达 85%~95%。

经过反应的吸收液用泵送至再生塔,在塔内靠真空蒸馏再生。再生后的溶液从塔底抽出,经冷却后送回吸收塔循环使用。

再生可用低压蒸汽或废热,因塔内处于负压操作,因此 60 ℃时,吸收液即可沸腾。

吸收液经过一段时间循环使用后,循环液与氧发生副反应生成硫代硫酸钠,这种盐能在吸收液中积累引起吸收液的活性降低。多次循环使用也会引起其他不利于吸收的反应,因此吸收液要部分更换或废弃。

3. 活性炭净化硫化氢

该法是利用活性炭对 H₂S 转化成元素硫的催化作用,净化含 H₂S 废气并回收硫。工艺流程如图 7.26 所示。

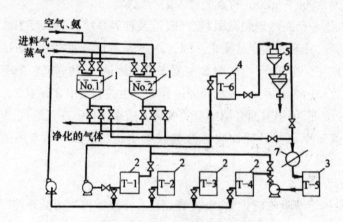

图 7.26　活性炭脱除硫化氢流程

1—活性炭反应器　2—硫化铵溶液槽　3—冷凝液槽　4—中间槽
5—蒸发器　6—离心分离机　7—冷却器

含 H₂S 废气在进入活性炭反应器之前要加入 50% 以上的过量空气和相当于 5%H₂S 体积的 NH₃,以提高 H₂S 氧化的反应速率。活性炭反应器 NO.1 和 NO.2 均为固体床反应器,两者交替吸附。NO.1 反应器吸附饱和后,气体便切换至 NO.2 反应器中进行吸附。沉积在 NO.1 反应器中活性炭上的硫,用 15 g/L 的硫化铵水溶液连续萃取。操作程序是,用泵将 T-1 槽中的萃取液送入反应器,浸没活性炭来萃取硫,停留几分钟将溶有硫的萃取液送回 T-1 槽。按照同样的方法依然用 T-2、T-3、T-4 槽中的萃取液溶解活性炭上的硫。萃取完毕后,活性炭反应器用 100 ℃的饱和蒸汽处理后又进行吸附操作。解脱的气体中有 NH₃ 和 H₂S,用 T-5 槽中的冷凝液在喷淋塔中冷凝,冷凝液送入 T-4 槽。萃取后的饱和溶液送入 T-6 槽,再进入蒸发器,脱去水分得到固体硫。

活性炭不适于处理含焦油和聚合物的气体。因此,气体应该首先脱除焦油及其他杂质,然后再送入活性炭反应器进行净化。

（二）汞蒸汽净化

汞是银白色液体金属,熔点 234.26 k,沸点 630 K,蒸气压 0.173 3 Pa（293 K）,能溶解多种金属,并能与除铁、铂外的各种金属生成多种汞剂。空气中的汞以蒸气存在。室内墙壁、地坪和家具都能吸收汞,但在高温条件下又会向空气中释放汞。含汞废气主要来自冶金、化工仪表等工业生产过程,其他用汞的场合也会有汞蒸气散发。

汞经过呼吸道进入人体内,能引起自主神经功能紊乱,使人易怒、心悸、出汗,肌肉颤抖,颜面痉挛,伤害脑组织。

含汞废气的净化方法有很多种,下面主要介绍吸附法和高锰酸钾溶液吸收法两种流程。

1. 吸附法净化含汞废气

直接用活性炭或硅胶吸附汞蒸气,效果较差。当将活性炭用银渍浸过后,活性炭对空气中汞的吸附容量就会增大 100 倍,浸银活性炭吸附的容质量可超过活性炭质量的 3%。浸渗银量为活性炭质量 5%~50%

汞吸附器的结构形成如图 7.27 所示。

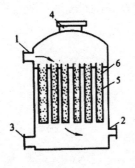

图 7.27　汞吸附器

1—气体入口　2—气体出口　3、4—检查孔　5—吸附器列管　6—吸附剂

吸附剂吸附汞达到饱和后,用加热法再生,加热再生温度为 300 ℃。也可以采用蒸馏法回收纯汞。

2. 高锰酸钾溶液吸收法

高锰酸钾溶液与汞的化学反应式如下:

$$2KMnO_4+3Hg+H_2O \rightarrow 2KOH+2MnO_2+3HgO$$

$$MnO+2Hg \rightarrow Hg_2MnO$$

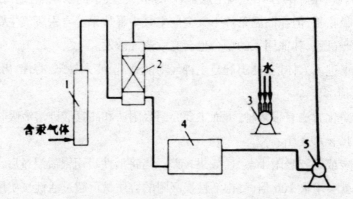

图 7.28　高锰酸钾溶液净化氢气中汞的流程

1—冷却塔　2—填料式吸收塔　3—水环真空泵　4—循环槽　5—泵

含汞气体是由电解槽排放出来的。吸收前应先降温,因此废气先进入冷却塔,降温后再进入吸收塔。再塔内高锰酸钾溶液与汞蒸气进行吸收反应,吸收剂溶液经过多次循环使用后,其中汞含量不断增大,一般用絮凝剂使悬浮物沉淀分离。上清液加入高锰酸钾后返回吸收塔进行吸收。沉淀分离出来的汞废渣经处理后回收金属汞。

第四篇　实训项目指导书

实训项目一　粉尘真密度的测定

一、实验目的

通过本实训项目掌握测定真密度方法之一——比重瓶法。

二、实验原理

真密度是指将吸附在尘粒表面的内部的空气排除以后测得的粉尘自身的密度。

本实验采用抽真空方式,使在比重瓶液面下粉尘所含气体得以赶出,从而达到测定目的。

三、仪器

50 mL 比重瓶　二只　　电子天平　一台

干燥器　　一只　　　　抽真空装置　一套

滤纸　　若干　　　　　恒温水浴　　一套

四、测定步骤

(1)将比重瓶洗净、烘干,用天平称至恒重 G_1。

(2)将粉样放在 100 ℃ ± 10 ℃ 的烘箱中,烘干 1 小时,然后置于干燥器中冷却到室温,取 10 g 左右烘干的粉样加到比重瓶中,用滤纸擦去瓶外粉尘,用天平称重得粉尘与比重瓶重 G_2,而实际加入的粉尘样品重量为 G_3, $G_3 = G_2 - G_1$。

(3)向装有粉尘样品的比重瓶内慢慢注入蒸馏水,至比重瓶一半高度,然后按图所示接入抽气系统。

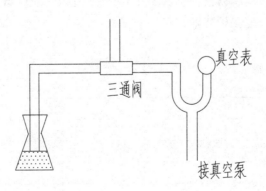

(4)抽气系统开始工作,先把三通阀门旋到放空一侧,启动真空泵,然后把三通阀门慢慢地旋到接通比重瓶的一侧,开始抽气,轻轻地摇动比重瓶,赶走粉尘间夹带的气体,但不要摇得过急,以防尘粒从比重瓶内飞出。

（5）抽到比重瓶内的气泡渐渐减少，直至基本消失后，停止摇动，慢慢地旋动三通阀门，使比重瓶与大气接通，让空气慢慢地送入比重瓶内，关闭真空泵电门，然后取下比重瓶。

（6）再向比重瓶内加入蒸馏水，直到加满，盖上比重瓶塞，放入恒温水浴内约 30 分钟，恒温条件随室温而变，一般调节恒温水浴温度高出室温 5 ℃左右。

（7）取出比重瓶，用滤纸擦干瓶外水滴，放在天平中称得 G_4。

（8）将比重瓶中粉尘倒出，然后洗净比重瓶，将蒸馏水加入比重瓶，直到加满，盖上瓶塞，放入恒温水浴内约 20 分钟，然后称重得 G_5，恒温条件如（6）。

五、计算

$$V_0 = \frac{G_3}{(G_5 - G_4 + G_3)} \times V \times 1\,000$$

式中　V_0——尘粒真密度（ kg/m^3 ）

　　　V——恒温水浴温度下的蒸馏水密度（ g/cm^3 ），可查表

　　　G_1——比重瓶重（ g ）

　　　G_2——比重瓶加粉尘样品的重量（ g ）

　　　G_3——比重瓶内粉尘样品的实际重量（ g ）

　　　G_4——比重瓶加粉尘样品加水的重量（ g ）

　　　G_5——比重瓶加水的重量（ g ）

不同温度下蒸馏水的密度

温度（℃）	15	20	25	30	35
蒸馏水密度	0.9991	0.9982	0.9971	0.9957	0.9941

六、注意事项

（1）在做本实验前，应复习下电子天平的操作方法。

（2）由于抽气管道是玻璃材料制成，因此，在操作过程中应用微力摇动比重瓶，既要赶走粉尘间的气体，又要分配保护装置。

七、记录格式

比重瓶编号	1#	2#
恒温水浴温度（℃）		
V （g/cm³）		
G_1 （g）		
G_2 （g）		
G_3 （g）		
G_4 （g）		

G_5 （g）		
V_0 （kg/m³）		
测定平均值		

实训项目二　粉尘堆积密度的测定

一、测定仪器

量筒,分析天平。

二、测定步骤

测出粉尘在自然堆积状态下所占的体积及粉尘的质量,即可按下式求得粉尘的堆积密度 ρ_d(kg/m³)

$$\rho_d = \frac{m_z - m_0}{V}$$

式中　　m_0——量筒的质量,kg;

　　　　m_z——盛有粉尘的量筒质量,kg;

　　　　V——量筒的体积,m³

考虑到粉尘在不用堆积状态下占有的体积不同,因此先将粉尘由一定的高度(约 115 mm)落入量筒内,用刮刀刮平,再称重求得容积密度。

实训项目三　粉尘比电阻的测定

一、实验目的

（1）了解和掌握粉尘比电阻的测试原理和方法。

（2）测出设定温度下粉尘比电阻值并做出温度 t 为横坐标比电阻值 β 为纵坐标的 t-β 曲线。

二、测试仪器和实验粉尘

（1）测试箱

（2）电压表（kV、V、mV 表）

（3）电流表（mA、µA、检流计）检流计最小刻度：2.1×10^{-10}A（对应于 ×1 挡）。2.1×10^{-9}A（对应于 ×0.1 挡）；2.1×10^{-8}A（对应于 ×0.01 挡），60 读数相当于 1.26 微安。

（4）温控仪（0~499 ℃）

（5）电子交流稳压器

（6）自耦调压器

（7）高压直流发生器

（8）实验粉尘

三、测试步骤

根据欧姆定律,导体的电阻和所加的电压及产生的电流之间存在如下关系：$R = \dfrac{V}{I} \Omega$

粉尘的比电阻值是指在 1 cm² 的圆面积上,堆积 1 cm 高的粉尘,然后沿着高度方向所测的电阻值,即电流沿高 1 cm 的方向,通过体积为 1 cm³ 的圆柱体形物料时所受到的阻力。因此：

$$\rho = \frac{V}{I} \cdot \frac{E}{H} \Omega \cdot cm$$

ρ——粉尘比电阻 Ωcm

V——外加电压 V

I——通过粉尘层的电流 A

F——主电极底表面面积 cm²

H——粉尘层厚度 cm

四、测试装置原理

测试装置主要由供电部分和测试部分组成。

供电部分由交流电子稳压器自耦变压器和直流高压发生器组成,负责提供高压直流电,测试部分由测试箱,测试电表,温控仪组成。高压电源通过绝缘瓶由测试箱的侧壁引进,直接送到测试箱内侧试盘的高压电极(即样品盘)上,测试电极(即主电极)和导电环由耐高温并套有绝缘瓷管的细镍铬丝线引出箱体外,与测试电表和地线相连。

这样,通过电压表和电流表读数,即可按照欧姆定律计算出粉尘比电阻值 ρ。

五、测试步骤

(1)将粉尘经 80 目箱子进行筛选后,放入烘箱在 50 ℃温度下烘一小时,然后放进干燥器内冷却至室温。

(2)采用人工装灰法将粉尘放入样品盘,用仪器所带的压块压实,注意压实时压块不要有重力加速度,刮平,然后将连接在绝缘板上的主电极和导电环放在尘样表面,关闭测试箱。

(3)打开电源,过 5 分钟进行常温下击穿电压测定,慢慢调节电压到 1 kV, 2 kV, 3 kV……直至击穿,对应每一个电压值读出相应的电流值。

(4)拉断电源,打开测试箱,将料盘内击穿的粉尘样品换掉,重新装上样品,放好主电极,关闭测试箱。

(5)取击穿电压的 70%~80% 作为高温下的比电阻测试电压,然后调节温度至每一设定温度,对应于每一温度将电压调节至规定电压,读出相应的电流,计算出每一温度下的比电阻值。

(6)将测定四个样品值的平均值作为该温度点的比电阻值(有的样品盘内粉尘可能会有杂质,故会产生数据偏离和过早击穿现象,计算时舍去)

(7)拉断电源,打开测试箱,将样品倒入指定的容器内,清扫样品盘。

注意:

(1)测定过程中有些粉尘会由于温度升高产生极化,电压会自然升高,此时可调节电压至设定值。

(2)比电阻测试是在高温高压下进行的,故必须注意安全,测试完毕后立即拉掉电源。稍等后方可接近测试设备,若测试中发生故障,必须切断电源,然后才能进行处理。

六、数据整理

根据所测数据,在坐标纸上绘出 ρ—t 曲线。

七、思考题

(1)温度对比电阻有何影响?

(2)电压对比电阻有何影响?

(3)粉尘样品上所受压力对比电阻有何影响?

实训项目四 大气中总悬浮颗粒物的测定

一、实验目的和要求

（1）掌握中流量—重量法测定空气中总悬浮颗粒物的原理和方法。

（2）了解监测区域的环境质量；了解大气中总悬浮颗粒物的来源和有关分析方法。

二、实验原理与方法

目前测定空气中 TSP 含量广泛采用重量法，其原理基于：以恒速抽取定量体积的空气，使之通过采样器中已恒重的滤膜，则 TSP 被截留在滤膜上，根据采样前后滤膜重量之差及采气体积计算 TSP 的浓度。该方法分为大流量采样器法和中流量采样器法。本实验采用中流量采样器法。

三、实验仪器

（1）中流量采样器；

（2）中流量孔口流量计：量程 70~160 L/min；

（3）U 型管压差计：最小刻度 0.1 kPa；

（4）X 光看片机：用于检查滤膜有无缺损；

（5）分析天平：称量范围 ≥ 10 g，感量 0.1 mg；

（6）恒温恒湿箱：箱内空气温度 15~30 ℃可调，控温精度 ±1 ℃；箱内空气相对湿度控制在（50±5）%；

（7）玻璃纤维滤膜；

（8）镊子、滤膜袋（或盒）。

四、实验方法和步骤

（1）用孔口流量计校正采样器的流量。

（2）滤膜准备：首先用 X 光看片机检查滤膜是否有针孔或其他缺陷，然后放在恒温恒湿箱中于 15~30 ℃任一点平衡 24 h，并在此平衡条件下称重（精确到 0.1 mg），记下平衡温度和滤膜重量，将其平放在滤膜袋或盒内。

（3）采样：取出称过的滤膜平放在采样器采样头内的滤膜支持网上（绒面向上），用滤膜夹夹紧。以 100 L/min 流量采样 1 小时，记录采样流量和现场的温度及大气压。用镊子轻轻取出滤膜，绒面向里对折，放入滤膜袋内。

（4）称量和计算：将采样滤膜在与空白滤膜相同的平衡条件下平衡 24 h 后，用分析天平称量（精确到 0.1 mg），记下重量（增量不应小于 10 mg），按下式计算 TSP 含量。

$$TSP \text{ 含量}(\mu g/m^3) = \frac{(W_1 - W_0) \cdot 10^9}{Q \cdot t}$$

式中　W_1——采样后的滤膜重量（g）；

W_0——空白滤膜的重量（g）；

Q——采样器平均采样流量（L/min）；

T——采样时间（min）。

五、实验数据记录与处理

1. 数据记录

测定次数	Tsp 测定数据表					
	采样流量 L/min	采样时间 /min	采样体积 /L	滤膜质量前	滤膜质量后	Tsp 浓度 mg/m³
1						
2						
3						
4						
5						

2. 结果处理

（1）根据 TSP 的实测日均浓度、污染指数分级浓度限值及污染指数计算式,计算污染物的污染分指数。

（2）分析布点、采样和污染物测定过程中可能影响监测结果代表性和准确性的因素。

六、实验结果讨论

测定 TSP,为什么要测定室外温度和压力？对实验有什么干扰因素。

七、注意事项

（1）滤膜在使用前后需要烘干湿度。

（2）精密仪器在使用安装过程中,要保障设备安全。

实训项目五　烟气流量及含尘浓度的测定

一、实验目的和意义

大气污染的主要来源是工业污染源排出的废气,其中烟道气造成的危害极为严重。因此,烟道气(简称烟气)测试是大气污染源监测的主要内容之一。测定烟气的流量和含尘浓度对于评价烟气排放的环境影响,检验除尘装置的功效有重要意义。通过本实验应达到以下目的:

(1)掌握烟气测试的原则和各种测量仪器的试用方法;

(2)了解烟气状态(温度、压力、含湿量等参数)的 测量方法和烟气流速流量等参数的计算方法;

(3)掌握烟气含尘浓度的测定方法。

二、实验原理

(一)采样位置的选择

正确的选择采样位置和确定采样点数目对采集有代表性的并符合测定要求的样品是非常重要的。采样位置应取气流平稳的管段,原则上避免弯头部分和断面形状急剧变化的部分,与其距离至少是烟道直径的 1.5 倍,同时要求烟道中气流速度在 5 m/s 以上。而采样孔和采样点的位置主要依据烟道的大小和断面的形状而定。下面说明不同形状烟道采样点的布置。

1. 圆形烟道

采样点分布见图 1(a)。将烟道的断面划分为适当数目的等面积同心圆环,各采样点均在等面积的中心线上,所分的等面积圆环数由烟道的直径大小而定。

2. 矩形烟道

将烟道断面分为等面积的矩形小块,各块中心即采样点。见图 1(b)。不同面积矩形烟道等面积分块数,见表 1。

表 1　矩形烟道的分块和测点数

烟道断面面积 /m²	等面积分块数	测点数
<1	2×2	4
1~4	3×3	9
4~9	4×3	12

3. 拱形烟道

分别按圆形烟道和矩形烟道采样点布置原则,见图1(c)。

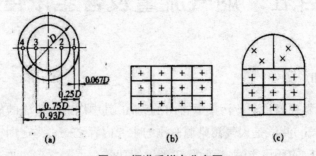

图1　烟道采样点分布图

(a)圆形烟道　(b)矩形烟道　(c)拱形烟道

(二)烟气状态参数的测定

烟气状态参数包括压力、温度、相对湿度和密度。

1. 压力

测量烟气压力的仪器为 S 型毕托管,适用于含尘浓度较大的烟道中。毕托管是由两根不锈钢管组成,测端做成方向相反的两个互相平行的开口,如图2所示,测定时将毕托管与倾斜压力计用橡皮管连好,一个开口面向气流,测得全压;另一个背向气流,测得静压;两者之差便是动压。由于背向气流的开口上吸力的影响,所得静压与实际值有一定误差,因而事先要加以校正。方法是与标准风速管在气流速度为 2~60 m/s 的气流中进行比较, S 型毕托管和标准风速管测得的速度值之比,称为毕托管的校正系数。当流速在 5~30 m/s 的范围内,其校正系数值为 0.84。倾斜压力计测得动压值按下式计算:

$$p=L \cdot K \cdot d \tag{1}$$

式中　L——斜管压力计读数;

　　　K——斜度修正系数,在斜管压力计标出 0.2,0.3,0.4,0.6,0.8;

　　　d——酒精相对密度,$d=0.81$。

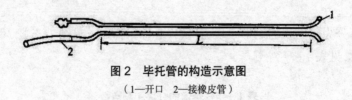

图2　毕托管的构造示意图

(1—开口　2—接橡皮管)

2. 温度

烟气的温度通过热电偶和便携式测温毫伏计的联用来测定。热电偶是利用两根不同金属导线在结点处产生的电位差随温度而变制成的。用毫伏计测出热电偶的电势差,就可以得到工作端所处的环境温度。

3. 相对湿度

烟气的相对湿度可用干湿球温度计直接测定,测试装置如图3所示。让烟气以一定的

流速通过干湿球温度计,根据干湿球温度计的读数可计算烟气含湿量(水蒸气体积分数):

$$x_{sw} = \frac{p_{hr} - C(t_c - t_b)(p_a - p_b)}{p_a + p_s} \tag{2}$$

式中 p_{br}——温度为时的饱和水蒸气压力,Pa

t_b——湿球温度,℃;

t_c——干球温度,℃;

C——系数,C=0.000 66;

p_a——大气压力,Pa;

p_s——烟气静压,Pa;

p_b——通过湿球表面的烟气压力,pa。

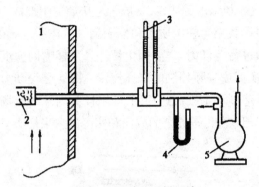

图3 干湿球法采样系统

(1—烟道 2—滤绵 3—干湿球温度计 4—U形管压力计 5—抽气泵)

4. 密度

干烟气密度有下式计算:

$$\rho_g = \frac{p}{RT} = \frac{p}{287T} \tag{3}$$

式中 ρ_g——烟气密度,kg/m;

p——大气压力,Pa;

T——烟气密度,K。

(三)烟气流量的计算

1. 烟气流速的计算

当干烟气组分同空气近似,露点温度在 35 ℃~55 ℃之间,烟气绝对压力在 0.99×10^5~1.03×10^5 Pa 时,可用下列公式计算烟气进口流速:

$$\upsilon_0 = 2.77 K_p \sqrt{T} \sqrt{p} \tag{4}$$

式中 υ_o——烟气进口流速,m/s

K_P——毕托管的校正系数,K_P=0.84

T——烟气底部温度,℃

$p^{1/2}$——各动压方根平均值,Pa

$$\sqrt{p} = \frac{\sqrt{p_1} + \sqrt{p_2} + \cdots + \sqrt{p_n}}{n} \tag{5}$$

式中　P——任一点的动压值,P_a

　　　　n——动压的测点数。

2. 烟气流量的计算

烟气流量计算公式:

$$Q_S = A \cdot v_o \tag{6}$$

式中　Q_S——烟气流量,m³/s;

　　　　A——烟道进口截面积,m²。

(四)烟气含尘浓度的测定

对污染源排放的烟气颗粒浓度的测定,一般采用从烟道中抽取一定量的含尘烟气,由滤筒收集烟气中颗粒后,根据收集尘粒的质量和抽取烟气的体积求出烟气中尘粒浓度。为取得有代表性的样品,必须进行等动力采样,即尘粒进入采样嘴的速度等于该点的气流速度,因而要预测烟气流速再换算成实际控制的采样流量。图4是等动力采样的情形,图中采样头与气流平行,而且采样速度和烟气流速相同,即采样头内外的流场完全一致,因此随气流运动的颗粒没有受到任何干扰,仍按原来的方向和速度进入采样头。

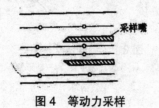

图4　等动力采样

图5是非等动力采样的情形。其中图5(a)中采样头与气流有一交角 θ,进入采样头的烟气虽保持原来速度,但方向发生了变化,其中的颗粒物由于惯性,将可能不随烟气进入采样头;图5(b)中采样头虽然与烟气流线平行,但抽气速度超过烟气流速,由于惯性作用采样体积中的颗粒物不会全部进入采样头;图5(c)内气流低于烟气流速,导致样品体积之外的颗粒进入采样头。由此可见,采用动力采样对于采集有代表性的样品是非常重要的。

另外,在水平烟道中,由于存在重力沉降作用,较大的尘粒有偏离烟气流线向下运动的趋势,而在垂直烟道中尘粒分布较均匀,因此应优先选择在垂直管段上取样。

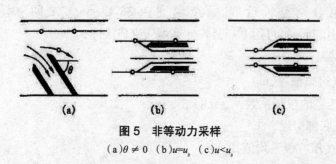

(a)　　　　　　　　(b)　　　　　　　　(c)

图5　非等动力采样

(a)$\theta \neq 0$　(b)$u = u_s$　(c)$u < u_s$

烟气测试仪,如图 6 所示。

图 6　微电脑烟尘平行采样仪

　　根据滤筒在采样前后的质量差以及采样的总质量,可以计算烟气的含尘浓度。应当注意的是,需要将采样体积换算成环境温度和压力下的体积:

$$V_t = V_0 \frac{273 + t_r p_a}{273 + t p_t} \tag{7}$$

式中　V_t——环境条件下的采样体积,L;

　　　　V_0——现场采样体积,L;

　　　　t_r——测烟仪温度表的读数, ℃;

　　　　t——环境温度, ℃;

　　　　p_a——大气压力,Pa;

　　　　p_r——测烟仪压力表读数,Pa。

　　由于烟尘取样需要等动力采样,因此需要根据采样点的烟气流速和采样嘴的直径计算采样控制流量。若干烟气组分与干空气近似:

$$Q_r = 0.080 d^2 \upsilon_s (\frac{p_a + p_s}{T_s})(\frac{T_r}{p_a + p_r})^{1/2} \cdot (1 - x_{sw}) \tag{8}$$

式中　Q_r——等动力采样采样时,抽气泵流量计读数,L/min;

　　　　d——采样嘴直径,mm;

　　　　υ_s——采样点烟气流速,m/s;

　　　　p_a——大气压力,pa;

　　　　p_s——烟气静压,pa;

　　　　p_r——测烟仪压力表读数,pa;

　　　　T_s——烟气绝对温度,K;

　　　　T_r——测烟仪温度(温度表读数),K;

　　　　χ_{sw}——烟气中水汽的体积分数。

三、实验仪器和设备

（1）TH-880Ⅳ型微电脑烟尘平行采样仪（武汉天虹智能仪表厂）：1台。

（2）玻璃纤维滤筒：若干。

（3）镊子：1支。

（4）分析天平：分度值0.001 g，1台。

（5）烘箱：1台。

（6）橡胶管：若干。

四、实验方法和步骤

1. 滤筒的预处理

测试前先将滤筒编号，然后在105 ℃烘箱中烘2 h，取出后置于干燥器内冷却20 min，再用分析天平测得初重并记录。

2. 采样位置的选择

根据烟道的形状和尺寸确定采样点数目和位置。

3. 烟气状态和环境参数的测定

利用微电脑测烟仪配有的微差压传感器、干湿球温度传感器、温度热电偶等传感器测定烟气的压力、湿度和温度，计算烟气的流速和流量。同时记录环境大气压力和温度。

4. 烟尘采样

（1）把预先干燥、恒重、编号的滤筒用镊子小心装在采样管的采样头内，再把选定好的采样嘴装到采样头上。

（2）根据每一个采样点的烟气流速和采样嘴的直径计算相应的采样控制流量。

（3）将采样管连接到烟尘浓度测试仪，调节流量计使其流量为采样点的控制流量，找准采样点位置，将采样管插入采样孔，使采样嘴背对气流预热10 min后转动180°，即采样嘴正对气流方向，同时打开抽气泵的开关进行采样。

（4）逐点采样完毕后，关掉仪器开关，抽出采样管，待温度降下后，小心取出滤筒保存好。

（5）采尘后的滤筒称重。将采集尘样的滤筒放在105 ℃烘箱中烘2 h，取出置于玻璃干燥器内冷却20 min后，用分析天平称重。

（6）计算各采样点烟气的含尘浓度。

五、实验数据记录和处理

表 2　烟气流量及含尘浓度测定实验记录表

测定日期_____　　　　测定烟道_____　　　　测定人员_____

大气压力/kp$_a$	大气温度/℃	烟气温度/℃	烟道全压/Pa	烟道静压/Pa	烟气干球温度/℃	烟气湿球温度/℃	温度计表面压力/Pa	烟气含湿量 χ_{sw}	毕托管系数 Kp

烟道断面积_____m²　　　测点数_____

采样点编号	动压/Pa	烟气流速/(m·s^{-1})	采样嘴直径/mm	采样流量/(L·min^{-1})	采样时间/min	采样体积/L	换算体积/L	滤筒号	滤筒初重/g	滤筒总重/g	烟尘浓度/(mg·L^{-1})
1 2 …											

断面平均流速_____ m/s;断面流量_____ m³/s;平均烟尘浓度_____mg/L

六、实验结果讨论

(1)测烟气温度、压力和含湿量等参数的目的是什么?

(2)实验前需要完成哪些准备工作?

(3)采集烟尘为何要等动力采样?

(4)当烟道截面积较大时,为了减少烟尘浓度随时间的变化,能否缩短采样时间? 如何操作?

实训项目六　干法脱除烟气中二氧化硫

一、实验目的

烟气脱硫是控制烟气中二氧化硫的重要手段之一。

烟气脱硫按应用的脱硫剂形态可分为干法脱硫和湿法脱硫。湿法脱硫率高,易于操作控制,但存在废水的后处理问题,由于洗涤过程中,烟气温度降低较多,不利于高烟囱排放扩散稀释。干法采用粉状或粒状吸收剂、吸附剂或催化剂等脱除烟气中的 SO_2,脱硫净化后的烟气温度降低很少,从烟囱向大气排出时易于扩散,无废水问题产生。

本实验采用干法脱硫,以铁系氧化物、活性炭等吸附剂为脱硫剂,通过实验,使学生掌握干法脱硫的特点、基本工艺流程及原理。

二、实验原理

铁系氧化物脱硫实验,脱硫过程包括物理吸附和化学吸附,主要反应如下:

$$SO_2 + 1/2O_2 \rightarrow SO_3$$
$$Fe_2O_3 + 3SO_3 \rightarrow Fe_2(SO_4)_3$$

活性炭作为吸附剂吸附二氧化硫,是由于活性炭具有较大的比表面和较高的物理吸附性能,能够将气体中的二氧化硫浓集于其表面而分离出来。活性炭吸附二氧化硫的过程是可逆过程:在一定温度和气体压力下达到吸附平衡;而在高温、减压条件下,被吸附的二氧化硫又被解吸出来,使活性炭得到再生。

本实验仅对铁系氧化物、活性炭的吸附性能进行研究,不考虑其再生。

本实验中 SO_2 的采样分析采用两个串联的多孔玻板吸收瓶两级吸收,碘量法进行滴定。二氧化硫的碘量法测定详见附录。

三、实验流程及内容

1. 实验流程

干法脱硫实验流程图见图1。

2. 实验内容:

(1)配气:含二氧化硫烟气由纯二氧化硫和压缩空气配制而成,其中高压空气既模拟烟道气,又为反应提供动力。

(2)反应床采用玻璃U型管,内装铁系干法脱硫剂(或市售活性炭)。

(3)按上图流程连接好各装置。通过减压阀控制进气流速,测定干法脱硫剂的脱硫效果。

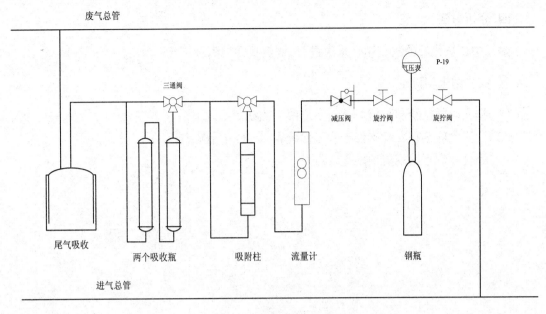

图1　干法脱硫实验流程图

（4）开启缓冲罐,调节减压阀,用转子流量计控制一定的流量,使含 SO_2 气体进入反应床,连续通气,定时用碘量法分别测定反应床进、出口气体中 SO_2 浓度,记录其流量、时间,计算不同时间的脱硫效率,直至脱硫率明显下降到脱硫剂失效,停止通气。

（5）实验数据按下表记录:

实验数据记录表

实验日期_____年_____月_____日　　　专业_____班级_____姓名_____学号_____

第_____组　实验台序号_____　　　脱硫剂类型_____　脱硫剂装填量_____g

		通气时间 t（min）	气体流速 u（L/min）	气量 V_{nd}（L）	碘标液浓度 c（mol/L）	碘滴定体积 V（mL）	SO_2 浓度 c（mg/m³）	脱硫效率 η（%）
进气口								
出气口	1							
	2							
	3							
	4							
	5							
	6							
	7							
	⋮							
	⋮							

四、分析方法

烟气中二氧化硫的测定用碘量法进行,测定步骤见附录。

五、实验结果与讨论

(1)据实验数据绘制脱硫效率—反应时间曲线。

(2)计算脱硫剂在实验条件下的工作硫容(g SO_2/g 脱硫剂)。

(3)综合评价干法脱硫剂的优缺点。

实训项目七　　旋风除尘

一、实验目的与要求

（1）掌握除尘器性能测定的基本方法。

（2）了解除尘器运行工况对其效率和阻力的影响。

二、实验内容

（1）测定或调定除尘器的处理风量；

（2）测定除尘器阻力与负荷的关系（即不同入口风速时阻力变化规律）；

（3）测定除尘器效率与负荷的关系（即不同入口风速时除尘效串的变化规律）。

三、实验原理

含尘气流由切线进口进入除尘器，沿外壁由上向下作螺旋形旋转运动，外涡旋气流到达锥形底部后，转而向上，沿轴心向上旋转，最后经排出管排出。向下的外涡旋和向上的内涡旋的旋转方向是相同的。气流做旋转运动时，尘粒在惯性离心力的推动下，要向外壁移动。到达外壁的尘粒在向下气流和重力的共同作用下，沿壁面落入灰斗。

四、实验装置

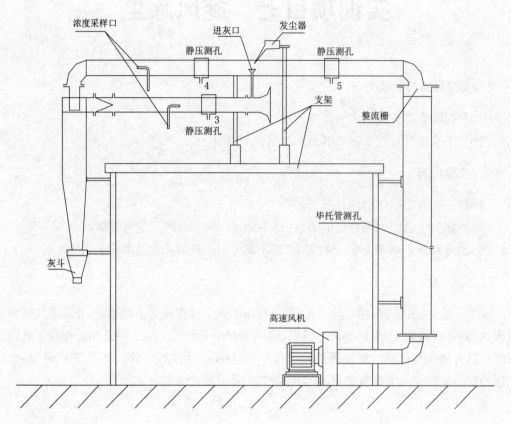

五、实验方法

(一)风量的测定

风量的测定采用毕托管测量,其原理是利用毕托管和微压计测定风管断面的流速,从而确定风量,即:

$$L=F*V$$

式中　L——风量,m³/s;

　　　F——测量断面面积,m²;

　　　V——断面空气平均流速,m/s。

由于气流速度在风管断面上的分布是不均匀的,因此在同一断面上必须进行多点测量,然后求出该断面的平均流速 V。毕托管所测量的断面为 $\phi 103$ mm 的圆形断面,故可划分为两环,微压计测出动压值 P_d,相应的空气流速

$$V=\sqrt{\frac{2P_d}{\rho}}$$

式中　P_d——测得的动压平均值;Pa;

　　　ρ——空气的密度,kg/m³;

（二）旋风除尘器阻力的测定

旋风除尘器阻力

$$\Delta P=\Delta P_q-P_l-Z$$

式中　ΔP_q——旋风除尘器进出口空气的全压差（Pa）；

　　　P_l——沿程阻力，即静压孔 4 与 5 的静压差 ×1.3（Pa）；

　　　Z——局部阻力，$Z=\sum\xi\rho V^2/2$，（$\sum\xi=0.52$）（Pa）。

由于旋风除尘器进出口管段的管径相等，故动压相等，所以

$$\Delta P_q=\Delta P_j$$

式中　ΔP_j——旋风除尘器进出口空气的静压值，即用微压计测得的静压 3 和 4 值. 于是：

$$\Delta P=\Delta P_j-P_l-Z$$

（三）旋风除尘器效率的测定

除尘器效率测定可采用重量浓度法，即按下式

$$\eta=(Y_1-Y_2)/Y_1\times 100\%$$

式中　Y_1——除尘器进口处平均含尘浓度，（mg/m³）；

　　　Y_2——除尘器出口处平均含尘浓度，（mg/m³）。

六、测定结果整理与思考

把测定得到的各种数据整理后求出该除尘器的风量，设备阻力以及除尘效率，并根据所得结果，对该除尘器进行评价。

	断面面积 F（m²）（φ103 mm）	测得得动压平均值 P_d（Pa）	断面平均风速 v（m/s）	静压孔 3 和 4 的静压差值 ΔP_j（Pa）	静压孔 4 与 5 的静压差值 *1.3P_e（Pa）	局部阻力 $Z=\Sigma\xi\rho v/2$ $\Sigma\xi=0.52$（Pa）	旋风除尘器阻力 $\Delta P=\Delta P_j-$ P_e-Z	旋风除尘器效率 η
1								
2								
3								
4								
5								
备注								

	断面面积 F（m²）（φ103 mm）	测得得动压平均值 P_d（Pa）	断面平均风速 v（m/s）	静压孔 3 和 4 的静压差值 ΔP_j（Pa）	静压孔 4 与 5 的静压差值 $\times P_e$（Pa）	$P_1 = 1.3 P_e$（Pa）	局部阻力 $Z=\Sigma\xi\rho v^2/2$（Pa）其中 $\Sigma\xi$=0.52	旋风除尘器阻力 $\Delta P=\Delta P_j$-P_1-Z
1								
2								
3								
4								
5								

实训项目八　布袋除尘

一、实验目的

通过实验掌握布袋式除尘器的结构形式及运行操作,进一步提高对除尘器除尘机理的认识。

二、实验原理、用途及特点

此装置为布袋除尘器,它是过滤式除尘器的一种,是使含尘气流通过过滤材料将粉尘分离捕集的装置。这种装置主要采用纤维织物作滤料,常用在工业尾气的除尘方面。它的除尘效率一般可达 99% 以上。虽然它是最古老的除尘方法之一,但由于它效率高、性能稳定可靠、操作简单、因而获得越来越广泛的应用。

其主要原理是:含尘气流从进气管进入,从下部进入圆筒形滤袋,在通过滤料的孔隙时,粉尘被捕集与滤料上,透过滤料的清洁气体由排气管排出。沉积在滤料上的粉尘,可在振动的作用下从滤料表面脱落,落入灰斗中。因为滤料本身网孔较大,因而新鲜滤料的除尘效率较低,粉尘因截流、惯性碰撞、静电和扩散等作用,逐渐在滤袋表面形成粉尘层,常称为粉层初层。初层形成后,它成为袋式除尘器的主要过滤层,提高了除尘效率。滤布只不过起着形成粉层初层和支撑它的骨架作用,但随着粉尘在滤袋上积聚,滤袋两侧的压力差增大,会把有些已附在滤料上的细小粉尘挤压过去,使除尘效率显著下降。另外,若除尘器阻力过高,还会使除尘系统的处理气量显著下降,影响生产系统的排风效果。因此,除尘器阻力达到一定数值后,要及时清灰。

三、主要技术参数及指标

气体流动方式为逆流内滤式,动力装置布置为负压式。

处理气量 100 m³/h,过滤速度为 1 m/min

环境温度:5~40 ℃

设备净化效率大于99%

设备压损:800~1200Pa

四、实验设备系统组成和作用

机械振打布袋除尘器实验系统如图所示,从右向左说明如下:

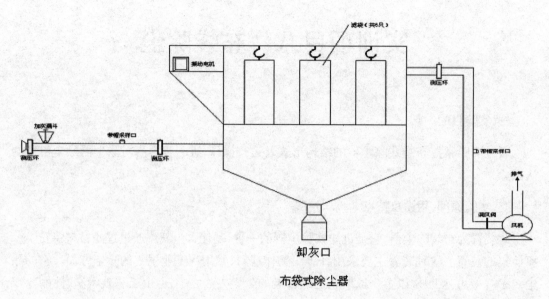

布袋式除尘器

（1）透明有机玻璃进气管段 1 付,配有动压测定环,与微压计配合使用可测定进口管道流速和流量。

（2）自动粉尘(实验所用粉尘为医用级滑石粉)加料装置(采用调速电机),用于配置不同浓度的含灰气体。

（3）入口管段采样口,用于入口气体粉尘采样;也可利用比托管和微压计在此处测定管道流速。

（4）布袋除尘器入口、出口测压环,与 U 型压差计一道用来测定布袋除尘器的压力损失。

（5）有机玻璃制布袋除尘器(含涤纶针刺毡覆膜滤袋、振动清灰电机及卸灰斗)。

（6）出口管段采样口,用于出口气体粉尘采样;也可利用比托管和微压计在此处测定管道流速。

（7）风量调节阀,用于调节系统风量。

（8）高压离心通风机,为系统运行提供动力。

（9）仪表电控箱,用于系统的运行控制。

五、操作步骤

（1）首先检查设备系统外况和全部电气连接线有无异常(如管道设备无破损,U 型压力计内部水量适当、卸灰装置是否安装紧固等),一切正常后开始操作。

（2）打开电控箱总开关,合上触电保护开关。

（3）在风量调节阀关闭的状态下,启动电控箱面板上的主风机开关。

（4）调节风量调节开关至所需的实验;(即调节连接入口端动压测定环的微压计显示的动压值,动压值可按试验时的温度和湿度和所需的试验入口风速计算而得,也可通过比托管测定入口管段的动压和流速、流量)。

（5）用托盘天平称出发尘量 G_J，将 G_J 加入到自动发尘装置灰斗，然后启动自动发尘装置电机，并可调节转速控制加灰速率。

（6）当 U 型压差计显示的除尘器压力损阻上升到 1 000 Pa 时，先可在主风机正常运行的情况下启动振打电机 2 min 进行清灰即可，振打电机的启动频率取决于入口气流中的粉尘负荷（如在处理风量较大的运行工况以上方式清灰后设备压降仍继续上升到 1 500 Pa 以上时，则须关闭风机、停止进气，振打滤袋 5 min，使布袋黏附粉尘脱落、下落到灰斗。然后重新开启风机进气，使袋式除尘器重新开始工作）。

（7）实验完毕后依次关闭发尘装置、主风机，然后启动振打电机进行清灰 5 min，待设备内粉尘沉降后，清理卸灰装置。

（8）称出布袋除尘器的收尘量 G_s。

（9）按下式计算出除尘器的去除效率 η。

$$\eta_J = \frac{G_s}{G_J} \times 100\%$$

式中　　η_J——除尘效率，%

（10）关闭控制箱主电源。

（11）实验结束，检查设备状况，整理好实验用的仪表、设备，计算、整理实验数据，没有问题后离开。

六、注意事项

（1）必须熟悉仪器的使用方法。

（2）注意及时清灰。

（3）长期不使用时，应将装置内的灰尘清干净，放在干燥、通风的地方。如果再次使用，要先将装置内的灰尘清干净再使用。

（4）滤袋使用到一定时间，要进行更换。

七、设备与附件的组成

（1）自动发尘加料装置：1 套

（2）有机玻璃喇叭形进灰均流管段：1 套

（3）振打装置（调速电机及调速器 1 套）：1 套

（4）有机玻璃制布袋除尘器（800 mm×600 mm）：1 套

（5）滤袋材质为：涤纶针刺毡覆膜滤袋、滤袋过滤面积、$\Phi160×700$ mm、滤袋 6 个

（6）粉尘卸灰装置、接灰斗：1 套

（7）监测口：2 组

（8）连接管段：1 套

（9）进出口风管：1 套

（10）高压离心风机 1 套、1.5 kW 电机：1 台

（11）风量调节阀：1 套

（12）排灰管道:1 副

（13）仪表电控箱:1 只

（14）漏电保护开关:1 套

（15）按钮开关:2 只

（16）电压表:1 只

（17）电源线:1 批

（18）不锈钢支架等组成:1 套

八、实验记录和处理

分别记录除尘器进口和出口的灰尘量,并结合进灰时间和风量,计算出该除尘器的进灰浓度以及除尘效率。

实训项目九　静电除尘

一、实验目的

除尘效率是除尘器的基本技术性能之一。电除尘器除尘效率的测定是了解电除尘器工作状态和运行效果的重要手段。通过实验,要达到以下几个目的:

（1）进一步了解电除尘器的电极配置和供电装置;

（2）观察电晕放电的外观形态;

（3）了解影响电除尘器除尘效率的主要影响因素,掌握除尘器的除尘效率、管道中各点流速和气体流量、板式静电除尘器的压力损失的测定方法;

（4）提高对电除尘技 术基本知识和实验技能的综合应用能力,以及通过实验方案设计和实验结果分析,加强创新能力的培养。

二、实验原理与方法

电除尘器的除尘原理是使含尘气体的粉尘微粒,在高压静电场中荷电,荷电尘粒在电场的作用下,趋向集尘极和放电极,带负电荷的尘粒与集尘极接触后失去电子,成为中性而黏附于集尘极表面上,为数很少带电荷尘粒沉积在截面很少的放电极上。然后借助于振打装置使电极抖动,将尘粒脱落到除尘的集灰斗内,达到收尘目的。

电除尘器中的除尘过程如图1所示,大致可分为三个阶段:

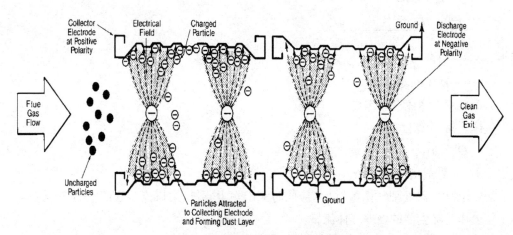

图1　电除尘器中除尘过程示意图

第一,粉尘荷电　在放电极与集尘极之间施加直流高电压,使放电极发生电晕放电,气体电离,生成大量的自由电子和正离子。在放电极附近的所谓电晕区内正离子立即被电晕极(假定带负电)吸引过去而失去电荷。自由电子和随即形成的负离子则因受电场力的驱使向集尘极(正极)移动,并充满到两极间的绝大部分空间。含尘气流通过电场空间时,自由电子、负离子与粉尘碰撞并附着其上,便实现了粉尘的荷电。

第二,粉尘沉降　荷电粉尘在电场中受电场力的作用被驱往集尘极,经过一定时间后达到集尘极表面,放出所带电荷而沉积其上。

第三,清灰　集尘极表面上的粉尘沉积到一定厚度后,用机械振打等方法将其清除掉,使落入下部灰斗中。放电极也会附着少量粉尘,隔一定时间也需进行清灰。

1. 气体温度和含湿量的测定

由于系统吸入的是室内空气,所以近似用室内空气的温度和湿度代表管道内气流的温度 t_s 和湿度 y_w。由挂在室内的干湿球温度计测量的干球温度和湿度温度,可查得空气的相对湿度 Φ,由干球温度可查得相应的饱和水蒸气压力 P_v,则空气所含水蒸气的体积分数:

$$y_w = \varphi \frac{P_v}{P_a} \qquad (式1)$$

式中　P_v——饱和水蒸气压力,kPa;

P_a——当地大气压力,kPa。

2. 管道中各点气流速度的测定

当干烟气组分同空气近似,露点温度在 35~55 ℃之间,烟气绝对压力在 0.99×10^5-1.03×10^5 Pa 时,可用下列公式计算烟气管道流速:

$$\upsilon_0 = 2.77 K_P \sqrt{T} \sqrt{P} \qquad (式2)$$

式中　υ_0——烟气管道流速,m/s;

K_P——毕托管的校正系数,$K_P = 0.84$;

T——烟气温度,℃;

$\sqrt{P}$——各动压方根平均值,Pa。

$$\sqrt{P} = \frac{\sqrt{P_1} + \sqrt{P_2} + ... + \sqrt{P_n}}{n} \qquad (式3)$$

式中　P_n——任一点的动压值,Pa;

n——动压的测点数。

3. 管道中气体流量的测定

气体流量 计算公式:

$$Q_s = A \cdot \upsilon_0 \qquad (式4)$$

式中　A——管道横断面积,m²。

测定电除尘器处理气体量(Q_s),应同时测出除尘器进、出口连接管道中的气体流量,取其平均值作为除尘器的处理气体流量。

$$Q_s = \frac{Q_{s1} + Q_{s2}}{2} \qquad (式5)$$

式中　Q_{s1}、Q_{s2}——分别为电除尘器进、出口连接管道中的气体流量,m³/s

除尘器漏风率(δ)按右式计算:

$$\delta = \frac{Q_{s1} - Q_{s2}}{Q_{s1}} \times 100\% \qquad (式6)$$

一般要求除尘器的漏风率小于 ±5%。

4.压力损失的测定和计算

电除尘器的压力损失(ΔP)为除尘器进、出口管中气流的平均全压之差。当电除尘器进、出口管的断面面积相等时,则可采用其进、出口管中气体的平均静压之差计算,即:

$$\Delta P = P_1 - P_2 \qquad\qquad （式7）$$

式中　P_1——除尘器入口处气体的全压或静压,Pa；

　　　P_2——除尘器出口处气体的全压或静压,Pa。

5.除尘效率的测定和计算

除尘效率采用质量浓度法测定,即用等速采样法同时测出除尘器进、出口管道中气流平均含尘浓度 p_1 和 p_2,按下式计算。

$$\eta = \left(1 - \frac{\rho_2 Q_{S2}}{\rho_1 Q_{S1}}\right) \times 100\% \qquad\qquad （式8）$$

由于电除尘器效率高,除尘器进、出口气体含尘浓度相差较大,为保证测定精度,可在除尘器出口采样中,适当加大采样流量。

三、实验装置和仪器

1.实验装置与流程

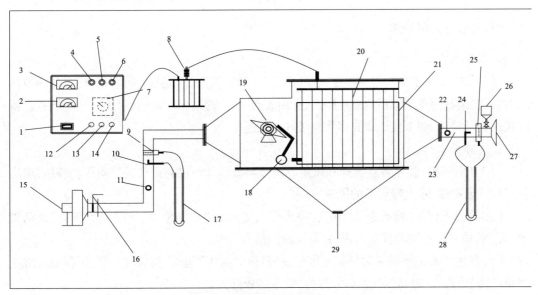

图2　板式电除尘器实验流程图

1—电源总开关　2—高压电流表　3—高压电压表　4—高压启动指示灯　5—高压关闭指示灯
6—振打工作指示灯　7—调压器　8—高压变压器　9—静压测口1　10—动压测1　11—取样口1
12—高压启动按钮　13—高压关闭按钮　14—振打工作按钮　15—高压离心风机　16—风量调节阀
17—U型管压差计1　18—振打铁锤　19—振打电机　20—电晕极　21—集尘板　22—取样口2
23—进风管　24—动压测口2　25—静压测口2　26—粉尘布灰斗　27—喇叭形均流管
28—U型管压差计2

2. 实验装置主要技术数据

（1）使用粉尘名称:滑石粉

（2）板间距:350 mm　　通道数:2 个

（3）放电极 20 根,材料高强度钼丝

（4）集尘板尺寸:450 mm×240 mm,材料普通镀锌钢板

（5）集尘极总面积:0.32 平方米

（6）电场电压:0~40 KV　　电流:0~10 mA

（7）气体进、出管直径:90 mm

（8）电除尘器外形尺寸:长 600 mm,宽 300 mm,高 700 mm

3. 实验仪器

（1）干湿球温度计:1 支　　　　　　（2）标准风速测定仪:1 台

（3）空盒式气压表:1 个　　　　　　（4）秒表:1 个

（5）钢卷尺:1 个　　　　　　　　　（6）光电分析天平(分度值 1/1 000 g):1 台

（7）倾斜式微压计:3 台　　　　　　（8）托盘天平(分度值为 1g):1 台

（9）毕托管:2 支　　　　　　　　　（10）干燥器:2 个

（11）烟尘采样管:2 支　　　　　　（12）鼓风干燥箱:1 台

（13）烟尘测试仪:2 台　　　　　　（14）超细玻璃纤维无胶滤筒:20 个

四、实验方法和步骤

1. 实验准备工作

测定室内空气干球和湿球温度、大气压力、计算空气湿度,测量管道直径,确定分环数和测点数,求出各测点距管道内壁的距离,并用胶布标志在皮托管和采样管上。仔细检查设备的接线是否接地,如未接地请先将接地接好方能通电。

2. 实验步骤

（1）开启风机,测定各点流速和风量。用倾斜微压计测出各点气流的动压和静压,求出各点的气流速度、除尘器前后的风量。

（2）检查无误后,将控制器的电流插头插入交流 220 V 插座中。将"电源开关"旋柄搬于"开"的位置。控制器接通电源后,低压绿色信号灯亮。

（3）将电压调节手柄逆时针转到零位,轻轻按动高压"起动"按钮,高压变压器输入端主回路接通电源。这时高压红色信号灯亮,低压信号灯灭。

（4）启动风机后开始发尘,顺时针缓慢旋转电压调节手柄,使电压慢慢升高。待电压升至开始出现火花时停止升压。读取并记录 U_{max}、I_{max}。

（5）停机时将调压手柄旋回零位,按停止按钮,则主回路电源切断。这时高压信号灯灭,绿色低压信号灯亮。再将电源"开关"关闭,即切断电源。

（6）断电后,高压部分任有残留电荷,必须使高压部分与地短路消去残留电荷,再按要求做下一组的实验。

（7）用托盘天平称好一定量的尘样。

（8）测定除尘效率：启动风机后开始发尘，记录发尘时间和发尘量。保持电场电压 U2（低于火花放电电压）不变，尽可能保持进口粉尘浓度不变，改变系统风量 5 次，测定静电除尘器在各种工况下的性能。

（9）保持风量与尽可能维持进口粉尘浓度不变，顺时针缓慢旋转电压调节手柄，使电压慢慢升高进行实验测试，测定 5 次，读取并记录 U_2、I_2；同时观察除尘系统中的含尘气流的变化情况。关闭风机后，然后称量，计算除尘效率。

五、实验数据记录与计算

1. 处理气体流量与压力损失的测定

表 1 电除尘器处理风量测定结果记录表

实验日期＿＿＿＿＿＿＿＿ 实验人员＿＿＿＿＿＿＿＿＿＿＿＿＿＿＿＿＿＿＿

当地大气压力 P/kPa	烟气干球温度 /℃	烟气湿球温度 /℃	烟气相对湿度 ϕ /%	除尘器管道横断面积 A/m²	除尘器入口面积 F/m²

测定次数	U_2	I_2	除尘器进气管						除尘器排气管						ΔP	Q_S	δ
			K_1	Δl_1	P_1	V_1	A_1	Q_{s1}	K_2	Δl_2	P_2	V_2	A_2	Q_{S2}			
1																	
2																	
3																	
4																	
5																	

符号说明：U_2—直流高电压，kV；I_2—直流高电流，mA；K—微压计倾斜系数；Δl—微压计读数，mm；P_s—静压，Pa；V—管道流速，m/s；A—横截面积，m²；Q_s—风量，m³/s；δ—除尘器漏风率。

2. 除尘效率

除尘效率测定数据按表 2 记录整理。

表2　电除尘器效率测定结果记录表

测定次数	U_2/kV	除尘器进口气体含尘浓度						除尘器出口气体含尘浓度						除尘效率/%
		采样流量 L/min	采样时间/ min	采样体积/ L	滤筒初质量/g	滤筒总质量/g	粉尘浓度 mg/m³	采样流量 L/min	采样时间/min	采样体积/L	滤筒初质量/g	滤筒总质量/g	粉尘浓度 mg/m³	
1														
2														
3														
4														
5														

3. 压力损失、除尘效率与入口速度的关系

在 U_2、I_2 固定情况下,整理 5 组不同 (V_0) 下的 ΔP 和 η 资料,绘制 $V_0 - \Delta P$ 和 $V_0 - \eta$ 实验性能曲线,分析入口速度对电除尘器压力损失和除尘效率的影响。

4. 除尘效率与直流高电压 U_2 的关系

在 Q_s 固定情况下,整理 5 组不同 (U_2) 下的 η 资料,绘制 $U_2 - \eta$ 实验性能曲线,分析直流高电压对电除尘器除尘效率的影响。

测定次数	Q_s m3/h	U_2/ kV	除尘器进口气体含尘浓度						除尘器出口气体含尘浓度						除尘效率/%
			采样流量 L/min	采样时间/min	采样体积/L	滤筒初质量/g	滤筒总质量/g	粉尘浓度 mg/ m³	采样流量 L/min	采样时间/min	采样体积/L	滤筒初质量/g	滤筒总质量/g	粉尘浓度 mg/ m³	
1															
2															
3															
4															
5															

六、实验结果讨论

（1）试根据实验性能曲线 $V_0 - \Delta P$ 和 $V_0 - \eta$,分析入口速度对电除尘器压力损失和除尘效率的影响。

（2）试根据绘制 $U_2 - \eta$ 实验性能曲线,分析直流高电压 U_2 对电除尘器除尘效率的影响的变化规律。

七、注意事项

（1）检查全部电气连接线配接和电场高压进线是否正确，检查无误后，把高压控制箱电压调节旋钮转至 0 位，关闭电源，再把高压变压器与控制箱之间的电源线接通。

（2）设备必须安全接地后才能使用。

（3）实验前准备就绪后，经指导教师检查后才能起动高压。

（4）实验进行时，严禁触摸高压区，保证实验中人身安全。

（5）使用时，电压、电流应逐步升高，调至正常电压为止，其数值不得超过额定最大值。

（6）经过一段时间实验后，应将放电极、收尘极和灰斗中的粉尘清理干净，以保证前后实验结果的可比性。

（7）待除尘结束后，先振打清灰，后再调节控制箱输出电源、电压指示为零，再关上电源开关关闭电源。

实训项目十　文丘里除尘器性能测定

一、实验目的

文丘里除尘器是利用高速气流雾化产生的液滴捕集颗粒以达到净化气体的目的,它是一种广泛使用的高效湿式除尘器。影响文丘里除尘器性能的因素较多,为了使其在合理的操作条件下达到高除尘效率,需要通过实验研究各因素影响其性能的规律。

通过本实验,要进一步提高学生对文丘里除尘器结构形式和除尘机理的认识;掌握文丘里除尘器主要性能指标测定方法;了解湿法除尘器与干法除尘器性能测定中的不同实验方法;了解对影响文丘里除尘器性能主要因素,并通过实验方案设计和实验结果分析,加强学生综合应用和创新能力的培养。

二、实验原理和方法

当含尘气体由进气管进入收缩管,流速逐步增大,气流的压力逐步转变为动能,在喉管处气体流速达到最大。洗涤液通过喉管四周均匀布置的喷嘴进入,液滴被高速气流雾化和加速,充分雾化是实现高效除尘的基本条件。由于气流曳力,液滴在喉管部分被逐步加速,在液滴加速过程中,液滴与粒子间相对碰撞,实现微细粒子的捕集。在扩散段,气流速度减少和压力增加,使以颗粒为凝结核的凝聚速度加快,形成直径较大的含尘液滴,以便后面的捕滴器中捕集下来,达到收尘目的。

文丘里除尘器性能(处理气体流量、压力损失、除尘效率及喉口速度、液气比、动力消耗等)与其结构形式和运行条件密切相关。本实验是在除尘器结构形式和运行条件已定的前提下,完成除尘器性能的测定。

1. 处理气体量及喉口速度的测定和计算

(1)管道中各点气流速度的测定

当干烟气组分同空气近似,露点温度在 35~55 ℃之间,烟气绝对压力在 0.99×10^5~1.03×10^5 Pa 时,可用下列公式计算烟气管道流速:

$$\upsilon_0 = 2.77 K_P \sqrt{T} \sqrt{P} \qquad\qquad (式1)$$

式中　υ_0——烟气管道流速,m/s;

　　　K_P——毕托管的校正系数,$K_P = 0.84$;

　　　T——烟气温度,℃;

　　　$\sqrt{P}$——各动压方根平均值,Pa。

$$\sqrt{P} = \frac{\sqrt{P_1} + \sqrt{P_2} + ... + \sqrt{P_n}}{n} \qquad\qquad (式2)$$

式中　P_n——任一点的动压值,Pa;

n——动压的测点数。

（2）处理气体量的测定和计算

气体流量计算公式：

$$Q_s = A \cdot \upsilon_0 \qquad\qquad\qquad （式3）$$

式中　A——管道横断面积，m^2。

（3）喉口速度的测定和计算

若文丘里洗涤器喉口断面积为 A_T，则其喉口平均气流速度（V_T）为：

$$\upsilon_T = Q_s/A_T \quad （m/s） \qquad\qquad （式4）$$

2. 压力损失的测定和计算

由于文丘里洗涤器进、出口管的断面面积相等时，则可采用其进、出口管中气体的平均静压之差计算，即：

$$\Delta P = P_1 - P_2 \qquad\qquad\qquad （式5）$$

式中　P_1——除尘器入口处气体的全压或静压，Pa；

　　　P_2——除尘器出口处气体的全压或静压，Pa。

应该指出，洗涤器压力损失随操作条件变化而改变，本实验的压力损失的测定应在洗涤器稳定运行（V_T 或液气比 L 保持不变）的条件下进行，并同时测定记录 V_T、L 数据。

3. 耗水量 Q_L 及液气比 L 的测定和计算

文丘里洗涤器的耗水量（Q_L），可通过设在洗涤器进水管上的流量计直接读得。在同时测得洗涤器处理气体量（Q_s）后，即可由下式求出液气比：

$$L = Q_L/Q_S \quad （L/m^3） \qquad\qquad （式6）$$

4. 除尘效率的测定和计算

文丘里洗涤除尘效率（η）的测定，亦应在按除尘器稳定运行的条件下进行，并同时记录 V_T、L 等操作指标。

文丘里除尘器的除尘效率采用质量浓度法测定，即用等速采样法同时测出除尘器进、出口管道中气流平均含尘浓度 p_1 和 p_2，按下式计算。

$$\eta = \left(1 - \frac{\rho_2 Q_2}{\rho_1 Q_1}\right) \times 100\% \qquad\qquad （式7）$$

5. 除尘器动力消耗的测定和计算

文丘里洗涤器动力消耗（E）等于通过洗涤器气体的动力消耗与加入液体的动力消耗之和，计算如下。

$$E = \frac{1}{3\,600}\left(\Delta P + \Delta P_L \frac{Q_L}{Q_S}\right) （kW \cdot h/1\,000\ m^3\ 气体） \qquad （式8）$$

式中　ΔP——通过文丘里洗涤器气体的压力损失，Pa（$3\,600$ Pa$= 1$ kW·h$/1\,000$ m³ 气体）；

　　　ΔP_L——加入洗涤器液体的压力损失，即供水压力 Pa；

　　　Q_L——文丘里洗涤器耗水量，m³/s

　　　P_S——文丘里洗涤器处理气体量，m³/s。

上式中所列的 Δp_G、Q_S、Q_L 已在实验中测得。因此,只要在除尘器进水管上的压力表读得 Δp_L,便可按式(8)计算除尘器动力消耗(E)。

应当注意的是,由于操作指标 υ_T、L 对动力消耗(E)影响很大,所以本实验所测得的动力消耗(E)是针对某一操作状况而言的。

三、实验装置和仪器

1. 实验装置与流程

文丘里除尘器性能实验装置如图 1 所示,其主要由文丘里凝聚器、旋风雾沫分离器、粉尘配灰斗、通风机、水泵和管道及其附件所组成。

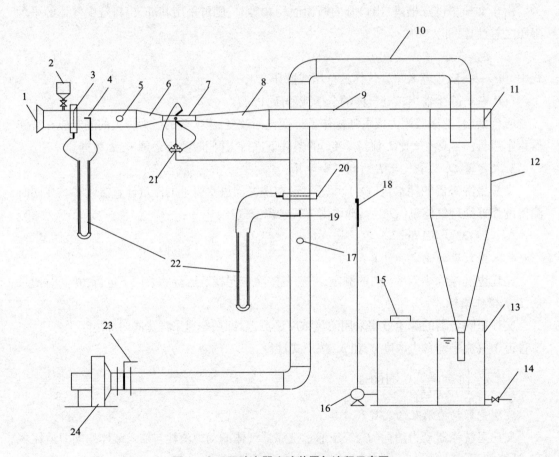

图 1　文丘里除尘器实验装置与流程示意图

1—喇叭形均流管　2—粉尘布灰斗　3—静压测口1　4—动压测口1　5—取样口1　6—渐缩管
7—喉管　8—渐扩管　9—进风管　10—出风管　11—切入口　12—旋风分离器　13—集水槽
14—放空阀　15—加水口　16—耐腐泵　17—取样口2　18—进水流量计　19—动压测口2
20—静压测口2　21—分配接头　22—U型管压差计　23—风量调节阀　24—高压离心风机

2. 实验装置主要技术数据

(1)气体动力装置布置为负压式。

(2)气体进口管:直径 110 mm

（3）气体出口管：直径 110 mm

（4）喉管：直径 40 mm

（5）旋风分离器：直筒直径 250 mm、高 400 mm

（6）旋风分离器进口连接尺寸：90 mm×65 mm

（7）末端进口尺寸：90 mm×35 mm

（8）下锥体高 600 mm　　出液口：直径 90 mm

（9）渐缩管锥体角度：25°~30°　　长度：150 mm

（10）渐扩管锥体角度：10°~15°　　　长度：470 mm

（11）液气比：0.1-1.0 L/m³

（12）使用粉尘名称：滑石粉

（13）装置总高　1 650 mm　　　装置总长 1 960 mm　　　装置总宽 550 mm

（14）主要材质：壳体由有机玻璃制

（15）风机电源电压：三相 380 V

（16）水泵电机电压：220 V/25 W

3. 实验仪器

（1）干湿球温度计：1 支　　　　　　（2）标准风速测定仪：1 台

（3）空盒式气压表：1 个　　　　　　（4）秒表：1 个

（5）钢卷尺：1 个　　　　　　　　　（6）光电分析天平（分度值 1/1 000 g）：1 台

（7）倾斜式微压计：3 台　　　　　　（8）托盘天平（分度值为 1 g）：1 台

（9）毕托管：2 支　　　　　　　　　（10）干燥器：2 个

（11）烟尘采样管：2 支　　　　　　　（12）鼓风干燥箱：1 台

（13）烟尘测试仪：2 台　　　　　　　（14）超细玻璃纤维无胶滤筒：20 个

四、实验方法和步骤

1. 实验准备工作

测量记录室内空气的干球温度（即除尘系统中气体的温度）、湿球温度及相对湿度；测量记录当地大气压力；测量记录除尘器进出口测定断面直径和断面面积，确定测定断面分环数和测点数，求出各测点距管道内壁的距离，并用胶布标志在皮托管和采样管上。

2. 实验步骤

（1）将文丘里除尘器进、出口断面的静压测孔与倾斜微压计连接，作好各断面气体静压的测定准备。

（2）启动风机，调整风机入口阀门，使之达到实验要求的气体流量，并固定阀门。

（3）在除尘器进、出口测定断面同时测量记录各测点的气流动压。

（4）计算并记录各测点气流速度、各断面平均气流速度、除尘器处理气体流量（Q_s）。

（5）用托盘天平称好一定量尘样（S），作好发尘准备。

（6）调节文丘里洗涤除尘器供水系统，保证实验系统在液气比 $L=0.7~1.0$ L/m³ 范围内稳定运行。

（7）启动风机和发尘装置，调整好发生浓度（p_1），使实验系统运行达到稳定。

（8）文丘里除尘器性能的测定和计算：在固定文丘里除尘器实验系统进口发尘浓度和液气比 L 条件下，观察除尘系统中的含尘气流的变化情况；测定和计算文丘里除尘器压力损失 ΔP、供水量 Q_L、供水压力 ΔP_L 和除尘效率（η）。

（9）在文丘里除尘器实验系统进口发尘浓度和液体量 Q_L 都不变的条件下，改变入口气体流量，稳定运行后，按上述方法，测取共 5 组数据。

（10）保持系统风量不变，尽可能保持进口粉尘浓度不变，测定文丘里除尘器在各种液气比工况下的性能。测取 5 组数据。

（11）停止发尘，关闭水泵，再关闭风机。

五、实验数据记录与处理

1. 处理气体流量和喉口速度

按表 1 记录和整理数据。按式（3）计算除尘器处理气体量，按式（4）计算除尘器喉口速度。

表 1　文丘里除尘器性能测定结果记录表

实验日期＿＿＿＿＿＿＿＿　　实验人员＿＿＿＿＿＿＿＿＿＿＿＿＿＿＿＿＿＿＿＿

当地大气压力 P/kPa	烟气干球温度 /℃	烟气湿球温度 /℃	烟气相对湿度 ϕ /%	除尘器管道横断面积 A/m²	喉口面积 A_T/m²

	测定次数	除尘器进气管			除尘器排气管			ΔP	v_0	Q_S	V_T	Q_L	L	ΔP_L	E
		K_1	Δl_1	P_1	K_2	Δl_2	P_2								
气体流量变化情况	1														
	2														
	3														
	4														
	5														

	测定次数	除尘器进气管		除尘器排气管			ΔP	v_0	Q_S	V_T	Q_L	L	ΔP_L	E
		Δl_1	P_1	K_2	Δl_2	P_2								
液体流量变化情况	1													
	2													
	3													
	4													
	5													

符号说明：K—微压计倾斜系数 Δl—微压计读数，mm；P_s—静压，Pa；V_0—管道流速，m/s；Q_s—风量，m³/h；V_T—除尘器喉口速度，m/s；Q_L—耗水量，m³/h；L—液气比；ΔP_L—供水压力，Pa；E—除尘器动力耗能，kW·h/1 000 m³ 气体。

2. 除尘效率

除尘效率测定数据按表 2 记录整理,除尘效率按式(7)计算。

表 2　除尘器效率测定结果记录表

测定次数	除尘器进口气体含尘浓度						除尘器出口气体含尘浓度						除尘效率/%
	采样流量 L/min	采样时间/min	采样体积/L	滤筒初质量/g	滤筒总质量/g	粉尘浓度 mg/m³	采样流量 L/min	采样时间/min	采样体积/L	滤筒初质量/g	滤筒总质量/g	粉尘浓度 mg/m³	
1 — 1													
1 — 2													
1 — 3													
1 — 4													
1 — 5													
2 — 1													
2 — 2													
2 — 3													
2 — 4													
2 — 5													

3. 压力损失、除尘效率、动力耗能和喉口速度的关系(固定 Q_L,改变气体流量情况)

整理不同喉口速度(V_T)下的 ΔP、η 和 E 资料,绘制 $V_F - \Delta P$、$V_F - \eta$ 和 $V_F - E$ 实验性能曲线,分析喉口速度对文丘里除尘器压力损失、除尘效率和动力耗能的影响。

4、压力损失、除尘效率、动力耗能和液气比的关系(固定 Q_S,改变气液体流量 Q_L 情况)

整理不同液气比 L 下的 ΔP、η 和 E 资料,绘制 $L - \Delta P$、$L - \eta$ 和 $L - E$ 实验性能曲线,分析液气比 L 对文丘里除尘器压力损失、除尘效率和动力耗能的影响。

六、实验结果讨论

(1)为什么文丘里除尘器性能测定实验应该在操作指标 V_T 或 Q_L 固定的运行状态下进行测定?

(2)根据实验结果,试分析影响文丘里除尘器除尘效率的主要因素。

(3)根据实验结果,试分析影响文丘里除尘器动力耗能的主要途径。

实训项目十一　二氧化硫气体吸收实验

一、实验意义和目的

本实验采用填料吸收塔，用水或 NaOH 溶液吸收 SO_2。通过实验，可初步了解用填料塔吸收净化气体的研究方法，同时还有助于加深理解填料塔内气液接触状况及吸收过程的基本原理。通过实验要达到以下目的：

（1）了解用吸收法净化废气中 SO_2 的效果；

（2）改变气流速度，观察填料塔内气液接触状况和泛液现象；

（3）测定填料吸收塔的吸收效率。

二、实验原理

含 SO_2 的气体可采用吸收法净化，由于 SO_2 在水中的溶解度不高，常采用化学吸收方法。SO_2 的吸收剂种类较多，可采用 NaOH 溶液或 Na_2CO_3 作为吸收剂，吸收过程发生的主要化学反应为：

$$2NaOH + SO_2 \rightarrow Na_2SO_3 + H_2O$$

$$Na_2CO_3 + SO_2 \rightarrow Na_2SO_3 + CO_2$$

$$Na_2SO_3 + SO_2 + H_2O \rightarrow 2NaHSO_3$$

通过测定填料吸收塔进出口气体中 SO_2 的含量，即可近似计算出吸收塔的平均净化效率，进而了解吸收效果。通过测出填料塔进出口气体的全压，即可计算出填料塔的压降；通过对比清水吸收和碱液吸收 SO_2，可实验测出体积吸收系数并认识到物理吸收和化学吸收的差异。

三、实验装置、仪器

1. 装置与流程

SO_2 碱液吸收实验系统如图所示。

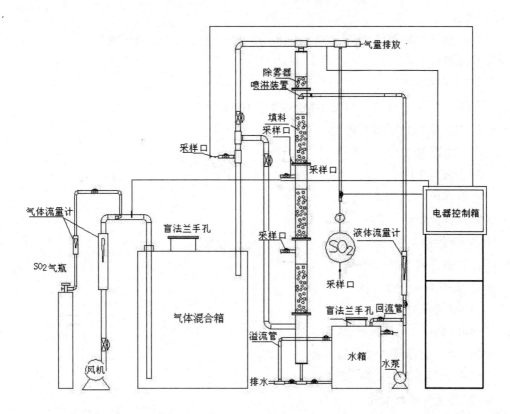

从右向左系统情况如下:

(1)涡轮气泵提供实验系统载气源;

(2)气体流量计,计量载气流量;

(3)SO_2气体钢瓶1套,与玻璃转子流量计配合用于配制所需浓度的入口SO_2气体;

(4)SO_2进气三通接口,SO_2气体向载气的注入口;

(5)气体混合缓冲柜,在此SO_2与载气充分混合使得输出气体中SO_2浓度相对恒定;

(6)混合气体主流量计,计量进入吸收塔的气体量;

(7)混合气体主流量计上方设有入口气体采样测定孔,再上面为一三通,三通向上管路为旁路管,用于试验开始阶段调节试验工况(如调节入口气体浓度、流量等)之用,向下管段为吸收塔进气管,进气与旁路通过阀门切换;

(8)填料吸收塔,有机玻璃制三段填料吸收塔,每段配有气体采样口,配吸收液喷淋装置,最上部为除雾层;

(9)吸收塔顶部排气管,该管设有一带阀门的出口气体采样管口;

(10)吸收液循环槽系统,包括储液槽;进水(D15)口及阀;吸收液注加及维护手孔;溢流口、放空口加上管道和阀门组成的排液系统;不锈钢水泵(通过控制箱面板按钮控制运行)、控制阀、流量计组成的循环液系统。该系统用来准备吸收液,储存、循环吸收液;

(11)电器控制箱,用于系统的运行控制。

2. 仪器

（1）有机玻璃填料塔 1 套（D=100 mm　H=2 000 mm）、进出口风管 1 套

（2）采样口 2 组

（3）测压环 2 组

（4）涡轮气泵 1 台（压力 0.016 MPa，气量 100 m³/h）

（5）带气体 SO_2 钢瓶 1 套

（6）喷淋系统 1 套

（7）加液泵 1 台

（8）气体流量计 2 只

（9）液体流量计 1 只

（10）电控箱 1 只

（11）、电压表 1 只（220 V）

（12）漏电保护开关 1 套

（13）按钮开关 2 只

（14）电源线

（15）PVC 制作液体缓冲箱 1 只

（16）PVC 制作气体缓冲箱 1 只

（17）排气管道到室外 1 副

（18）连接管道

（19）阀门

（20）不锈钢支架 1 套

四、实验方法和步骤

（1）首先检查设备系统外况和全部电气连接线有无异常（如管道设备无破损等），一切正常后开始操作。

（2）打开电控箱总开关，合上触电保护开关。

（3）当储液槽内无液时，打开吸收塔下方储液槽进水开关，确保关闭储液箱底部的排水阀（在图中吸收塔排液管底部三通的右侧）并打开排水阀上方的溢流阀（如有的话）。如需要采用碱液吸收，则先从加料口加入一定量吸收剂的浓溶液或固体，然后通过进水阀进水稀释至适当浓度。当贮水装置水量达到总容积约 3/4 时，启动循环水泵。通过开启回水阀门可将储液箱内溶液混合均匀；通过开启上方连接流量计阀门可形成喷淋水循环，使喷淋器正常运作，通过阀门调节可控制循环液流量。待溢流口开始溢流时，关闭储液箱进水开关。

（4）通过阀门切换，使气体通道处于旁路状态，然后通过控制面板按钮启动主风机，调节管道阀门至所需的实验风量（由于旁路系统阻力较小，故可将此时的风量调节得稍大于预计的实验风量。

（5）将 SO_2 测定仪密闭连接到气体入口采样管口，采样阀处于开通状态。

（6）在风机运行的情况下，首先确保 SO_2 钢瓶减压阀处于关闭、然后小心拧开 SO_2 钢瓶主阀门，再慢慢开启减压阀，通过观察转子流量计刻度读数和入口处 SO_2 测定仪所指示的气体 SO_2 浓度调节阀门至所需的入口浓度（稍小于实验设定的入口浓度）。

（7）调节循环液至所需流量，通过气体管线阀门切换，关闭旁路，打开吸收塔入口管道，开始实验。入口和出口气体中的 SO_2 浓度可通过采样口测定或进行样品采集。通过 U 型压力计连接吸收塔出入口采样口可读出各工况下的吸收设备压降；（注意：在不更新吸收液的情况下，吸收效率可能随实验时间的增加而下降）。

（8）可通过循环回路所设阀门调节循环液流量进行不同液气比条件下的吸收试验。也可通过调节吸收液的组分和浓度进行实验。

（9）吸收实验操作结束后，先关闭 SO_2 气瓶主阀，待压力表指数回零后关闭减压阀，然后依次关闭主风机、循环泵的电源。在较长不用的情况下，打开储液箱和填料塔底部的排水阀排空储液箱和填料塔。

（10）关闭控制箱主电源。

（11）检查设备状况，没有问题后离开。

五、注意事项

（1）填料塔吸收循环液中不宜含有固体（不能采用钙盐吸收剂），较长时间不用时需用清水洗涤。

（2）在操作过程中，控制一定的液气比及气流速度，及时检查设备运转情况，防止液泛、雾沫夹带现象发生。

实训项目十二　活性炭吸附

一、实验意义和目的

在石油、化工、印刷、喷漆及军工等某些生产过程中,常排放(或逸散)出含有不同浓度的有机废气,都是对人体健康危害极为严重的有机污染物。

活性炭吸附法治理低浓度有机废气是工业上较为常用的方法,应用此法治理高浓度废气时,要考虑活性炭吸附剂的容量及其再生循环使用的经济效果。

二、实验原理

吸附是利用多孔性固体吸附剂处理气体混合物,使混合气体中所含的一种或数种组分富集于固体表面上,以达到和气体中其他组分分离的目的。

产生吸附作用的力可以是分子间的引力,也可以是表面分子与气体间的化学键力,前者称为物理吸附,后者称为化学吸附。在用吸附法净化有机废气时,在多数情况下发生的是物理吸附。

吸附了有机组分的吸附剂,在温度、压力等条件改变时,被吸附组分可以脱离吸附剂表面,利用这一点,使吸附剂得到净化而能重复使用。

本实验以颗粒活性炭为吸附剂,吸附低浓度有机废气。

三、实验流程、仪器和试剂

(一)实验流程

实验流程如下图所示。该流程可分为如下几部分:

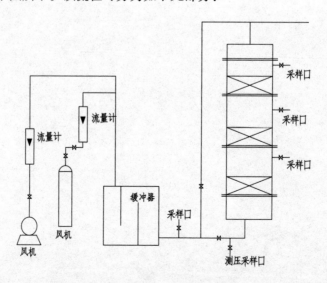

如图所示,从左向右系统情况如下:

(1)SO₂ 气体钢瓶 1 套(或有机气体发生装置),与小转子流量计一道用于配制入口气体。

(2)风机一台,为实验系统提供动力。

(3)主气流流量计,用于实验主气流的计量。

(4)气体混合缓冲装置,用于使试验气体混合均匀稳定。

(5)配气污染物检测采样口,用于实验准备阶段配气的采样分析。

(6)气体管路三通及阀门,用于气体流量的调节和试验配气准备阶段与吸附试验阶段的气流切换。

(7)活性炭吸附塔,包括可拆卸有机玻璃塔体,不锈钢支架,气体采样口、压降测口等,根据实验的需要可自行确定装炭层数和高度。

(8)U 型压差计,用于活性炭床压降的测定。

(9)排气管。

(二)主要技术指标及参数

(1)实验气量 5-12 m³/h,

(2)对有机物的净化效率大于 95%。

(3)吸附塔尺寸 $\Phi 100 \times 1\,000$ mm

(4)实验台架外形总尺寸 $1\,200 \times 400 \times 1\,800$ mm

四、操作步骤

(1)首先检查设备系统外况和全部电气连接线有无异常(如管道设备无破损,U 型压力计内部水量适当,活接均已紧固到位等),一切正常后开始操作。

(2)实验用吸附塔的活性炭的装填,根据实验要求装填一定高度的活性炭(考虑到每次实验时间的限制,通常装填炭的总高度不超过 150 mm)。

(3)在完成活性炭吸附塔的装填连接好后,小流量计入口阀关闭的情况下启动风机,在吸附塔入口阀(水平安装)关闭情况下调节旁路阀(垂直安装)致使主气流流量计指示到所需的试验流量。

(4)入口气体的配制。SO₂ 气体的配制:在 SO₂ 钢瓶减压阀关闭的前提下小心拧开 SO₂钢瓶主阀门,再慢慢开启减压阀,通过调节小转子流量计阀门观察小转子流量计刻度读数和配气污染物检测采样口处 SO₂ 测定仪所指示的气体 SO₂ 浓度至所需的入口浓度。(通常SO₂ 的入口浓度设定在 $1\,000$-$3\,000$ mg/Nm³,若改用有机气体作为目标气体通常的浓度范围在 800-6\,000 mg/m³。入口浓度高时穿透时间会缩短,可节约实验所需时间,但需注意控制传质区长度不大于装炭高度。)

(5)打开气路管道上吸附塔入口阀同时关闭旁路阀,然后调节吸附塔入口阀保证主气流流量计刻度仍为所需设定流量,观察小转子流量计刻度读数(如有变化需通过流量计阀调回上一步地刻度),开始吸附试验。

（6）吸附试验可在吸附开始后的不同时刻采集测定各采样口的气体浓度，在所有浓度测定工作结束前通过 U 型压差计测定吸附床层压降。

（7）可通过调节气体组分和浓度和空塔气速进行实验（需更换活性炭或沸石吸附剂）。

（8）实验操作结束后，先关闭 SO_2 气瓶主阀，待压力表指数回零后关闭减压阀。（对于有机气体，关闭水浴电源，关闭小流量计入口气阀）。然后关闭切断风机的外接电源。

（9）检查设备状况，记录尾气处理设施的使用时间，没有问题后离开。

五、注意事项

（1）吸附塔出口务必通过管道连接排放到室外。

（2）SO_2 气瓶的使用应严格按实验室的相关安全规程运行管理。

参考文献

[1] 郝吉明,马广大,等.大气污染控制工程(2版)[M].北京:高等教育出版社,2002.

[2] 刘景良.大气污染控制工程[M].北京:中国轻工业出版社,2012.

[3] 郭静.大气污染控制工程[M].北京:化学工业出版社,2008.

[4] 金文.大气污染控制与设备运行[M].北京:高等教育出版社,2015.

[5] 王纯,张殿.废气处理工程技术手册[M].北京:化学工业出版社,2013.

[6] 金国森.除尘设备[M].北京:化学工业出版社,2002.

[7] 马建锋等.大气污染控制工程[M].北京:中国石化出版社.2013.

[8] 童志权.大气污染控制工程[M].北京:机械工业出版社.2006.

[9] 钟秦.燃煤烟气脱硫脱硝技术及工程实例[M].北京:化学工业出版社,2002.

[10] 化工设备设计全书编辑委员会.除尘设备设计[M].上海:上海科学技术出版社,1983.384-386.

[11] 陆建刚.大气污染控制工程实验[M].北京:化学工业出版社,2012.

[12] 冯胜山,许顺红,等.高温废气过滤除尘技术研究进展[J].工业安全与环保,2009,35(1):6-9.

[13] 任江涛.CCJ/A型冲激式除尘器的除尘技术[J].华东电力,2002,23(2):52-54.